CATALOGUE.

CATALOGUE

DE

LA COLLECTION

MINÉRALOGIQUE PARTICULIÈRE

DU ROI,

APPARTENANT À L'AUTEUR DE CE MÊME CATALOGUE, lorsque SA MAJESTÉ en a fait l'acquisition.

PAR M. LE COMTE DE BOURNON,

Chevalier de l'Ordre Royal et Militaire de St.-Louis, Colonel au service de Sa Majesté le Roi de France, et Directeur de sa Collection;

Membre de la Société Royale de Londres, ainsi que de celle Géologique; de la Société Linnéenne de la même ville; de celle Wernérienne d'Edimbourg; de celle des Sciences de Wétéravie; ainsi que de celle des Sciences de Lyon, Grenoble, Valence et Metz; des Sociétés pour l'Instruction Élémentaire, et d'Enseignement pour l'industrie nationale de Paris.

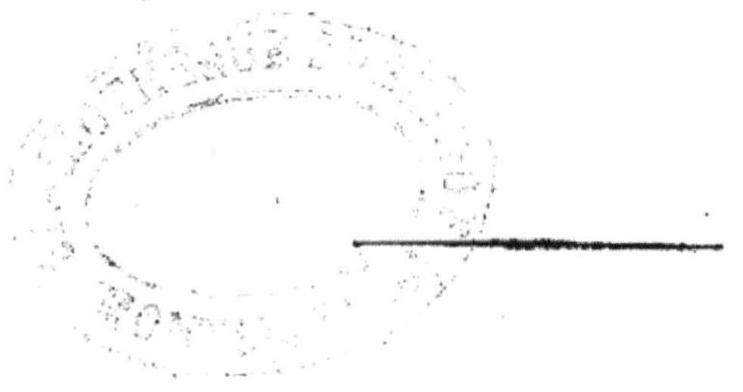

PARIS,

DE L'IMPRIMERIE D'ABEL LANOE.

1817.

PRÉFACE.

Ce Catalogue a paru, pour la première fois, à la fin de l'année 1813, où des raisons particulières me firent éprouver le désir de me défaire de ma collection. J'étois alors, depuis près de vingt ans, en Angleterre. La bataille de Leipsick, qui ne tarda pas à avoir lieu, vint me laisser entrevoir le moment, depuis si long-temps désiré, où mon souverain légitime alloit être rétabli sur le trône de ses ancêtres, et les dignes et respectables princes de son auguste maison réintégrés dans leurs droits. Je n'éprouvai plus alors, que le désir de rapporter dans ma patrie le fruit du travail immense, auquel je m'étois livré, depuis que sa déplorable et trop malheureuse révolution m'en avoit volontairement exilé. Je renonçai au projet de vendre ma collection, et me rattachai invariablement à elle. Je ne m'étois pas trompé : les événements que l'issue de cette bataille m'avoit fait prévoir, ne tardèrent pas à se montrer. La France, rendue à elle-même, rappela au droit inaliélable de régner sur elle, l'illustre famille, sous les ancêtres de laquelle elle s'étoit élevée à un si haut degré de splendeur, et dont l'éloignement et les malheurs ont été le prélude de ceux de l'Europe entière, qui ne pouvoit s'attendre à rester toujours paisible spectatrice des forfaits commis à cette époque. J'avois absolument tout sacrifié pour lui rester fidèle; son retour en France me rendoit une patrie vers laquelle mes désirs et mes vœux se reportoient sans cesse, depuis plus de vingt-cinq ans, avec regrets et avec douleur. Je ne tardai pas à m'y rendre; et je fus récompensé, à mon arrivée, des nombreux sacrifices que ma constance à remplir, sans hésiter, tout ce que mes principes, fruit de l'éducation de mes pères, m'ont toujours fait considérer comme un devoir, avoient pu me faire faire. Le Roi, pour qui rien de ce qui concerne les connoissances humaines n'est étranger, voulut bien faire l'acquisition de ma collection minéralogique, pour en faire la sienne, en m'en donnant la direction auprès de sa personne. Mes désirs ne pouvoient être plus complétement satisfaits : mon amour pour la tranquillité, mon goût pour le travail, le désir de le rendre utile, seule ambition à laquelle aujourd'hui mon âme puisse rester ouverte; tout cela se trouvoit renfermé dans l'acte de bonté de Sa Majesté envers moi. Ma reconnoissance ne peut être égalée que par les vœux que je forme pour la prospérité de son règne et pour son bonheur, si fortement attaché à celui des princes de son illustre famille. Puissent-ils être exaucés! et puisse ma belle patrie, par son retour à la justice, à la moralité et à la religion, bâses inséparables du bonheur de la société, oublier ses erreurs et ses malheurs, ainsi qu'un malade oublie ses maux les plus déchirans, lorsque la santé lui a été rendue !

Une trentaine d'exemplaires seulement, de ce Catalogue, avoient été vendus à Londres, lorsque je repassai en France ; j'en apportai en conséquence avec moi l'édition presque entière. Depuis ce moment, les retards qu'ont occasionés la décision et la préparation du local où cette collection devoit être placée, les événements, si peu faits pour être prévus, du 20 mars 1815, et si propres à tenir constamment éveillé l'honneur qui environne le trône, et les vrais amis du souverain que la providence nous a rendu ; toutes ces raisons ont retenu renfermée dans ses caisses, et la collection, et tout ce qui pouvoit y avoir rapport : ce n'est que de ce moment, fin de 1816, que je puis commencer à les ouvrir. Ce Catalogue étoit accompagné d'une préface, qui ne pouvoit convenir qu'aux circonstances seules du moment où il avoit été imprimé, et à la situation dans laquelle j'étois à cette époque. Cette situation ayant changé, j'ai cru devoir la supprimer. J'en ai fait de même de deux discours assez étendus, par lesquels ce Catalogue étoit terminé : ils avoient trait à quelques différences d'opinion qui existoient alors entre quelques uns des minéralogistes français et moi, à l'égard de plusieurs faits concernant la science ; différences que ma présence actuelle à Paris, ainsi que celle de la collection, suffisent seules pour faire cesser, par la communication, la vérification, et même la rectification, si elle devoit être faite. Cette suppression fait presque de ce Catalogue une seconde édition. Elle m'offre, en même temps, la satisfaction de pouvoir décorer son titre, de celui, toujours cher à la loyauté française, que porte aujourd'hui la collection à laquelle il appartient.

Je dois cependant, dans cette nouvelle préface, ainsi que je l'avois fait dans celle précédente, donner une esquisse de la nature de cette collection, ainsi que du genre d'intérêt et d'utilité que je me suis proposé en la formant.

Une collection minéralogique peut être considérée sous trois points de vue différents. Sous l'un d'eux, c'est un choix de morceaux destinés à faire connoître, dans chacune des substances minérales, la beauté élégante de la nature, même dans celui de ses règnes où assez généralement elle est peu soupçonnée. Sous le second, c'est un rassemblement de minéraux propre à faire connoître leur utilité dans les arts, soit dans ceux de première nécessité, soit dans ceux d'embellissement, de décoration et de luxe. Sous le troisième enfin, elle devient une réunion de tout ce qui peut mettre l'observateur de la nature à même de connoître, autant qu'il appartient à l'homme, et à l'époque dans laquelle il observe, les diverses substances minérales, les caractères qui les différencient les unes des autres, les divers aspects sous lesquels elles se présentent, soit à l'état parfait, soit à l'état de décomposition, soit par les différents mélanges qu'elles peuvent former les unes avec les autres; les formes qui leur sont propres; les lois auxquelles ces formes sont soumises, et celles qui les font varier; les rapports que ces substances peuvent avoir entr'elles; leurs habitudes, telles que les circonstances qui semblent présider à leur formation, les localités qu'elles affectent le plus particulièrement etc. etc.; et enfin la manière dont se comportent les dépôts tumultueux de la division de leurs parties, ou les divers aggrégats que ces mêmes parties, plus ou moins fines, ou plus ou moins grossières, ont formés, en se réunissant purement et simplement, sans se combiner.

Une collection minéralogique, formée sous ce dernier point de vue, est seule dans le cas d'être considérée comme une collection d'étude. Bien faite, et placée entre les mains d'un homme propre à répondre aux diverses questions qu'un jeune élève est dans le cas de pouvoir lui faire, elle suffit à elle seule à la formation du minéralogiste, quant à la théorie complète de la science, et à la connoissance des principes et des élémens dont elle est formée. Il doit n'avoir plus besoin ensuite, que de parcourir la nature sur son sein, pour s'accoutumer à mettre en place tous les objets qu'il a vus isolés et véritablement hors de place : et encore, à cet égard, la méthode qui a été suivie dans l'arrangement de la collection, doit lui faciliter considérablement ce second travail, celui de tous, qui bien certainement lui procurera le plus de jouissances, surtout lorsqu'il sera arrivé au point de commencer à interroger lui-même la nature.

C'est sous ce point de vue, que j'ai toujours considéré la formation d'une collection minéralogique; il avoit été mon guide dans la formation de celle très-considérable que je possédois avant de quitter la France, et qui, à l'époque de la révolution, a éprouvé le sort de toutes mes autres propriétés, qui toutes, sans aucune exception, ont été la proie de l'amour de la licence et des propriétés, nommée alors amour de la liberté. Il existe en Europe un très-grand nombre de collections minéralogiques, elles appartiennent surtout au premier point de vue sous lequel j'ai dit qu'elles pouvoient être considérées; mais il y existe fort peu de véritables collections minéralogiques d'étude, telles que je viens d'en offrir le tableau. Ce genre de collection exige, pour sa formation, un nombre extrêmement considérable de morceaux; il exige aussi un travail et une attention continuels de la part de celui qui la forme, afin de ne jamais laisser échapper l'occasion de placer, dans la série de chacune des substances, tout ce qui peut en compléter la parfaite connoissance. Il ne peut prévoir, il ne peut se représenter d'avance, l'intérêt qu'une simple variété, un modeste morceau même, soit de mélange, soit de décomposition, vient répandre sur toute une série, et la lumière que très-souvent il vient jeter sur plusieurs faits, peu clairs jusqu'alors dans son esprit, et qui le déterminent, soit à des réunions, soit à des séparations, dont bien souvent il ne se seroit nullement douté.

Une collection minéralogique de ce genre, qui seroit faite en morceaux volumineux, joint à ce qu'elle seroit presque impossible à rassembler, exigeroit un emplacement très-considérable, et sa formation ne pourroit être faite qu'à l'aide d'un temps et d'un travail immenses. J'ai cependant conçu l'espoir de pouvoir la former, dans mon exil pénible où cette science, qui jusque-là avoit été pour moi un simple objet d'occupation et de plaisir, étoit devenue la base sur laquelle s'appuyoit le soutien de mon existence, ainsi que de celle de ma famille. Le temps ne m'a que trop été fourni par la longueur des malheurs de la France. Le travail, qui toujours avoit été pour moi une source de jouissances aimables et paisibles, étoit devenu pour ma nouvelle existence une ressource précieuse; il étoit d'ailleurs un véritable besoin pour moi. Il enchaînoit ma pensée, dont l'action du moment étoit terrible; il l'absorboit presque en entier, et l'empêchoit de se reporter sur le passé, et d'envisager la triste perspective de l'avenir. Cette pensée, concentrée sur les objets qui forcément se présentoient continuellement à elle, me procuroit encore des jouissances; tandis que tant d'autres, plus malheureux que moi, quoique non moins dignes du bonheur, n'éprouvoient que des privations et des peines. Le travail, dis-je, joint à une activité soutenue, m'a fait réussir au-delà même de mon espoir. J'ai pu former une collection vraiment immense, et remplissant, plus même que je n'osois m'y attendre, le but que je me proposois. Tant il est vrai que la Providence, cette mère bienfaisante de la nature, sert toujours favorablement celui qui croit en elle, et se soumet franchement à ses décrets!

On conçoit cependant très-bien, que dans la position dans laquelle je me trouvois, je ne pouvois m'attacher autant au luxe des morceaux, qu'à leur intérêt et à leur utilité. Borné par la place, et plus encore par les moyens, je devois aussi borner la grandeur des échantillons. La plupart sont fort petits; mais, autant qu'il m'a été possible, ils sont parfaitement caractérisés; et en cela j'ai été heureusement servi par les circonstances et les hasards, que je ne laissois jamais échapper. Cependant je ne me suis pas refusé la jouissance de m'écarter de cette loi que je m'étois imposée, dans les cas où, soit la beauté des morceaux, soit leur intérêt, ne me permettoient, ni d'en diminuer le volume, ni de leur refuser une place dans cette collection. Elle renferme de deux à trois mille morceaux, qui par leur grandeur pourroient être placés avec avantage dans toutes les collections. J'ai dû le plus grand nombre, soit à l'amitié, soit à ma correspondance avec les minéralogistes étrangers; et je me suis plu à le reconnoître dans ce Catalogue.

La richesse de cette collection en cristaux isolés, est immense; elle ne s'élève pas à moins de dix à douze mille. M'étant livré avec beaucoup d'action à cette partie si intéressante à l'étude des minéraux, la cristallographie, science nouvelle, et qui a ouvert à la minéralogie, à la physique et à la chimie, un champ si vaste d'observations, dont nous n'avons encore cultivé que les bords, je me suis plu à rassembler avec soin, les matériaux propres à mettre le savant qui voudra les consulter, à même de travailler aux progrès de cette science, qui a dejà contracté de si grandes obligations envers les Linnée, les Bergman, les Romé-Delisle, etc. etc., et plus récemment envers M. l'abbé Haüy, auquel elle a dû et doit encore journellement des observations si précieuses. Chacune des substances minérales renfermées dans cette collection, contient des suites, le plus souvent très-considérables, de cristaux, dont plusieurs d'entre elles sont, je crois, uniques. Telles sont, par exemple, celles qui appartiennent, dans les pierres, à la chaux carbonatée, à la chaux fluatée, à la baryte sulfatée, au corundum, et tout ce qui a trait à la gemme orientale, tel que le rubis oriental, la topaze orientale, le saphir, etc.; telles sont aussi celles qui appartiennent au spinel, au zircon, au mica, au pyroxène, à la hornblende, au diamant, etc.; et dans les métaux, à l'argent rouge et à celui sulfuré, et à presque tous les minerais de fer, de cuivre, d'étain, de plomb, d'antimoine, etc. Parmi les suites de cristaux que je viens de citer, celle qui appartient au corundum, ainsi qu'à tout ce qui a trait à la gemme orientale, forme à elle seule une collection très-considérable, et qui est extrêmement précieuse par la manière parfaite dont elle présente l'étude complète de cette pierre, et la variété des faits qu'on y observe. Une suite semblable seroit très-probablement impossible à rassembler une seconde fois : la possibilité de la former m'ayant été procurée par une de ces occasions uniques, que le minéralogiste ne doit jamais laisser échapper, lors surtout qu'il doit s'attendre à ne plus la retrouver. Je pourrois presque en dire autant des séries qui appartiennent au spinel, à la chaux carbonatée, au mica et au diamant.

Dans une collection telle que celle-ci, dont l'objet principal est l'étude de la science, la petitesse des échantillons, lorsqu'ils sont parfaitement caractérisés, a un avantage réel. Par ce moyen, un grand nombre de ceux qui appartiennent à une même substance, et quelquefois la substance entière, peuvent être placés dans un petit nombre de tiroirs. Lorsqu'on a pris soin d'y arranger les morceaux méthodiquement, qu'ils y sont fixes, et point exposés à se déranger, ces tiroirs, ou un très-petit nombre d'entre eux, présentent à l'œil de l'observateur, et cela sous un petit espace, les suites qui appartiennent à chacune des substances, ou du moins une grande partie de ces suites. On peut facilement alors en saisir promptement l'ensemble, en comparer entr'eux les différens individus ou les diverses parties, et les comparer de même avec d'autres suites, afin d'en saisir plus facilement, soit les différences, soit les rapports. Dans les collections dont les morceaux sont volumineux, cette comparaison devient plus difficile, elle ne peut, pour ainsi dire, se faire que de morceaux à morceaux; et l'observateur perd la faculté de pouvoir comparer l'ensemble, qui dans un grand nombre de circonstances, est si nécessaire et devient si souvent d'une grande utilité.

Parmi la quantité immense de cristaux, que renferment les séries de chacune des substances minérales de cette collection, il en existe un très-grand nombre, dont les formes n'ont pas encore été décrites; et dans plusieurs substances, ces séries m'ont conduit à penser, que celles primitives adoptées pour elles jusqu'ici, n'étoient pas parfaitement d'accord avec ce que la nature indique à leur égard, et devoient être rectifiées. D'après l'intention généreuse du Roi, en faisant l'acquisition de cette collection, de la rendre toujours le dépôt de ce qui peut être utile à la science, afin de pouvoir par-là être utile en même temps à ceux qui s'y livrent ; intention qui étoit parfaitement aussi celle de M. le comte de Blacas, ministre de sa maison, l'ami le plus éclairé des sciences et des arts, et, sous l'autorité de Sa Majesté, le protecteur le plus zélé qu'elles eussent pu avoir, lorsqu'il lui proposa de récompenser l'amour d'un de ses plus fidèles sujets par cette acquisition ; d'après l'intention, dis-je, de Sa Majesté, je m'empresserai toujours de communiquer aux savans, qui m'en témoigneront le désir, non-seulement tous les objets qui pourroient les intéresser, mais encore les observations qui pourroient m'être propres, et être dans le cas de pouvoir être utiles au but de leurs recherches. Par-là, les faits sur lesquels j'ai pu appuyer celles de mes opinions qui me sont particulières, pourront être facilement comparés avec les faits qui ont pu donner naissance à des opinions opposées, et si quelques-unes succombent justement à cette comparaison, le sacrifice en sera bientôt fait. Mon désir, en m'occupant, a toujours été de le faire utilement ; et si j'ai pu, en effet, contribuer, quelque foiblement que ce soit, aux progrès de la science, mon amour-propre, comme minéralogiste, sera pleinement satisfait.

On verra dans le cours de ce Catalogue, que dans le moment même où il étoit à l'impression, deux substances que l'on avoit cru jusqu'alors devoir placer dans l'espèce, déjà si nombreuse, de la chaux carbonatée, s'en séparoient forcément, pour constituer deux nouvelles espèces parfaitement distinctes, la chaux et magnésie carbonatée et le fer carbonaté, ou fer spathique : la première, considérée jusqu'ici comme une chaux carbonatée mélangée de magnésie, et la seconde, comme une chaux carbonatée mélangée de fer. L'observation, très-délicate à l'origine, de la différence entre eux des trois rhombes primitifs de ces trois substances, mais aujourd'hui très-facile à faire, est due au docteur Wollaston, auquel est due pareillement la fixation de la véritable mesure de l'angle d'incidence, que forment entr'eux les plans du rhomboïde primitif de la chaux carbonatée, qu'il a trouvé être de 105°-5', pour l'angle obtus, et que j'ai moi-même vérifié très-souvent : on lui doit de même, un grand nombre d'autres observations très-importantes. La chaux et magnésie carbonatée, ainsi que le fer carbonaté, forment donc deux espèces nouvelles dans la minéralogie. On trouvera dans ce catalogue, douze autres espèces, nouvelles aussi, qui n'avoient point encore été observées par les minéralogistes, et dont j'ai donné les descriptions propres à les faire reconnoître.

Depuis l'acquisition que le Roi a bien voulu faire de cette collection, il y a été fait des additions extrêmement précieuses; telles qu'une centaine de cristaux de Diamant, présentant une variété très-considérable de formes, dont un extrêmement petit nombre a été décrit, et qui ajoutées aux 46 que cette collection renfermoit déjà, la rend extrêmement riche dans cette pierre, si précieuse à la parure de la plus belle, et bien certainement de la meilleure partie du genre humain. Tel aussi que le beau et unique cristal de lapis-lazuli, qui faisoit partie de la collection de M. de Morveau; un morceau d'une grandeur extraordinaire, de la variété de l'étain oxydé, connue sous le nom d'*Etain de bois*; un grand et magnifique cristal pyramidal de saphir, poli sur ses deux faces terminales seulement, qui toutes les deux font très-parfaitement l'effet de l'astérie; un autre gros saphir astérie, taillé en sphéroïde, et dont les rayons de l'astérie font complétement le tour de la circonférence; un saphir opalisant, taillé en pierre de bague, et de la plus grande beauté; deux morceaux présentant de superbes cristaux d'argent antimonial; d'autres morceaux fort beaux de mercure argental et de mercure corné, etc., etc.

Lorsque, déterminé en Angleterre par les circonstances particulières du moment, auxquelles venoient, en même temps, se joindre l'action impérieuse de la raison, de faire le sacrifice pénible de ma collection, je me décidai à en faire cette espèce de catalogue sommaire, j'y fus principalement incité, par le désir de sauver de l'oubli quelques-unes de mes observations, dont je croyois que la connoissance pouvoit être utile à la science. Ce travail, qui me rappeloit continuellement la nature et l'étendue du sacrifice que je m'étois imposé, étoit aussi pénible que le sacrifice lui-même ; j'en dirigeai en conséquence la marche le plus rapidement qu'il me fut possible : il a été l'ouvrage de moins de deux mois. Il a de même ensuite été imprimé rapidement aussi, et par des ouvriers auxquels la langue françoise étoit parfaitement étrangère. Il s'y est en conséquence glissé, soit de ma part, soit de celle des ouvriers, beaucoup de fautes, dont quelques-unes sont assez graves. J'ai corrigé les plus grossières dans l'errata que je viens d'y joindre ; je demande au lecteur de m'accorder quelque indulgence, pour celles plus légères qu'il sera dans le cas d'apercevoir, et de les corriger lui-même.

CATALOGUE, &c.

PIERRES.

CHAUX CARBONATÉE.

3160 *Morceaux, dont* 1890 *Cristaux isolés.*

La suite que présente la chaux carbonatée, dans cette collection est, sans aucun doute, celle la plus complette qui existe. La partie qui concerne les formes cristallines de cette substance est extrêmement précieuse; elle renferme près de 600 variétés, toutes parfaitement régulières et parfaitement distinctes, et dont un très-grand nombre sont très-rares. Plusieurs des cristaux qui appartiennent à ces variétés ont une grandeur peu considérable; mais, dans le plus grand nombre, cette grandeur est au-dessus de celle la plus ordinaire aux cristaux de cette substance.

Des occasions très-multipliées, et qu'on ne peut faire naître à volonté, et cela en Angleterre, le pays de l'Europe le plus riche en chaux carbonatée cristallisée, jointes à une très-grande habitude de lire les cristaux, et à un travail considérable, souvent pénible, et continuellement soutenu pendant dix-sept années, ont seules pu me permettre de former ce précieux rassemblement.

Parmi les nombreuses séries qui composent cette suite de la chaux carbonatée, j'en citerai particulièrement deux. L'une d'elles appartient à la variété connue sous le nom de *Schiffer-spath*, et à laquelle j'ai donné celui de *chaux carbonatée dépressée*, dans mon traité complet de cette substance. Cette variété avoit été mal conçue par les minéralogistes; et je crois avoir assis, dans cet ouvrage, l'opinion qui doit être prise sur sa véritable nature. La série qui lui appartient, dans cette collection, est extrêmement intéressante; elle offre l'étude complette de cette variété. Un grand nombre des morceaux qui la composent sont fort rares et très-beaux; plusieurs viennent du Mexique.

L'autre de ces deux séries appartient à la chaux carbonatée magnésienne *. Elle renferme plusieurs variétés cristallisées extrêmement rares; plusieurs desquelles appartiennent aussi au Mexique. Je ne puis résister au désir de faire connoître les deux variétés représentées sous les figures 1 et 2. Celle fig. 1 est la combinaison des plans du rhomboïde primitif, avec ceux du rhomboïde lenticulaire, et avec celui de remplacement du sommet par un seul plan perpendiculaire à l'axe: Les plans du rhomboïde lenticulaire sont généralement striés, ainsi que cela arrive si fréquemment dans la chaux carbonatée ordinaire. Ces cristaux sont parfaitement incolores et d'un éclat assez vif: ils sont placés sur un groupe de cristaux de quartz légérement coloré en violet, et viennent du Mexique.

Dans la variété fig. 2, les plans du rhomboïde primitif sont combinés avec ceux du prisme formé le long de ses bords, ceux du dodécaèdre pyramidal aigu, qui

---

* Voyez à l'égard de la chaux carbonatée magnésienne, ainsi qu'à l'égard d'une partie du Schifferspath, la note placée à l'article du fer spathique.

appartient à la 41ème modification de mon traité complet de la chaux carbonatée, et ceux du rhomboïde muriatique, *inverse de M. l'Abbé Haüy.* Ces cristaux, qui sont d'une grandeur assez considérable, sont incolores, et sont placés sur une chaux carbonatée magnésienne en masse, légèrement colorée en vert : ils viennent aussi du Mexique.

J'ajouterai à ce que je viens de dire sur ces deux variétés de la chaux carbonatée magnésienne, la description de cinq autres morceaux cristallisés en rhomboïdes primitifs, et qui de même ont pour localité le Mexique. Le premier de ces morceaux est un groupe, sans aucune gangue, dans lequel le rhomboïde primitif forme de grandes agrégations. Dans le second, ces mêmes rhomboïdes sont groupés confusément, et recouvrent une masse de quartz. Dans le troisième, les rhomboïdes sont plus distincts ; ils sont d'une grandeur considérable, et sont placés en recouvrement sur des cristaux de quartz, dont la base est améthisée. Dans ces trois morceaux, les cristaux de chaux carbonatée magnésienne sont parfaitement incolores, et leur lustre est beaucoup plus grand que celui de la chaux carbonatée non magnésienne ; ce lustre a beaucoup de rapport avec celui de la chaux carbonatée martiale, connue sous le nom de spath perlé : celui des cassures est aussi plus éclatant. Ces cristaux se dissolvent extrêmement lentement dans l'acide nitrique, sans lui donner la plus légère couleur, et ce même acide, étant placé sur eux, n'y produit pas non plus cette tache jaune qu'il fait sur les cristaux de chaux carbonatée martiale. En tout la chaux carbonatée magnésienne y paroît très-pure, et si elle contient du fer, ce doit être en bien petite quantité.

Dans le quatrième des morceaux que j'ai cités, les rhomboïdes de chaux carbonatée magnésienne sont empilés les uns sur les autres, et la plupart appartiennent à la variété dans laquelle les arêtes pyramidales du rhomboïde primitif sont remplacées, chacune d'elles, par un plan qui appartient au rhomboïde lenticulaire, et qui est strié. Ces cristaux sont placés sur un groupe de critstaux de quartz améthiste d'une très-belle couleur, et sont entremélés d'autres cristaux de chaux carbonatée non magnésienne, de la variété en prisme hexaèdre court, terminé par une pyramide trièdre à plans pentagones, qui appartiennent à ceux du rhomboïde lenticulaire: on distingue facilement ces derniers cristaux, de ceux qui ont rapport à la chaux carbonatée magnésienne, par un lustre beaucoup moins considérable.

Le cinquième de ces morceaux enfin est composé de la réunion d'une quantité immense de petits rhomboïdes lenticulaires, groupés avec de petits cristaux de quartz, et un très-grand nombre de petits globules sphériques, appartenant encore à la même chaux carbonatée magnésienne; le tout placé sur des cristaux fort grands de feldspath blanc, appartenant à une très-jolie variété, dont j'ai cru devoir donner ici la forme sous la fig. 3, avec les lettres de rapport pour les plans, employées par M. l'Abbé Haüy, quoique je n'aie pas donné, à l'article qui concerne cette substance, les cristaux non décrits qui lui appartiennent, et qui sont placés dans cette collection. Les petits globules de chaux carbonatée magnésienne que j'ai dit exister sur ce morceau intéressant, étant vus avec la loupe, leur surface paroît être composée de la réunion exacte de petites pièces en hexagones réguliers; ce qui provient de la forme hexagone du circuit des bases des rhomboïdes lenticulaires, dont ces globules sont une agrégation intime.

Parmi les morceaux de chaux carbonatée dépressée ou Schifferspath du Mexique, dont j'ai dit précédemment qu'il existoit plusieurs morceaux dans cette collection, quelques-uns appartiennent en même temps à la chaux carbonatée magnésienne; ils ne diffèrent de ceux dus à la chaux carbonatée non magnésienne, qu'en ce que l'éclat donné par la réflexion de leur surface est beaucoup plus vif. Il existe, dans cette collection, un superbe morceau accompagné de quelques fragments de Schifferspath, dans lequel les diverses couches, dont il est composé, sont parfaitement distinctes, et sont recouvertes par une dernière couche, formée par une accumulation confuse de très-petits rhomboïdes primitifs à sommet occupé par un plan très-large, qui change ces rhomboïdes en petites lames hexaèdres très-minces: cette accumulation est très-propre à faire concevoir la nature de la variété désignée, par les minéralogistes allemands, sous le nom de *Schaum-erde*. Ce morceau est extrêmement brillant.

La variété du Schifferspath, due à la chaux carbonatée non magnésienne, existe cependant aussi parmi les morceaux du Mexique. Cette collection en renferme un superbe échantillon : c'est une lame de plus de cinq pouces de longueur, sur plus de trois de largeur, et à peine une ligne d'épaisseur, quoiqu'elle soit elle-même composée de plusieurs couches. Une partie de la surface de cette lame est recouverte par une dernière couche, formée par une agrégation confuse de très-petits cristaux de chaux carbonatée. En regardant, avec une forte loupe, la surface du Schifferspath non recouverte, on observe, tracé sur elle, par l'entrecroisement des lignes dues à la cristrallisation, un très-grand nombre de petits triangles équilatéraux, ainsi que des hexagones qui rappellent parfaitement les plans de remplacement de l'angle solide du sommet des petits rhomboïdes composants. Il existe en outre, dans cette collection, un superbe groupe de grands cristaux lenticulaires, dont l'épaisseur est peu supérieure à celle d'une feuille de papier, et dont la surface a le lustre du Schifferspath à un haut degré: leur forme a beaucoup de rapport avec celle propre à la variété de chaux carbonatée connue sous le nom de spath en rose.

La connoissance de ces intéressantes variétés de chaux carbonatée, soit magnésienne, soit dépressée, est due à M. Payard, négociant portugais, qui a rapporté lui-même du Mexique une collection très-agréable et parfaitement bien choisie de minéraux, dont ces variétés faisoient partie. Je dois celles que cette collection renferme, tant à lui, qu'à M. le comte de Funchal, ambassadeur plénipotentiaire de la cour du Brésil à Londres, dont M. Payard a enrichi la collection du choix des morceaux qui composoient la sienne.

Il a été joint à la suite de la chaux carbonatée qui existe dans cette collection, une série assez considérable, ayant rapport aux coquilles et aux perles, et dont l'objet est de venir à l'appui de l'opinion que j'ai donnée sur cette partie des produits calcaires, dans mon traité complet de la chaux carbonatée. On y trouvera des échantillons de tous les faits qui y sont cités, et qui sont bien peu connus encore, par la manière étonnante, on peut dire même, totalement inconcevable, dont la personne à laquelle appartenoit le soin et le droit de la vente de ce traité, imprimé par une souscription particulière, s'est conduit à son égard.

Il est joint en outre à cette même collection plus de 300 morceaux d'une grandeur considérable, eu égard au volume de ceux qui composent les suites, et qu'on ne pouvoit diminuer sans les gâter : la plupart sont des groupes de cristaux, et un grand nombre sont très-rares *.

---

* Depuis la rédaction de ce catalogue, j'ai ajouté, à cette collection, une série assez nombreuse de cristaux de chaux carbonatée, très-particuliers dans leur forme, qui, au premier aspect, semble s'écarter fortement de celles propres à cette subsance. Je dois leur connoissance à M. Th. Allan d'Edinbourg, qui les a trouvés dans l'isle de Ferroë, où ses recherches minéralogiques l'ont conduit cette année; il a bien voulu m'en donner plusieurs petits groupes, joints à un grand nombre de petits cristaux isolés.

Ces cristaux appartiennent au dodécaèdre aigu de la 41ème modification de mon traité de la chaux carbonatée, et l'aspect particulier qu'ils présentent ne provient que de ce que deux des faces, opposées dans chacune des pyramides, et placées dans le même sens, l'une à l'égard de l'autre, ont pris une largeur extrêmement considérable, ainsi que le représente la fig. 379, pl. 20. Le cristal 380, qui existe à l'état très-parfait dans cette collection, est une moitié exacte de celui précédent, prise perpendiculairement à son axe, ou une seule des pyramides du doécaèdre isolée, dans laquelle, en même temps, deux des faces pyramidales étroites et opposées, ont pris un tel accroissement qu'elles ont fait disparoître les deux autres.

Le cristal représenté sous la fig. 381, est le même que celui fig. 379, ayant en outre deux des plans du rhomboïde primitif, placés le long de l'arête qui occupe le sommet du dodécaèdre.

Celui placé sous la fig. 382, est une macle formée par une ré-

ARRAGONITE.

134 *Morceaux, dont* 100 *Cristaux isolés.*

Cette suite est très-riche et extrêmement précieuse. C'est elle qui m'a servi pour donner, dans mon traité complet de la chaux carbonatée, l'étude de cette sub-

---

union, en sens contraire, de deux moitiés du cristal fig. 379, prises suivant le plan de réunion des deux pyramides.

La variété placée sous la fig. 383, est une autre macle du même cristal. Pour en concevoir la formation, soit supposée une section faite sur ce cristal suivant un plan qui passe au dessous de celui de réunion des deux pyramides du dodécaèdre, et parallélement à lui, ainsi que l'indique, dans la fig. 379, la ligne ponctuée. Si ensuite on conçoit deux parties semblables à celle la plus grande, réunies entre elles dans leur sens naturel, on aura la macle fig. 383, sur le milieu de laquelle il existe un angle rentrant, formant une espèce de goutière.

Dans la variété représentée par la fig. 381, qui est terminée par deux plans appartenant au rhomboïde primitif, et qui quelquefois l'est de même par ceux du rhomboïde lenticulaire, équiaxe de M. l'Abbé Haüy: dans cette variété, dis-je, fort souvent, ainsi qu'on l'a déjà vu dans la variété représentée sous la fig. 380, deux des plans opposés étroits de chacune des pyramides prennent assez d'accroissement pour faire disparoître les deux autres, et dans ce cas il n'existe le long de l'arête qui tient la place du sommet, qu'un seul des plans du rhomboïde, soit primitif, soit lenticulaire.

Le cristal fig. 384 est une macle de cette dernière variété, due à la réunion, en sens contraire, de deux moitiés du cristal fig. 381 qui lui appartient; et qui sont telles que pourroit le produire, sur ce cristal, une section qui passeroit par son axe et le milieu des deux arêtes qui tiennent la place du sommet du dodécaèdre, section indiquée sur le cristal, fig. 381, par la ligne ponctuée.

La macle placée sous la fig. 385 est très-particulière. Pour s'en former une idée, il faut se représenter le cristal placé sous la fig. 381, divisé en quatre parties égales par deux sections, dont l'une semblable à celle qui vient d'être décrite à raison de la formation de la macle précédente, et dont l'autre est faite suivant le plan de

stance si singulière, et que la nature semble avoir jettée comme une pomme de discorde entre la chimie et la minéralogie. Elle est propre à donner en conséquence une démonstration satisfaisante de tout ce que j'ai dit à son égard. Les cristaux isolés qu'elle renferme sont parfaitement prononcés, et presque tous d'une grandeur assez considérable.

Au nombre des groupes, il y en a deux d'une grande beauté et fort rares : ils viennent du Pérou. Ces deux

---

réuuion des deux pyramides ; il faut concevoir ensuite la réunion, en sens contraire, de deux de ces quatre parties, telles que celles O et Q.

La variété fig. 386, quoique très-irrégulière, sert de type à plusieurs macles : il en existent deux cristaux dans cette collection, dont un très-parfait ; les numéros placés sur les plans qui lui appartiennent les indiquent suffisamment. J'observerai cependant que ceux marqués a appartiennent à une des variétés pyramidales obtuses, mais il m'a été impossible de déterminer à laquelle.

Ce que j'ai dit à l'égard de la macle placée sous la fig. 385, suffit pour faire concevoir celles placées sous les fig. 387, 388, et 389 ; j'ajouterai seulement, que celle placée sous la fig. 389 dérive de la variété fig. 386, dans laquelle la ligne ponctuée indique la direction du plan d'une des sections.

La plus grande parties des cristaux, et principalement des macles qui appartiennent à cette série des variétés de la chaux carbonatée, sont extrêment minces ; un grand nombre ont à peine l'épaisseur d'une feuille de papier sur leurs bords : ils sont très-transparents.

Mr. Sowerby, dans la 315ème planche de sa minéralogie de l'Angleterre, en figures colorées, représente une variété qui a beaucoup de rapport avec celle qui est placée sous la fig. 387 ; mais elle appartient au dodécaèdre commun ou métastatique de M. l'Abbé Haüy, ce qui change beaucoup son aspect, et elle est bien éloignée de présenter les nombreuses variétés qui sont particulières à ce dodécaèdre de ma 41ème modification, je n'ai même pas donné toutes celles qui existent dans cette collection.

groupes sont d'une grandeur assez considérable. Un autre, plus grand encore, présente un superbe faisceau, en rayons divergents, de cristaux qui adhèrent fortement les uns aux autres.

La plupart des cristaux isolés sont aussi très-rares.

CHAUX FLUATÉE. FLUOR.

334 *Morceaux, dont* 212 *Cristaux isolés.*

La suite qui existe, dans cette collection, de la chaux fluatée offre un très-grand nombre de faits intéressants. Elle est extrêmement riche en variétés de formes cristallines, dont le plus grand nombre n'ont point encore été décrites.

Il y existe en outre une série de cristaux, dans lesquels les variétés de formes sont produites par accroissement, non du cristal primitif, mais d'un cristal secondaire, par suite d'une superposition, sur ses faces, de molécules, cristaux secondaires aussi, qui donnent naissance à diverses variétés : fait de cristallisation que je crois avoir le premier établi et démontré, dans mon traité complet de la chaux carbonatée, et dont il existe aussi un très-grand nombre d'exemples dans la série des cristaux qui appartiennent à cette dernière substance. Cette partie dans la chaux fluatée est extrêmement intéressante.

Il y est joint diverses séries appartenant aux variétés granuleuses, sableuses et compactes, ainsi que d'une variété intéressante, particulière au Cornwall, dans laquelle la substance de la chaux fluatée est intimement mélangée avec celle de la Calcédoine. Il y est réuni en outre une autre série appartenant à une variété terreuse d'un blanc mat, particulière à Beeralston, dans le Dévonshire, où elle s'interpose, d'une manière très-régulière, entre les lames de la variété octaèdre, sans gêner en rien la cristallisation.

Parmi les morceaux de cette substance, qui sont placés dans cette collection, en est un très-intéressant, et peut-être unique; c'est une Entroque d'environ 10 lignes de diamètre, qui, dans toute sa longueur et, à partir de son axe, est mi-partie à l'état de chaux carbonatée lamelleuse, ayant conservé la texture organisée propre à l'Entroque, et mi-partie à l'état de chaux fluatée violette: ce beau morceau est du Derbyshire. J'ai donné une partie de cette Entroque, qui avoit auparavant plus de deux pouces de longueur, à M. Greenough, président de la Société Géologique de Londres, dont la collection géologique est extrêmement précieuse, et auquel je dois moi-même plusieurs morceaux intéressants.

Au nombre des variétés qui concernent la phosphorescence de cette substance, il en existe plusieurs, prises principalemement parmi celles colorées en vert, qui sont phosphorescentes dans l'eau échauffée à un degré voisin de celui de l'ébulition. Quant à la lueur phosphorescente développée par une chaleur plus vive, il y existe une variété verte de Sibérie, ayant pour gangue un quartz en masse granuleuse à grain fin, qui, étant pulvérisée et placèe sur une pelle échauffèe, au moment où elle passe de la chaleur rouge à celle noire, donne une lueur phosporescente très-belle, mélangée de vert, de jaune et de violet. Une autre variété, d'un jaune brun, de Saxe, donne une lueur phosphorescente très-vive, mélangée de bleu, de vert et de jaune pâle. Une troisième, venant aussi de Saxe, et dont la couleur tire sur le vert de gris, donne une lueur phosphorescente qui est extrêmement vive et de la plus grande beauté, elle est mélangée de bleu, de violet et de jaune. Plusieurs des autres variétés de cette suite donnent de même aussi une lueur phosphorescente, mélangée de plusieurs couleurs différentes. Il y existe en outre une variété violette de Cornwall qui, étant échauffée de manière à devenir phosphorescente, passe successivement, par le simple refroidissement de la pelle sur laquelle elle a été placée, du vert d'éméraude, qui est la couleur qu'elle donne dans son plus grand degré d'échauffement, au violet, et ensuite, pour dernier terme, au blanc bleuâtre, qui est la couleur que donnent, dans l'eau échauffée près du point de l'ébulition, les variétés vertes que j'ai dit y être phosphorescentes. Il y existe enfin des échantillons de variétés de chaux fluatée diversement colorées, qui ont été parfaitement décolorées par la chaleur, et cessent alors d'être phosphorescentes.

CHAUX PHOSPHATÉE. APATITE.

74 Morceaux, dont 24 Cristaux isolés.

La suite des morceaux de cette substance renferme un grand nombre de variétés de formes non décrites, dont quelques-unes sont très-rares. La variété de Saxe, prise autrefois pour béril, et dans laquelle on avoit cru appercevoir une nouvelle terre, ainsi que celles connues sous les noms de moroxite, spargelstein, &c. y existent aussi.

CHAUX SULFATÉE. BARDIGLIONE *(Nobis)*. CHAUX SULFATÉE ANHYDRE *(Haüy)*.

157 *Morceaux, dont* 107 *Cristaux isolés.*

Les cristaux qui appartiennent à cette substance, et dont le plus grand nombre, n'avoient pas été décrits, donnent son étude cristalline aussi complette qu'il nous a été possible de la faire jusqu'ici. C'est cette même suite qui a servie de base au mémoire que j'ai donné sur le Bardiglione, dans le premier volume des transactions de la Société Géologique de Londres, imprimé en 1811. La suite de cette substance, placée dans cette collection, renferme toutes les variétés connues jusqu'à ce moment, parmi lesquelles en est une très-intéressante, avec actinote et cuivre et fer sulfuré jaune (cuivre pyriteux) qui vient de Suède.

Depuis que je me suis occupé du mémoire que je viens de dire avoir donné sur cette substance, j'ai pu m'en procurer un cristal, placé dans cette collection, dans lequel il existe le long des bords de deux des faces terminales, les deux autres ayant disparus par l'accroissement des plans de remplacement des bords du prisme, une face secondaire, ainsi que le représente la fig. 5 pl. 1. J'ai vu aussi un morceau de cette substance, appartenant à la collection du Dr. Babington, dans lequel les angles solides du prisme tétraèdre rectangulaire primitif sont remplacés par un plan triangulaire, ainsi que l'indique le fig. 4 ; mais ce cristal profondément enfoncé dans la substance même du Bardiglione de ce morceau, ne m'a permis de connoître l'angle d'incidence des plans de remplacement sur la face terminale que par approximation : cet angle m'a paru approcher de 120°, mais cependant plus petit : si cet angle étoit d'environ 118°, ainsi qu'il est assez probable, celui que fait le plan de remplacement des bords des faces terminales avec ces mêmes faces étant à très-peu de chose près de 161° 30′, la hauteur du prisme tétraèdre rectangulaire primitif, que je n'avois pas encore pu déterminer, à l'époque où je m'occupai de ce mémoire, seroit aux bords des faces terminales, dans le rapport de 4 à 3.

Il y a donc deux modifications de plus à ajouter aux six que j'avois alors déterminées dans le Bardiglione, savoir une 7me qui remplace les angles solides du cristal primitif par un plan qui fait, avec les faces terminales, un angle de 117° 56′, et est le produit d'un reculement par une simple rangée à ces mêmes angles, fig. 4.

Et une 8me qui remplace les bord des faces terminales par un plan qui fait, avec elles, un angle de 161° 34′, et est le résultat d'un reculement par 4 rangées le long de ces mêmes bords, fig. 5.

Ces deux modifications laissent appercevoir la possibilité de rencontrer le Bardiglione en cristaux pyramidaux. Elles expliquent, en conséquence, de petits cristaux en prisme très-minces et allongés, terminés par une pyramide obtuse, qui existent dans deux des morceaux de cette collection ; mais qui sont trop petits pour pouvoir être déterminés.

CHAUX HYDRO-SULFATÉE. GYPSE.

246 *Morceaux, dont* 178 *Cristaux isolés,*

La suite des morceaux de cette substance est très-riche, soit en faits particuliers, soit en cristaux, dont un très-grand nombre n'ont pas été décrits. Il y existe une série extrêmement intéressante, dans laquelle des masses cristallines informes sont composées de l'agrégation de molécules, appartenant à une des formes secondaires rares de cette substance, qui est en prisme tétraèdre rectangulaire droit de 92° sur 88° et se divisent, suivant la direction des plans de cristaux semblables à ces mêmes molécules, en cristaux appartenant à cette même forme secondaire qui, à leur tour, se divisent suivant une direction parallèle aux plans du cristal primitif. Cette variété intéressante, qui a été citée par M. L'Abbé Haüy dans son *tableau comparatif*, &c. est au gypse ce que le Schifferspath est à la chaux corbonatée lamelleuse, elle est ainsi que lui, pour l'ordinaire, nacrée, et vient de Pesai au Mont Blanc.

CHAUX ARSENIATÉE. PHARMACOLITE.

6 *Morceaux.*

CHAUX BORATÉE SILICEUSE. DATHOLITE.

5 *Morceaux.*

Dont un groupe assez grand de cristaux déterminés.

BARYTE SULFATÉE.

387 *Morceaux, dont* 258 *Cristaux isolés.*

La partie qui, dans cette collection, appartient à la baryte sulfatée est probablement unique, soit par le nombre des groupes et des cristaux isolés qu'elle présente, et dont plusieurs sont très-grands, soit par celui extrêmement considérable des formes cristallines non décrites qu'elle renferme, soit enfin par la quantité de faits intéressants qu'elle présente.

Parmi les variétés cristallines irrégulières, je citerai

principalement celle à fibres divergentes très-fines et très-serrées, d'un blanc mat, ressemblant parfaitement à une zéolite, du Derbyshire. Une autre, très-rare, aussi du Derbyshire, qui est composée de la réunion irrégulière de petits mamelons à stries convergentes d'un brun jaunâtre foncé, qui seroit facilement prise, d'après son aspect extérieur, pour appartenir au plomb phosphaté: elle se décolore sous l'action du chalumeau, et devient d'un blanc mat. Je citerai encore une troisième variété, d'un blanc mat, ayant l'aspeet et la consistance de la craie, qui est de même aussi du Derbyshire. Et enfin une très-belle variété lamelleuse du jaune de la topaze du Brésil la plus foncée, et d'une très-belle transparence.

BARYTE CARBONATÉE. WITHERITE.

82 *Morceaux, dont* 16 *Cristaux isolés.*

La suite renfermée dans cette collection, tant des groupes que des cristaux isolés, de cette substance, donne une série de formes cristallines, dont plusieurs sont très-rares, et dont le plus grand nombre n'ont pas été décrites. Il y existe plusieurs cristaux en prismes hexaèdre que je soupconne fortement être la forme primitive de cette substance; quelques-uns d'eux ont jusqu'à neuf lignes et plus de diamêtre sur 4 ligne de hauteur. Il y existe aussi un dodécaédre complet à plans triangulaires isocèles, dont chacune des pyramides a plus de 7 lignes de hauteur.

STRONTHIAN SULFATÉ. CÉLESTINE.

73 *Morceaux, dont* 61 *Cristaux.*

La plupart des cristaux isolés qui, dans cette collection, composent la série de ceux de cette substance, appartiennent à la belle variété de Sicile. Plusieurs d'entre eux laissent apercevoir, à l'aide de leur transparence, de petites parties de soufre renfermées dans leur intérieur.

STRONTHIAN CARBONATÉ.

75 Morceaux, dont 34 Cristaux isolés.

On rassembleroit difficilement dans cette substance rare, surtout à l'état cristallin déterminé, tout ce que cette suite présente. Elle renferme plusieurs groupes garnis de cristaux, qui sont de la plus grande rareté. Cette suite avoit été rassemblée par moi avec l'intention de faire l'étude cristalline de cette substance, et elle est parfaitement propre à remplir cet objet.

MAGNÉSIE PURE.

4 Morceaux.

Une de ces magnésies est des Indes orientales.

MAGNÉSIE BORATÉE. BORACITE.

10 Morceaux, dont 5 Cristaux isolés.

Parmi les formes cristallines de cette substance, est le dodécaèdre à plans rhombes, complet.

ALUMINE FLUATÉE ALKALINE. CRIOLITE.

25 Morceaux, dont 10 Cristaux.

Ce qui est cité ici comme étant des cristaux, n'est que des fragments; mais faits, en plus grande partie, suivant la direction des joints naturels de cette substance, et propres à démontrer la forme de son cristal primitif. La suite des morceaux qui lui appartiennent est très-belle; plusieurs sont d'une grandeur peu commune, quelques-uns sont d'une très-grande rareté: tel est par exemple un morceau, assez grand, dans lequel la criolite est mélangée de fer spathique cristallisé en rhomboïde primitif, et en grande partie à l'état de décomposition, et contenant en outre quelques parties de galêne et de cuivre jaune: tel est encore un autre morceau, assez grand aussi, totalement composé de fer spathique, de galêne et de cuivre jaune, avec quelques parties de criolite, disséminées dans sa masse. Ces deux morceaux intéressants nous indiquent que la criolite est une substance de filon: j'en dois la possession à M. T. Allan d'Edimbourg, ainsi que de plusieurs autres des morceaux de cette substance.

QUARTZ.

684 *Morceaux, dont* 362 *Cristaux isolés.*

La suite que cette collection présente dans tout ce qui concerne le quartz proprement dit, est extrêmement intéressante, et très-riche. Elles contient plusieurs cristaux appartenant à des variétés terminées par une pyramide aigue de diverses dimensions, ainsi qu'un très-grand nombre d'autres avec faces additionnelles, dont plusieurs sont très-rares.

La série des quartz colorés est aussi très-considérable, ainsi que celle des quartz accidentés, et renfermant dans leur intérieur diverses substances étrangères. Je citerai, parmi ces derniers, une suite de cristaux avec tourmaline capillaire. Une autre suite très-considérable de quartz renfermant des aiguilles de titanium, la plupart du Brésil: dans un de ces morceaux, qui est un cristal parfait, les aiguilles de titanium, qui s'élèvent verticalement de la base, sont d'un très-beau rouge et transparentes : elles ont toutes conservé leurs pyramides. Il existe aussi, dans cette collection, une fort belle suite de quartz, dont les morceaux renferment, dans leur intérieur, la variété du mica connue sous le nom de chlorite ; elle s'y montre d'un grand nombre de couleurs différentes. Dans une autre suite, les cristaux de quartz renferment, dans leur intérieur, diverses espèces de minérai de fer, telles que le fer oligiste et celui sulfuré, le fer oxydé, celui hydro-oxydé, &c. Je citerai enfin, au nombre des morceaux intéressants et même précieux par leur rareté, que renferme cette substance, une suite de différentes variétés de quartz à cassure lamelleuse, et un petit morceau de quartz d'un jaune de topaze qui renferme, dans son intérieur, trois dendrites très-grandes et fortement prononcées, dont deux de manganèse oxydée noire, et l'autre de manganèse oxydée d'un gris argentin.

CALCÉDOINE.

343 *Morceaux.*

La suite des substances qui appartiennent à la calcédoine, étant très-considérable, et les morceaux étant très-nombreux dans chacune de ses variétés, j'ai partagé cet article en plusieurs sections différentes.

Celle-ci contient la calcédoine proprement dite, les agates et les jaspes calcédoniens, et en général tout ce qui concerne les jaspes et les agates, ainsi que les différentes variétés colorées de la calcédoine.

La suite des agates arborisées, soit en noire, soit en rouge, est très-précieuse, tant par la beauté que par la rareté d'un très-grand nombre d'elles. Parmi celles arborisées en noire, il y en a plusieurs, la plupart fort belles, qui sont d'étude et destinées à faire voir que la substance qui produit l'arborisation, sinon toujours, du moins très-souvent, appartient à une matière bitumineuse; aussi disparoît-elle alors sous l'action d'une chaleur un peu forte. La substance qui colore ces arborisations en rouge est fixe, l'action de la chaleur ne fait que la noircir; elle appartient à un oxyde de fer.

Dans les calcédoines colorées, qui sont très-nombreuses dans cette collection, je citerai une coquille très-parfaite de la famille des cames à l'état de cornaline. Cette suite, tournée principalement vers l'étude, est en même temps très-agréable. Elle renferme une série considérable destinée à faire voir le passage de l'agate aux jaspes par l'augmentation de la terre argilo-martiale, et plus généralement encore par celle d'un simple oxyde de fer interposé dans la substance de la calcédoine, de manière à en enlever toute espèce de transparence, et à ne plus laisser apercevoir la substance calcédonienne : cette étude donne celle des agates jaspées, des jaspes agates, &c.

CALCÉDOINE CHRYSOPRASE.

9 *Morceaux.*

On a réuni ici, dans cette substance, une suite de morceaux dont plusieurs font voir que la substance calcédonienne, colorée en vert, y est mélangée de quartz.

CALCÉDOINE XYLOÏDE, OU BOIS A L'ÉTAT CALCÉDONIEN.

26 *Morceaux.*

Il existe, dans la suite qui appartient à cette substance, plusieurs morceaux dans lesquels, soit par la transparence, soit par la différence d'aspect, on distingue les pores, utricules et trachées du bois auquel ils ont appartenus.

CALCÉDOINE SILEX.

136 *Morceaux.*

Sous cette division est compris aussi le caillou d'Egypte, qui est un véritable silex, et n'est qu'une simple variété de ceux qui appartiennent à notre continent.

Outre les diverses variétés de cette substance, il existe, dans cette suite, une série extrêmement intéressante de silex ayant plus ou moins la texture madreporite. Cette série qui est dirigée vers l'étude, conduit en même temps à l'établissement des caractères propres à faire reconnoître l'origine madreporite d'un grand nombre de silex, dans lesquels, sans eux, elle ne pourroit être soupçonnée. Parmi les morceaux que renferme cette série, il en existe un d'une très-belle couleur de rose, qui a parfaitement conservé la texture madreporite: il est du Mexique. Une partie des morceaux qui appartiennent à cette section de la calcédoine, étant d'une grandeur trop considérable pour les cases, sont placés dans un tiroir séparé, dont les cases sont plus grandes.

L'observation étendra probablement beaucoup un jour l'existence, ainsi que le domaine des silex d'origine madreporite, surtout parmi les craies, ainsi que parmi les roches calcaires secondaires et tertiaires. M. l'Abbé Bacheley avoit déjà reconnu combien les silex d'origine madreporite sont plus abondants dans ces roches qu'on ne le pense généralement.

CALCÉDOINE CACHOLONG.

55 *Morceaux.*

Cette suite, extrêmement intéressante, est en entier composée de morceaux d'étude, dont quelques-uns doivent leur existence à l'art, ayant éprouvés l'action du feu. Ils sont destinés à faire voir que le cacholong est dû à l'altération de la calcédoine, probablement par la perte de l'eau de composition.

GYRASOLE.

323 *Morceaux.*

Il y a longtemps que j'ai donné le nom de gyrasole à la modification du quartz placée sous cet article, parce qu'il en falloit un qui la désignât particulièrement, ceux qui lui ont été donnés par M. Werner, d'opale commune, de demi-opale, d'opale ligniforme, et enfin d'opale proprement dite, et d'hydrophane, n'indiquant que de simples variétés ou de légères altérations d'une seule et même substance, à laquelle il falloit un nom. D'un autre côté, ne considérant nullement cette substance, ainsi qu'elle l'est par Mr. l'Abbé Haüy, et le plus grand nombre des minéralogistes, comme n'étant qu'une simple variété de la calcédoine, encore moins du quartz, deux espèces totalement distinctes l'une de l'autre, je ne pouvois la désigner sous le nom de calcédoine opale, ou de calcédoine opalisante. Le nom de gyrasole ayant déjà été donné à une de ses variétés, celle la plus pure et la plus parfaite, à raison d'une propriété qui lui est commune avec le plus grand nombre de ses autres variétés, celle de réfracter la lumière sous une couleur vineuse, quoique n'étant elle-même nullement colorée, je lui ai conservé ce même nom, dont j'ai fait celui de l'espèce.

La série qui appartient à toutes les variétés de cette substance est en même temps d'étude et d'agrément. Elle contient un nombre très-considérable de faits. La partie qui concerne les hydrophanes, ainsi que leur étude, est peut-être unique, et doit être regardée, (provenant d'une même cause) comme faisant suite à la série qui appartient à la décomposition de la calcédoine.

Parmi les variétés de cette substance, je me bornerai à citer la gyrasole pechstein, ou le pechstein infusible d'un blanc bleuâtre, unie à différents minérais de cuivre du Cornwall; celle d'un vert brun très-foncé, et bien souvent accompagnée de hornblende fibreuse et de galêne, du même canton; celle très-transparente et d'un très-beau jaune, d'Irlande; un petit morceau appartenant à une variété très-rare de l'opale, dont la couleur est noire, ainsi qu'une autre opale brune; plusieurs hydrophanes, reprenant dans l'eau la transparence et le beau jeu de couleur de l'opale; deux morceaux d'hydrophane d'un beau vert d'émeraude; et enfin plusieurs grands morceaux d'une hydrophane d'un j'aune pâle et grisâtre, de Sibérie, ainsi qu'une suite de morceaux, beaucoup plus grands encore, appartenant à trois variétés différentes et fort rares de l'hydrophane. L'une de ces variétés est d'un blanc mat un peu grisâtre, et d'un grain extrêmement fin et très-compacte; de petits noyaux de quartz cristallisé sont disséminés dans sa substance; sa cassure est parfaitement unie, et est quelquefois légèrement conchoïdale. La seconde variété a la texture, la cassure et tout l'aspect extérieur de la cire blanche, devenue un peu jaunâtre par vétusté; elle est très-fortement hydrophane. La troisième, dont l'aspect et la plupart des caractères sont de même ceux de la cire, est d'un gris cendré, mélangé d'une quantité immense de petites parties noires : elle est plus hydrophane encore que les deux premières, et lorsqu'elle a acquis de la transparence, si on la regarde avec la loupe, tous les points noirs qu'elle renferme se montrent être autant de petites dendrites, que je soupçonne fortement appartenir au manganèse. J'ignore la localité d'aucun de ces morceaux intéressants.

ŒIL DE CHAT.

18 *Morceaux.*

La suite des yeux de chats, placés dans cette collection, est en grande partie composée de pierres polies, parmi lesquelles en est une petite d'un brun noirâtre ; variété rare. Il est joint à cette suite, des morceaux de l'œil de chat brut de l'isle de Ceylan, et un de la variété beaucoup plus rare, et communément d'un brun rougeâtre qui vient de la presqu'isle de l'Inde.

GADOLINITE.

4 *Morceaux.*

Les morceaux de cette substance sont très-beaux. Je les dois à l'amitié de M. de Swedenstierna, savant minéralogiste Suédois, auquel j'ai dû plusieurs autres morceaux, pris parmi ceux les plus intéressants de cette collection. Un des morceaux de gadolinite adhère à une masse de feldspath lamelleux assez considérable.

ZIRCON.

193 *Morceaux, dont* 138 *Cristaux isolés.*

La suite des cristaux de cette substance qui sont

placés dans cette collection est très-précieuse, et plusieurs sont d'une grandeur assez considérable. Ils font connoître un très-grand nombre de formes non décrites, dont plusieurs sont très-agréables. L'octaèdre primitif s'y rencontre, soit en grands cristaux d'un brun jaunâtre de la presqu'isle de l'Inde, soit en petits cristaux rouges du Pégu. Il y est joint une collection de fragments pour la diversité des couleurs que cette gemme présente, ainsi que plusieurs petites pierres taillées, d'une belle couleur orangée.

CORUNDUM.

1444 *Morceaux, dont* 914 *Cristeaux isolés.*

Dans cette substance sont comprises toutes les pierres auxquelles les jouailliers donnent le nom d'orientales, telles que rubis oriental, chrysolite orientale, émeraude orientale, topaze orientale, hyacinthe orientale, saphir, &c.

L'ensemble de tout ce qui appartient, dans cette collection, à cette gemme, ainsi qu'à ses variétés, la plupart extrêmement rares, forme une suite très-précieuse, qui bien certainement est unique, et peut-être est destinée à l'être toujours. La possibilité de la former m'a été fournie par une de ces circonstances uniques, enfant du hasard, que l'activité doit saisir, et que le désir ni la volonté ne peuvent faire naître. Le choix des morceaux, ainsi que des cristaux qui la composent, a ensuite été le résultat d'un travail long, et d'une attention, ainsi que d'une patience soutenue pendant plusieurs mois consécutifs, que le zèle, inspiré par un amour extrêmement vif de la science, pouvoit seul maintenir.

La série qui appartient au corundum grossier, ou proprement dit, renferme tout ce qui peut concerner cette subsance dans les divers cantons où elle s'est montrée, tels que la Chine, le Thibet, le royaume d'Ava et le Pégu, le Carnatic, le District Deslors et la côte de Malabar dans la presqu'isle de l'Inde, &c. Il y existe même un petit cristal très-régulier des mines de fer de Gellivara dans la Laponie suédoise, qui m'a été donné par M. de Swedenstierna, auquel la découverte appartient.

Cette série immense renferme trois grands rhomboïdes primitifs très-parfaits, et qui ne peuvent laisser place à aucun doute; cristaux extrêmement rares dans cette substance, et dont je ne connois même aucun autre exemple: le clivage, soit naturel, soit fait par l'art, étant le seul moyen qui jusqu'ici ait procuré ce rhomboïde.

Parmi les prismes hexaèdres, avec ou sans conservation des plans du rhomboïde primitif, elle renferme des suites très-intéressantes, prises dans les divers gissements qui appartiennent à cette variété du corundum. Plusieurs de ces cristaux sont assez grands, et de la conservation la plus parfaite. Parmi ces cristaux on doit observer un prisme hexaèdre fort grand, et d'une excessive rareté: il a été clivé sur plusieurs des faces du rhomboïde primitif, ce qui a mis à découvert son intérieur, qui est du plus beau bleu de saphir, nuancé de parties non colorées. Une autre de ces prismes, qui est aussi fort grand, mais cependant moins que le précédent, est d'un bleu pâle. Il y existe aussi de petits prismes du rouge propre au rubis oriental, et un autre du jaune de topase orientale, dont la couleur est rendue très-sensible par une légère transparence.

Cette collection renferme aussi des suites très-considérables dans les deux couleurs bleue et rouge; la première, depuis le bleu très-pâle, jusqu'au bleu de saphir le plus foncé; la seconde, depuis le rouge, tirant sur le violet le plus pâle, jusqu'au rouge si foncé qu'il paroît noir, et cela par un passage dont les nuances sont presqu'insensibles. Il y existe aussi des suites dans les autres couleurs, telles que le jaune brun, plus ou moins foncé, le vert pâle, le vert brun, et même le noir.

Le corundum des différents cantons dans lesquels il se rencontre, présente aussi, dans cette suite, nombre de cristaux pyramidaux plus ou moins aigus, soit à pyramides simples, soit à pyramides doubles; et un très-grand nombre de faits particuliers et intéressants, qu'il seroit beaucoup trop long de décrire.

Comme cette suite a été rassemblée avec l'intention de la faire servir à l'étude complette de cette substance, elle renferme en outre le corundum avec les différentes gangues qui lui appartiennent, ainsi qu'avec toutes les substances qui l'accompagnent; ce qui donne lieu au développement d'un grand nombre de faits intéressants. La gangue qui lui est la plus ordinaire au Carnatic, est une substance que j'ai décrite dans le mémoire, dans lequel j'ai donné l'étude complette de la gemme orientale, inséré dans les transactions philosophiques de la Société Royale de Londres. Cette substance ne peut être rapportée à aucune des autres substances minérales: je ne lui avois, à cette époque, donné aucun nom; depuis je lui ai donné celui *d'indianite*. La suite des morceaux qui lui appartiennent, et qui sont placés sous cet article, joint à celle placée sous l'article même de cette subsance, est très-propre à en faire l'étude. Parmi ces morceaux, plusieurs sont destinés à faire voir que, dans différentes circonstances, les substances étrangères qui s'interposent dans d'autres substances, lors de leur formation, peuvent, lorsqu'elles y sont à l'état très-divisé, y jouer le rôle de matière colorante. Plusieurs des morceaux d'indianite sont colorés de cette manière en rouge brun et en vert, par le grenat et la thallite, et en observant ces morceaux avec attention, on ne peut conserver aucun doute à cet égard.

Il existe en outre, dans cette suite, une série de cristaux de corundum de la Chine et du Thibet, accompagnés de fibrolite. Quelques-uns d'eux sont totalement recouverts par cette substance neuve et très-rare, que j'ai de même fait connoître dans mon mémoire cité ci-dessus, sur le corundum et toutes les gemmes orientales. Il y existe encore une autre série, dans laquelle, soit le corundum d'Ava, soit celui de la Chine, ainsi que du Carnatic, est mélangé, d'une manière très-frappante, de parties de fer oxidulé : quelques prismes de celui de la Chine en sont totalement recouverts. Cette dernière suite démontre que le corundum, dans les différentes localités dans lesquelles il s'est montré à nous jusqu'à ce moment, accompagne le fer oxydulé dans une roche primitive, gissement ordinaire de cette espèce de minérai de fer. On a vu précédemment que le corundum avoit été trouvé par M. de Swedenstierna, dans une mine de fer oxydulé de la Laponie suédoise. Les sables de Ceylan, du Pégu, et d'Ava, dans lesquels se rencontre presqu'exclusivement la gemme orientale mise en œuvre par les jouailliers, contiennent aussi beaucoup de fer oxydulé à l'état sableux. Il en est de même du sable du ruisseau le Riou Pezzouliou près du Puy en Velay.

Il y existe enfin une autre série encore, dans laquelle le corundum est accompagné et souvent recouvert de stéatite verte : cette substance caractérise le corundum du Thibet, ainsi que le rouge brun qu'admet le plus communément sa substance, la couleur de celui de la Chine tirant plus généralement sur le vert.

La série qui appartient au rubis oriental, à laquelle est jointe la topaze orientale, ainsi que l'améthiste orientale, toutes à l'état cristallin, est d'une richesse que rien ne peut surpasser en minéralogie. Les formes cristallines, dont le plus grand nombre étoient encore inconnues lorsque j'ai donné mon mémoire sur cette substance à la Société Royale de Londres, en 1802, y sont extrêmement nombreuses, et depuis j'y en ai beaucoup ajoutées.

On trouvera, dans cette série, six rhomboïdes primitifs parfaits, dont je ne connois l'existence dans aucune autre collection, ainsi que d'un très-grand nombre des formes qui appartiennent à cette substance. Une partie des cristaux qui composent cette série sont fort petits : il y a parmi eux certaines formes que je n'ai jamais vu atteindre un volume un peu considérable ; mais nombre d'entr'eux aussi sont grands, et même d'une grandeur rare jusqu'ici dans cette substance : tel est un prisme hexaèdre d'un rouge peu foncé, de cinq lignes de hauteur sur trois lignes et demie de diamètre : tel est aussi un autre prisme exhaèdre d'un rouge de sang très foncé, de sept lignes dans son plus grand diamètre, quatre lignes dans le plus petit, et 4 lignes de hauteur : tels sont encore deux autres prismes, l'un de 5 lignes de diamètre sur une ligne et demie de hauteur, et l'autre, allongée, de 8 lignes dans son plus grand diamètre, sur 5 lignes et demie dans son plus petit, et 2 lignes de hauteur ; mais rendu un peu irrégulier par l'agrégation de plusieurs cristaux. Plusieurs autres des cristaux sont d'une grandeur plus ou moins approchante de celles qui viennent d'être citées. Nombre d'entre eux sont d'un beau rouge de sang, d'autres sont d'un rouge violet plus ou moins foncé, d'autres d'un superbe rose ; un grand nombre offrent différentes teintes plus ou moins foncées de jaune, mais tirant cependant toujours un peu, soit sur le rouge, soit sur le brun ; d'autres enfin sont complettement incolores. Il existe, dans cette série, un cristal, pris parmi ceux les plus grands, qui est mi-partie d'un jaune de topaze et mi-partie rouge ; d'autres sont en partie rouges et en partie bleus.

Il est joint à cette série générale de tout ce qui concerne le rubis oriental, 24 autres séries particulières de fragments, en nombre considérable, chacune desquelles est destinée à faire connoître, soit la variété des couleurs, en commençant par la variété complettement incolore, soit les divers effets du chatoyement qui appartient à la face terminale du prisme hexaèdre, ou de remplacement de l'angle solide du sommet du rhomboïde primitif. Un grand nombre des cristaux de cette suite laissent appercevoir le même phénomène.

Il y est joint en outre une suite de petits rubis orientaux arrondis par la nature. Tous laissent apercevoir, d'une manière plus ou moins sensible, sur leur surface, le jeu de réflexion en forme d'étoile à six rayons, connu sous le nom d'astérie, et servant, conjointement avec le chatoyement du plan de remplacement du sommet du rhomboïde, à expliquer ce même effet donné par la taille en cabochon, à des rubis et des saphirs imparfaitement transparents, lorsque cette taille a été faite judicieusement.

Il y est joint enfin une collection de petits cristaux, la plupart très-parfaits, mais n'étant placés sur aucun support, et rassemblés pour donner une idée générale des variétés de couleur, et de l'éclat qui est propre à cette gemme : ces petits cristaux sont au nombre de 370, ce qui fait monter à 1284 le nombre des cristaux isolés de corundum.

La série des cristaux de saphir, qui sont au nombre de 112, porte avec elle un grand intérêt. Si celle des cristaux du rubis oriental démontre, sans laisser place à aucune objection, l'identité de nature entre le corundum et lui, celle du saphir démontre, aussi parfaitement, l'identité de nature entre le rubis oriental et lui, et conséquemment aussi avec le corundum proprement dit. Cette réunion, entre toutes les variétés de la gemme orientale, que j'ai fait connoître, pour la première fois, il y a plus de 10 ans, a été quelque temps avant d'être généralement adoptée ; mais j'imagine qu'elle ne rencontre plus aujourd'hui aucune opposition.

Il est joint à cette série deux petits cristaux verts que j'ai trouvé moi-même autrefois dans le ruisseau le Riou-Pezzouliou à Expailly près du Puy en Velay, Province de France ; ruisseau que l'on sait charier, après les pluies, des zircons rouges et des saphirs.

Elle renferme enfin un morceau d'émeril de l'îsle de Naxos, dans lequel le fer oxydulé est recouvert par une couche de trémolite, dans laquelle on observe beaucoup de petits prisme hexaèdres de saphir d'un beau bleu. Je possédois autrefois deux autres très-beaux morceaux de cette même variété : l'un d'eux, dont celui que je viens de citer est un fragment, a été donné par moi à M. Greville, dans la collection duquel il doit être encore dans ce moment, et où j'ai placé de la même manière un très-grand nombre d'autres morceaux rares. J'ai donné l'autre à M. Fichtel, et il doit faire aujourd'hui partie de quelques-unes des collections de Vienne en Autriche : je le crois placé dans la belle et riche collection de M. Von der Null.

CYMOPHANE. CHRYSOLITE. CHRYSOBÉRIL.

37 *Morceaux, dont* 18 *Cristaux isolés.*

La plupart des cristaux de cette substance appartiennent à des formes qui n'ont pas été décrites. La suite de cette substance, qui existe dans cette collection, contient plusieurs morceaux dans lesquels la cymophane est accompagnée de sa gangue, qui est composée de feldspath, de quartz et de grenat : ces morceaux sont du Connecticut, dans les Etats-Unis d'Amérique : ils m'ont été envoyés par le Dr. Bruce, professeur de minéralogie à l'université de Newyork.

Cette suite renferme aussi plusieurs pierres polies, dont la couleur d'un jaune légèrement verdâtre est très-belle. Je les dois à l'amitié de M. le Comte de Funchal, ambassadeur plénipotentiaire de la cour du Brésil à Londres. Cette gemme, par la beauté de sa couleur, sa grande dureté et son éclat, est faite pour rivaliser avec la gemme orientale, et je ne doute nullement qu'un jour elle ne devienne en effet sa rivale.

SPINELLE.

717 *Morceaux, dont* 680 *Cristaux isolés.*

La suite des cristaux que présente, dans cette collection, cette substance, et que j'ai eu la possibilité de former par la même occasion qui m'a permis de former celle des rubis orientaux, saphirs, &c. est je pense de même qu'elle unique, tant par le nombre des cristaux qu'elle présente, que par la grande perfection du plus grand nombre d'entre eux, la variété de leur couleur, celle de leur forme, dont plusieurs sont très-rares, et quelques-unes même inconnues, et par les divers accidents de cristallisation dont ils fournissent l'exemple.

Il est joint à la suite des cristaux de spinelle, 9 petites séries particulières, chacune d'elles contenant une collection de cristaux, très-parfaits pour la forme, et présentant une variété étonnante de couleurs, depuis l'incolore parfait, jusqu'aux teintes les plus foncées de rouge, de violet et même de jaune: d'autres sont chatoyants et ont une réfraction analogue à celle propre à la gyrasole: quelques-uns sont noirs, bleus et même verts. Ces spinelles sont placés, dans chacune de ces petites séries, suivant leur grandeur. Dans une d'elles les cristaux, quoique très-parfaits, ont à peine la grandeur d'une graine de pavot. Dans une autre de ces séries, la teinte de tous les spinelles qui la composent est une couleur de chaire rosée. L'ensemble de tous les cristaux qui composent ces séries particulières, forme un total de 2350 cristaux isolés qui, joints à ceux montés sur des supports de cire verte, donnent dans cette substance un total de plus de 3000 cristaux.

Il y existe, en outre, une série de morceaux renfermant le spinelle d'Acker en Sudermanie, que je dois à l'amitié de M. de Swedenstierna. Dans un de ces morceaux les spinelles, qui sont d'un léger violet bleuâtre, et d'un volume assez grand, sont très-parfaits. Il me paroît qu'on est dans ce moment tenté de rapporter cette substance à l'haüyue; ce rapprochement ne me semble pas pouvoir être fait. Elle a une dureté très-supérieure à celle de l'haüyue, et elle me paroît sous tous les rapports phisiques et minéralogiques, sous lesquels j'ai pu l'examiner, ne pouvoir être séparée du spinelle.

Il existe aussi, dans cette collection, une série du spinelle nommée pendant long-temps pléonaste, du Vésuve; ainsi qu'une autre du spinelle zincifère ou automalite. Parmi les morceaux du Vésuve qui laissent apercevoir cette substance, il en existe deux très-rares, sur l'un desquels est un octaèdre parfait, très-transparent et complettement incolore: l'autre contient plusieurs de ces mêmes octaèdres incolores, et en outre plusieurs dodécaèdres à plans rhombes très-réguliers, et de même aussi complettement incolores. J'ai cru devoir rapporter ces cristaux au spinelle, avec lequel ils s'accordent par leur pouvoir réflectif; mais trop précieux pour être sacrifiés, je n'ai pu pousser mes observations plus loin.

Parmi les cristaux isolés de spinelle du Pégu, il y en existe une suite assez considérable, dans laquelle plusieurs des octaèdres ont tous leurs angles solides remplacés par quatre plans, et d'autres qui en outre ont aussi leurs arêtes remplacées ; ils sont colorés de différentes nuances de rouge. M. l'Abbé Haüy cite, dans son *tableau comparatif*, &c. un spinelle de Ceylan, qui lui a présenté la première de ces deux formes, et il fait servir ce cristal à l'appui de la réunion, parfaitement fondée, qu'il a faite de la ceylanite ou pléonaste à l'espèce du spinelle : cette nouvelle observation est un complément ajouté à celle de ce célèbre minéralogiste.

TOPAZE.

224 *Morceaux, dont* 112 *Critaux isolés.*

La suite des morceaux qui appartiennent ici à cette substance, renferme les diverses séries des topazes du Brésil, de Saxe, et de Sibérie. Elle contient une série très-considérable de cristaux, dont un très-grand nombre n'ont pas été décrits.

Parmi les topazes de Sibérie, il y existe un cristal incolore d'un pouce 7 lignes de longueur, sur 13 lignes dans sa plus grande largeur, qui possède ses deux pyramides : l'une d'elles cependant a une de ses parties incomplette, par suite de la compression d'un autre cristal qui s'étoit formé contre elle. Il y existe aussi une aiguille de cristal de roche noire, entourée de grands cristaux de la même topaze incolore. Je dois la possession de ces morceaux, ainsi que celle de ceux qui appartiennent à la topaze de Sibérie, à mon excellent ami le Dr. Crichton, premier médecin de S. M. l'empereur de Russie.

Parmi les topazes du Brésil, il existe, dans cette collection, un superbe morceau, qui est un gros cristal de quartz, formé de la réunion de deux autres cristaux, et renfermant, au point même de jonction, et incrusté dans leur substance, un grand cristal de topaze d'un beau jaune foncé, dont une des pyramides est parfaitement conservée. Ce cristal a environ un pouce et demi de longueur, sur environ 8 lignes de diamètre. Je dois la possession de ce beau et rare morceau a l'amitié de M. le comte de Funchal, ambassadeur plénipotentiaire de la cour du Brésil à celle de Londres.

Cette collection renferme aussi un cristal de topaze de Botany-bay, et quelques échantillons de celle d'Ecosse, ainsi que de celle d'un beau bleu, un peu verdâtre, du Brésil, connue sous le nom de *Mina nova*. On a joint, à cette suite de la topaze, une collection de 30 pierres polies, destinées à faire connoître les différentes teintes de celle du Brésil, soit avant, soit après avoir été brûlée, parmi lesquelles en sont aussi plusieurs de celle bleue, dite mina nova. Elle contient en outre une série de cinq petits morceaux de la topaze de Cornwall avec étain oxydé, ainsi qu'une autre série, assez considérable, de la topaze du Vésuve, gissement qui n'avoit point encore été cité pour cette gemme. Je citerai plus particulièrement deux morceaux de cette topaze. Dans l'un d'eux les cristaux sont d'un très-beau jaune d'or éclatant; ils ont pour gangue un mélange granuleux de cette même topaze, mais beaucoup moins colorée et de mica. Ce dernier est cristallisé dans de petites cavités qui existent sur ce morceau: sa couleur, observée suivant la direction de son axe, ou à travers les faces terminales de son prisme, est d'un vert foncé, qui paroît brun, et observée parallèlement à ce même axe, ou à travers les plans de son prisme, elle est d'un rouge orangé très-vif. Trois cristaux isolés de la même topaze sont joints à cette série, ainsi que plusieurs morceaux, dans lesquels elle est à l'état granuleux. Le second de ces deux morceaux est un mélange de grenats, de mica vert, et de chaux carbonatée. Il contient un cristal très-parfait de topaze, dont la couleur et la forme sont parfaitement analogues à ce que montre à cet égard la topaze du Brésil.

Je terminerai cet article, par la citation d'un morceau qui joint une grande beauté à un grand-intérêt: il appartient à la collection de M. le Comte de Funchal. C'est une grande et belle aiguille de cristal de roche, de près de 8 pouces de longueur, sur près de 4 pouces de diamêtre, ayant à sa base un gros cristal de topaze d'un jaune foncé, dont la longueur est de près de deux pouces, sur plus de 8 lignes de diamêtre, et qui est inséré, de toute son épaisseur, dans la substance même de cette aiguille.

Mais ce qui ajoute singulièrement à l'intérêt de ce superbe morceau, est un nombre considrable de grandes lames très-brillantes de fer oligiste, soit isolées et présentant plusieurs cristaux parfaitement déterminés, soit réunies en masses considérables, placées, tant dans l'intérieur de la substance du cristal de roche, que sur sa surface.

J'observerai maintenant que la topaze du Brésil n'a été trouvée jusqu'ici que dans un terrein de transport, ou de formation nouvelle, dans lequel ses cristaux, pour l'ordinaire cassés à l'une de leurs extrémités, ne laissent apercevoir qu'une seule de leurs pyramides, (ceux qui les possèdent toutes deux étant extrêmement rares) et dans lequel les cristaux sont épars sans aucune régularité quelconque. Que l'or, qui se trouve si ordinairement dans le même pays, y est aussi placé de la même manière, et qu'on trouve fréquemment avec lui des paillettes, plus ou moins grandes, de fer oligiste. Que c'est encore de la même manière, et dans le même pays aussi, que l'on trouve ces cristaux et fragments de quartz, renfermant, dans leur intérieur, des aiguiles de titanium, ainsi que ceux qui y laissent apercevoir des lames, quelquefois parfaitement régulières, de fer oligiste, dont il existe de superbes morceaux dans cette collection. Si l'on ajoute, à ce que je viens de dire, que parmi les pailletes et les fragments de fer oligiste, quelques-uns, ainsi qu'on le verra à l'article de l'or, ont adhérant à eux de petites parties de ce metal, ne sera-t-il pas naturel de conclure, de toutes ces observations, qu'il existoit très-probablement autrefois, dans cette même contrée, une chaîne, plus ou moins étendue, de montagnes primitives secondaires renfermant des filons, qui ont été détruites, et leurs détriments chariés et accumulés, non loin cependant du lieu de leur existence primitive? car les topazes, cristaux de roche, &c. qu'on retrouve aujourd'hui dans leurs déblais, ne portent pour l'ordinaire aucune trace de grands frottements. Alors ne seroit-il pas naturel de penser, qu'il a dû probablement en être ainsi à l'égard des rubis orientaux, saphirs, spinelles, zircons, tourmalines, &c. qui se rencontrent de même dans des sables ou autres terreins de transport, au Pégu, au royaume d'Ava, à Ceylan, &c. où ces pierres sont accompagnées, souvent même en assez grande abondance, de fer oxydulé et de fer oligiste? Ne pourroit-on pas croire que c'est de même à la destruction de montagnes ayant, existées primitivement dans ces mêmes contrés, et dont les parties, ayant eu dès l'origine fort peu de liaison entre elles, ont pu, par la suite, céder facilement aux causes de désintégration qui auront pu opérer sur elles, ou à quelques catastrophes particulières? Il existe, dans cette collection, des rubis orientaux qui laissent apercevoir des parties métalliques dans leur intérieur. Il y existe aussi des spinelles qui ont, adhèrant à eux, et incrustés dans leur substance, des paillettes de mica.

On sent qu'il seroit possible de donner beaucoup d'étendue à cette opinion, que je ne fais qu'indiquer ici, et dont la vraisemblance pourroit être appuyée sur un grand nombre d'autres faits; ainsi que sur les circonstances qui les accompagnent. Les conséquences qui pourroient en être tirées, sont peut-être au nombre de celles les plus intéressantes de la géologie.

ÉMERAUDE. BÉRIL. AIGUEMARINE.

39 *Morceaux, dont* 34 *Cristaux isolés.*

La série des cristaux de cette substance qui appartiennent à l'émeraude du Pérou, quoique renfermant toutes les formes connues dans cette variété, ne mérite pas d'être particulièrement distinguée: cependant elle renferme un cristal, fort petit il est vrai, mais qui est extrêmement intéressant par la grande quantité de facettes secondaires, dont sa face terminale est entourée, ainsi que par sa régularité et la grande perfection de sa cristallisation.

La série qui concerne le béril de Sibérie, est au contraire très-rche. Il y existe une vingtaine de cristaux avec plans secondaires autour de leur face terminale; et plusieurs dans lesquelles la pyramide, que ces plans tendent à former, est complette, toute trace de la face terminale ayant disparue. La plupart des formes qui appartiennent à ces cristaux n'ont pas été décrites. Je dois une grande partie de ces bérils à mon excellent ami, le Dr. Crichton.

EUCLASE.

Un Cristal isolé.

Cette collection ne renferme qu'un seul cristal de cette substance, et encore, très-parfait dans son prisme, est-il imparfait dans sa pyramide ? Ce cristal, qui est d'un beau vert bleuâtre, n'en est cependant pas moins intéressant à un très-haut degré, en ce qu'une partie de l'une de ses pyramides fait apercevoir une texture lamelleuse très-marquée, qui laisse parfaitement reconnoître la direction des lames, et met dans le cas de prononcer que la face terminale du prisme tétraèdre rectangulaire, cristal primitif de cette substance, n'est pas perpendiculaire à l'axe, ainsi que cela a été présumé, mais inclinée sur ce même axe, de manière à faire avec deux des côtés opposés du prisme, des angles d'environ 150° et 30°, fig. 6.

GRENAT.

268 *Morceaux, dont* 163 *Cristaux isolés.*

Sous cette espèce sont comprises toutes les substances connues sous les noms de grenat commun, pyrope, colophonite, topazolite, mélanite, &c. qui n'en sont que de simples variétés.

La suite qui appartient à cette substance, renferme un grand nombre de variétés de couleurs, tels que les grenats noirs, connus sous le nom de mélanite ; ceux violets, dits grenats Syriens ; ceux d'un beau vert jaunâtre du

Kamtzchatka ; ceux de différentes teintes de vert, de jaunâtre et de rouge, du Vésuve ; ceux d'un rouge jaunâtre de Ceylan, &c. A cette dernière variété doit être, je pense, rapportée la substance de Ceylan, à laquelle on a donné le nom de *kanelstein*, et dans laquelle j'avoue ne pouvoir observer aucune différence d'avec le grenat granuleux à gros grains. Il est vrai qu'on lui a attribué différents caractères, qui tiennent, sans doute, à quelques-unes de ses variétés ; mais qu'il ne m'a été possible de remarquer dans aucun des échantillons que je possède et que j'ai été à même d'observer.

Cette même suite renferme plusieurs variétés de formes qui n'ont pas été décrites. Il y existe un grenat appartenant à la variété en dodécaèdre complet, devenu totalement prismatique par l'allongement considérable de six de ses plans : il est de la Nouvelle Calédonie.

Cette suite contient, en outre, un grand nombre de faits intéressants. Tel est un groupe de grenats de Suéde, d'un rouge brun foncé à la surface, mais qui, dans ceux qui, étant cassés, laissent apercevoir leur intérieur, fait voir que la couleur rouge n'appartient qu'à une couche dont l'épaisseur est peu considérable, tandis que l'intérieur est d'un vert brun jusqu'au centre, mélangé ça et là de quelques parties rouges et de chaux carbonatée lamelleuse : les cristaux de ce groupe, qui sont fort grands, appartiennent à la variété dans laquelle les arêtes du dodécaèdre sont remplacées, chacune d'elles, par trois plans. Tels sont encore plusieurs grenats verts du Bannat, de forme trapézoïdale qui, étant cassés, laissent apercevoir facilement à l'œil nud, un grand nombre de parties de fer oxydulé renfermées dans leur substance, sans que leur cristallisation ait été gênée en rien pour cela. Si ces parties de fer oxydulé, ainsi que celles de chaux carbonatée du morceau cité précédemment, avoient été plus atténuées, et telles qu'elles ne pussent plus être aperçues, le grenat qui les auroit contenues eût bien certainement donné à l'analyse, soit une dose plus ou moins considérable de chaux carbonnatée, soit une dose plus ou moins considérable de fer oxydulé, que celle qui fait partie composante essentielle de sa substance. Cette erreur, à laquelle l'analyse est journellement exposée, est commise beaucoup plus souvent qu'on ne le pense. J'ajouterai ici, que le grenat est au nombre des substances minérales qui sont les plus sujettes à renfermer, interposées dans leur substauce, des parties de diverses substances étrangères à la leur.

APLOME.

16 *Morceaux, dont* 10 *Cristaux isolés.*

Au nombre des morceaux de cette subsance, placés dans cette collection, en sont deux très-rares, et en même temps très-intéressants. L'un d'eux est une masse de diallage d'un blanc sale ou grisâtre, ayant un reflet nacré très-brillant : il renferme, disséminés dans sa substance, de petits cristaux d'aplome d'un beau vert d'émeraude très-foncée : ce morceau est des Indes Orientales. L'autre est une petite masse de manganèse pulvérulent noir, renfermant, dans sa substance, de petits cristaux d'aplome colorés en brun, probablement par le manganèse. Plusieurs des cristaux isolés, qui ont été détachés de ce morceau, ainsi que de ceux que contient le morceau de manganèse lui-même, ont ceux de leurs angles solides du dodécaèdre qui répondent à ceux du cube, remplacés par un plan, qui est un quarré, fig. 7.

IDOCRASE.

48 *Morceaux, dont* 26 *Cristaux.*

La suite qui, dans cette collection, appartient à cette substance, contient une série de morceaux, dans chacun desquels il existe, soit un, soit plusieurs cristaux, qui appartiennent à une variété rare, qui est le prisme tétraèdre rectangulaire primitif, dans lequel les bords longitudinaux seuls sont remplacés par un plan fort étroit, et dans quelques-uns par deux. Un groupe de deux cristaux, placé sur un de ces morceaux, a en outre le double intérêt d'être parfaitement noir; ce qui est fort rare dans cette substance. Les autres morceaux de cette suite, conjointement avec les cristaux isolés, présentent un grand nombre d'autres variétés non décrites.

Parmi les cristaux isolés, il y en a un très-parfait, du Vésuve, dont le prisme a 9 lignes de côté sur à-peu-près la même hauteur, et dont les bords longitudinaux seulement sont remplacés par des plans qui ont fort peu de largeur. Dans la suite de ceux isolés du Kamtzchatka, qui presque tous ont leurs deux pyramides tétraèdres parfaitement conservées, et qui, pour la plupart, sont très-grands, (un d'eux a jusqu'à un pouce 2 lignes de longueur) il y en a un fort rare, dans lequel la pyramide tétraèdre est complette.

LEUCITE. AMPHIGÈNE, *(Haüy)*.

99 *Morceaux, dont* 77 *Cristaux isolés.*

Il n'existe ici, dans la suite qui appartient à cette substance, aucune autre variété de forme que celle à 24 facettes, trapézoïdales, ordinaire à cette substance; mais parmi le grand nombre de cristaux isolés, qui en composent la série, plusieurs y ont été placés à raison de la transparence plus ou moins parfaite qu'ils présentent, et beaucoup d'autres à raison des faits et accidents qu'ils renferment. Telle est, par exemple, une série de cristaux qui, cassés dans une de leur partie, laissent appercevoir dans leur intérieur des fragments, plus ou moins multipliés, et plus ou moins grands, de la lave dans laquelle ils étoient renfermés. Telle est encore une autre suite de cristaux très-parfaits, sur la surface desquels sont incrustés de petits grenats noirs, &c. &c.

PYROPHYSALITE.

8 *Morceaux.*

Aux morceaux de cette substance sont joints un très-grand nombre de fragments.

Je n'ai pas réuni cette pierre avec la topaze, parceque je ne crois pas qu'elle lui appartienne. Sa dureté est moindre et sa texture est plus lamelleuse dans le sens des pans de son prisme. Je ne crois pas non plus que son cristal primitif soit un octaèdre; rien dans tous les fragments que j'en ai pu observer, ne m'a rappelé cette forme, tandis que tout me semble indiquer, pour celle de ce cristal primitif, un prisme tétraèdre rhomboïdal droit, dont je n'ai pu encore déterminer exactement la mesure des angles, qui me paroissent être dans le voisinage de 100° et 80°. Mon intention n'est cependant pas de prononcer d'une manière absolue sur ce sujet, je sais que le rapprochement de cette substance avec la topaze, a été fait par un savant célèbre, dont l'opinion est pour moi d'une grande force. J'énonce seulement ici la mienne, et j'ajoute qu'on doit être extrêmement circonspect dans le choix de l'octaèdre ou du tétraèdre parmi les formes primitives des cristaux ; mais cependant encore plus parmi celle de leurs molécules intégrantes, par les difficultés, ainsi que par les obscurités très-grandes qui me paroissent envelopper ces formes, ainsi que je le dirai plus amplement à l'article du diamant : il faut je pense y être forcé pour les admettre. Aussi ne crois-je pas que le cristal de la topaze soit un octaèdre, et encore moins un octaèdre à faces inégalement inclinées. Le clivage qui a été cité du sommet de cet octraèdre, me sembleroit beaucoup plutôt annoncer pour forme de ce cristal primitif, un prisme droit à bases rectangulaires, si d'autres données ne venoient faire varier cette opinion. C'est exactement ce qui se présente de même dans le plomb carbonaté, dont le cristal primitif est aussi un prisme tétraèdre rectangulaire et non un octaèdre.

Parmi les morceaux qui forment la suite de cette substance, dans cette collection, il y en a plusieurs dans lesquels elle a une tendance très-marquée à la forme prismatique rhomboïdale. La surface de l'un d'eux est incrustée par un très-beau diallage d'un rouge brun.

PYCNITE. SCHORLARTIGER BÉRIL, (*Werner*).

3 *Morceaux.*

Cette substance, en outre des trois morceaux qui

composent sa série, contient un très-grand nombre de fragments propres à en faire l'étude. Mon opinion à son égard est absolument la même que celle que je viens d'énoncer à l'article précédent. Je ne crois pas que le pycnite puisse être réuni avec la topaze ; aucune des observations que cette substance et ses fragments, m'ont permis de faire, ne me conduisent à cette opinion, non plus qu'à admettre l'octaèdre pour son cristal primitif, tandis que toutes me ramènent à un prisme tétraèdre rhomboïdal pour la forme de ce même cristal. Je ne serois cependant pas éloigné de réunir cette substance avec le pyrophysalite, leur prisme, ainsi que la plupart de leurs autres caractères extérieurs me paroissent avoir beaucoup de rapport; mais je ne puis considérer ni l'une ni l'autre comme étant des variétés de la topaze.

CYANITE. DISTHÈNE (*Haüy*). SAPPARE, (*Saussure fils*).

73 Morceaux, dont 42 Cristaux isolés.

La plupart des cristaux isolés qui composent la suite de cette substance, ont leur face terminale parfaitement conservée, et les côtés de leurs prismes sont de même aussi parfaitement prononcés. Ces cristaux montrent, en même temps, toutes les faces additionnelles qui sont sujettes à se placer le long de leurs bords longitudinaux. Plusieurs d'entre eux appartiennent à la variété donnée par M. l'Abbé Haüy, dans son *tableau comparatif*, &c. pl. 3, fig. 46. Un d'eux présente les indices d'une pyramide tétraèdre ; mais ses plans son mal prononcés. D'autres appartiennent à la variété double, décrite par le même auteur dans son *traité de minéralogie*, et représentée sous la fig. 212 de cet ouvrage ; et un grand nombre sont courbés dans leur milieu, ainsi que pourroît l'être un corps mou qu'on auroit plié: les autres ne présentent rien de particulier.

NEPHELINE.

21 *Morceaux, dont 2 Cristaux isolés.*

Il existe dans la suite qui appartient à cette substance, un superbe morceau, dont la grandeur est assez considérable, et dont les prismes hexaèdres de nepheline, qui y sont en grand nombre, ont leur substance tellement mélangée de cristaux, extrêmement petits, de pyroxène, qu'ils en recoivent une teinte verdâtre. Elle renferme aussi un autre grand morceau, dont la masse qui est en entier composée de nepheline granuleuse, mélangée de hornblende, renferme une cavité dans laquelle cette substance se montre en cristaux très-parfaits, très-purs et très-transparents, entremêlés de petits cristaux, transparents aussi et d'un jaune de soufre, dont la forme est en lames quarrées, et dont je ne connois nullement la nature; mais que je soupçonne très-fort pouvoir appartenir à la melilite. Ce morceau, ainsi que plusieurs autres de cette suite, renferme plusieurs variétés de formes cristallines non décrites.

HAÜYNE.

10 *Morceaux.*

Je possédois les morceaux qui, dans cette collection, appartiennent à cette substance, long-temps avant que la minéralogie porta son attention sur elle, et qu'elle la consacra au savant célèbre auquel elle a eu de si grandes obligations. Je les avois mis de côté, parmi les substances qui n'étoient pas déterminées, et qui demandoient de nouveaux secours de l'observation. Dans tous ces morceaux l'haüyne est en grains, soit du plus beau bleu, soit d'un vert bleuâtre, et toujours douée d'une transparence plus ou moins grande; mais je dois observer ici que plusieurs de ces grains ou petites masses, sont en partie incolores, et en partie colorées, de sorte que dans cette substance, ainsi que dans toutes les pierres, la couleur n'est pas un caractère essentiel; et je suis presqu'assuré que l'haüyne doit se trouver dans les produits de la somma, peut-être plus souvent incolore que colorée, où elle est prise pour appartenir, soit à la meïonite, soit à la nepheline, soit peut être même à la chaux carbonatée. Déjà je puis annoncer que les morceaux que je possède, contiennent, dans de petites cavités, de petits cristaux d'un blanc un peu jaunâtre, dont je n'ai pu établir parfaitement la forme; mais qui bien certainement n'appartiennent à aucune des substances que je viens de citer, et qui par leur rapport avec la variété blanche de l'haüyne, me paroissent, avec infiniment de probabilité, devoir lui appartenir.

ANDALOUSITE.

15 *Morceaux, dont un Cristal isolé.*

Parmi les morceaux d'andalousite, qui existent dans cette collection, un seul, joint à plusieurs fragments, vient d'Espagne; les autres sont d'Ecosse, où cette substance est beaucoup plus belle que celle d'aucun des autres cantons où jusqu'ici elle s'est montrée.

Parmi les morceaux qui, dans cette suite, appartiennent à l'Ecosse, plusieurs laissent apercevoir, par leur cassure, la direction des joints naturels suivant les côtés d'un prisme tétraèdre rectangulaire. Deux de ces morceaux font voir des prismes très-parfaits, mais sans la conservation de leur terminaison. Il est joint à cette suite un cristal isolé en prisme rectangulaire, mais de même sans la conservation de la face terminale.

Je crois rendre service à la minéralogie, en ajoutant ici que je trouve dans mes notes avoir vu chez M. Sowerby, auteur d'un ouvrage périodique sur la minéralogie avec planches colorées, et minéralogiste plein de zèle, de petits cristaux de cette substance avec facettes additionnelles, et qu'ayant pris alors un à peu près, aussi exact que possible, de la mesure de leurs angles, j'ai trouvé, sur un cristal, les angles solides remplacés par un plan triangulaire qui faisoit un angle d'environ 146°, avec les faces terminales; que dans un autre cristal, les bords longitudinaux étoient remplacés par des plans linéaires, également inclinés sur les faces adjacentes; et que dans un troisième ces mêmes bords étoient en outre remplacés par deux autres plans, faisant avec les côtés du prisme sur lesquels ils inclinent, un angle d'environ 160°: sur un de ces cristaux enfin, il existoit à un des angles solides un plan de remplacement différemment incliné que celui cité précédemment, et faisant avec la face terminale un angle d'environ 134°.

D'après cet exposé si, comme je le crois, la face terminale du prisme rectangulaire est perpendiculaire sur son axe et est un quarré, le cristal primitif de l'andalousite seroit un prisme tétraèdre rectangulaire à base quarrée, dont la hauteur seroit aux bords des faces terminales dans le rapport de 17 à 24.

Ce cristal primitif seroit donc, dans cette substance,

soumis à quatre modifications, dont deux aux angles des faces terminales, et deux le long des bords longitudinaux du prisme.

Des deux modifications le long des bords du prisme, l'une remplace ces bords par un plan qui fait avec ceux adjacents un angle de 135°, et est produit par un reculement, le long de ces bords, par une simple rangée; l'autre remplace ces mêmes bords, chacun d'eux par deux plans qui font avec les côtés du prisme sur lesquels ils inclinent, un angle de 161° 33′, et sont produits par un reculement par trois rangées le long de ces mêmes bords.

Des deux modifications aux angles des faces terminales, l'une remplace ces angles par un plan qui fait avec la face terminale un angle de 135°, et est produit par un reculement par une simple rangé à ces mêmes angles. L'autre remplace ces angles par un plan qui fait avec les faces terminales un angle de 146° 16′, et est produit par un reculement à ces angles, par trois rangées en largeur sur 2 lames de hauteur.

Telle seroit l'étude cristalline de cette substance si, ainsi que je le pense, je n'ai commis aucune erreur à son égard; mais ce sur quoi je crois qu'il ne peut y avoir aucun doute, c'est qu'elle n'appartient, ni au corundum, ni au feldspath.

Dans plusieurs morceaux de cette même série, l'andalousite a une texture fibreuse, et est mi-partie du rouge violet qui lui est le plus ordinaire, et mi-partie d'un blanc grisâtre.

DICHROÏTE.

13 *Morceaux.*

Des 13 morceaux qui composent la suite de cette substance, dans cette collection, 6 qui viennent du Cape de Gates faisoient partie de celle extrêmement considérable que je possédois en France, avant sa cruelle révolution : il y a donc plus de 20 ans qu'ils y avoient été placés. J'en ai dû de nouveau la possession à M. l'Abbé Haüy qui, ayant fait à Paris l'acquisition d'une petite boîte, dans laquelle ils étoient placés avec plusieurs petits cristaux de pyroxène, d'une variété de forme peu commune, et ayant appris, par mon ancien ami M. Gillet de Laumont, qu'elle provenoit de mon ancienne collection, a eu la grande honnêteté de me la faire passer.

Je dois à M. Gillet de Laumont, la satisfaction de pouvoir classer les 7 autres à leur véritable place. Ils étoient placés, sans avoir été soumis à aucun examen antérieur, parmi les quartz de ma collection, place qui avoit été donnée depuis long-temps aux morceaux de la même nature, par les auteurs, sous les divers noms de faux saphir, saphirs d'eau, saphir occidental, leuco saphir et quartz bleu. Dans une lettre que j'ai reçue de lui il y a quelque temps, en réponse à quelques observations minéralogiques, qui m'avoit mis dans le cas de citer cette substance, comme un quartz bleu, il me témoigna quelques doutes qu'elle appartînt en réalité au quartz, en me laissant entrevoir qu'il la croyoit, ainsi que quelques autres minéralogistes françois, de la même nature que le dichroïte. Je portai alors plus particulièrement mon attention sur cette substance, et je reconnus qu'en effet elle s'écartoit du quartz par la plus grande partie de ses caractères, tandis qu'en réalité aussi elle s'en rapprochoit par les autres; mais qu'en tout ses caractères s'accordoient avec ceux du dichroïte, si parfaitement établis par M. Cordier.

Cette substance est moins dure que le quartz, qui la raye avec facilité, tandis qu'elle ne peut y produire aucune impression; cependant le dichroïte du Cape de Gates à un peu plus de dureté: cela ne proviendroit-il pas de quelques parties appartenant au grenat, disséminées dans sa substance, qui d'ailleurs a tous ses autres caractères parfaitement semblables à ceux du dichroïte? La couleur de cette variété est d'un très-beau bleu foncé de saphir, dans un seul sens, tandis que dans tous les autres elle est d'un gris pâle un peu bleuâtre.

Des 7 morceaux qui composent la série de cette dernière variété, qui est dite venir de Macédoine, 4 sont taillés en cabochon, un est taillé de manière à être monté en bague, et les deux autres sont bruts; le dichroïte y est accompagné de cuivre jaune.

HUMITE *(Nobis.)*

19 *Morceaux, dont 9 Cristaux isolés.*

Je ne connnois aucune substance minérale à laquelle il me soit possible de rapporter celle-ci. Sa forme n'a absolument aucun rapport avec celle des autres substances connues. Elle est pyramidale, et ses pyramides qui sont de diverses dimensions semblent devoir être octaèdres; mais leurs plans sont très-difficiles à saisir, et encore plus à déterminer, par la grande quantité de facettes dont habituellement elles sont surchargées: ces plans sont fréquemment striés transversalement. Sa couleur est le brun rougeâtre de canelle foncé, elle est très-transparente et d'un lustre éclattant ; ce qui sembleroit devoir annoncer en elle une pierre dure, cependant elle ne raye le quartz qu'avec beaucoup de difficulté.

Cette substance qui n'a point encore été citée, est fort rare, je n'ai encore apperçu d'elle que ce qui fait partie de cette collection. Elle est de la Somma, où elle a une gangue très-particulière, qui est une roche composée de topaze granuleuse d'un gris sale, mélangée de quelques grains de topaze d'un jaune pâle un peu verdâtre, qui offre quelques cristaux de cette même couleur dans les cavités ; de mica d'un vert brun, réfractant, parallèlement à son axe ou à travers ses pans, une couleur très-belle d'un rouge orangé très-foncé, et probablement aussi d'haüyne incolore*.

J'ai donné à cette substance le nom d'humite en honneur de mon ami Sir Abraham Hume bart. vice président de la Société Géologique de Londres, possesseur d'une des premières collections de minéralogie de cette ville, et dont le zèle pour cette science est connu : c'est un hommage rendu à l'amitié par la reconnoissance.

La suite que cette collection renferme dans cette substance est très-propre à en faciliter l'étude, lors surtout que quelques cristaux un peu plus grands per-

* Depuis la rédaction de cet ouvrage, j'ai rencontré l'humite sur quelques-autres morceaux de la Somma. Lorsqu'une substance non connue vient à être observée une fois, il est assez ordinaire de s'appercevoir qu'elle est plus commune qu'on ne l'imaginoit, et qu'elle n'avoit échappée à nos observations que parce que ses caractères n'avoit point encore été déterminés.

mettront de la soumettre au calcul; ce à quoi cette première citation pourra probablement contribuer.

FIBROLITE. (*Nobis.*)

7 Morceaux.

J'ai cru devoir réunir les 7 morceaux qui composent cette suite, à la nombreuse série de ceux placés avec le corundum, dans la partie qui concerne les diverses gangues de cette substance; quelque-uns d'eux cependant demanderoient à être vérifiés par l'analyse. Un des morceaux de cette suite est très-intéressant par le noyau de plombagine qu'il renferme.

PÉRIDOT. CHRYSOLITE. (*Werner.*)

25 *Morceaux, dont* 17 *Cristaux isolés.*

Presque tous les cristaux isolés de cette suite sont du Vésuve. Quoique mis à nud par la décomposition de la lave qui les renfermoit, et ramassés dans les produits transportés de cette décomposition, la plupart sont parfaitement conservés.

Cette suite renferme en outre quelques morceaux assez grands de péridot informe; mais elle ne contient qu'un cristal et un fragment de celui en beaux cristaux qui nous sont apportés du Levant. Elle contient aussi deux morceaux avec plusieurs cristaux très-parfaits de la Somma, où cette substance est beaucoup plus rare qu'on ne le pense généralement; plusieurs des cristaux qui appartiennent au pyroxène vert et transparent, étant bien souvent considérés comme lui appartenant.

WAVELLITE. ARGILE HYDRATÉE. DIASPORE.

32 *Morceaux.*

Parmi les morceaux de cette collection, qui appartiennent à cette substance, il y en a plusieurs de très-petits; mais ils servent à la faire connoître sous tous ses rapports: plusieurs d'entre eux sont très-rares. Plusieurs sont aussi très-intéressants, en ce que cette substance y laisse apercevoir sa forme cristalline, d'une manière parfaitement distincte: ce qui s'observe rarement.

Cette forme est un prisme tétraèdre rhomboïdal d'environ 135° et 45°, terminé par un sommet dièdre, dont les plans triangulaires isocèls sont placés en opposition des bords du prisme formés par la rencontre des côtés sous l'angle de 135°, et se rencontrent entre eux sous un angle d'environ 125°, fig. 8, pl. 1. Telle est la forme cristalline qui appartient à la variété de Barnstaple, dans le Dévonshire, dont il existe de fort beaux morceaux dans cette collection. Dans ces morceaux, le prisme tétraèdre n'a pas une longueur considérable; mais dans le Cornwall, où le wavellite se montre aussi, il y existe en petites aiguilles très-allongées, ordinairement rassemblées en faisceaux divergents: plusieurs des morceaux de cette suite appartiennent à cette variété. Parmi les aiguilles dont ils sont composés, et qui sont ordinairement très-minces, plusieurs appartiennent à la variété, fig. 8, allongée, ainsi que le représente la fig. 9. D'autres appartiennent à cette même variété, dans laquelle les bords de 135° du prisme, sont remplacés par un plan d'une largeur très-considérable, fig. 10. Le wavellite de Cornwall, est ordinairement incolore ou d'un blanc mat, tandis que celui de Barnstaple est communément coloré en un jaune brun. Quelques-uns des petits morceaux de la variété de Cornwall, que renferme cette suite, contiennent de petits cubes de chaux fluatée d'un violet foncé, ainsi que quelques petits cristaux de quartz, substance à laquelle appartient leur gangue; d'autres contiennent, en outre, de petits cristaux d'uranite jaune. La gangue de la variété de Barnstaple est un schiste argileux.

Les caractères minéralogiques du wavellite et du diaspore paroissent avoir entre eux le même rapport que ceux qui existent entre les caractères chimiques; car Mr. l'Abbée Haüy, dans la description qu'il en donne, en fixant environ 130° et 50° pour mesure des angles du prisme tétraèdre rhomboïdal du diaspore, est aussi incertain sur la justesse de cette mesure, que je le suis à l'égard de celle de 135° et 45°, que j'ai donné pour le prisme tétraèdre rhomboïdal du wavellite, à raison de la petitesse habituelle des cristaux. Or, en supposant que l'angle de 130°, donné par ce savant, fût un peu trop petit, et celui de 135°, pris par moi, un peu trop grand, les deux prismes tétraèdres rhomboïdaux de ces deux substances s'accorderoient facilement. Le prisme du wavellite se divise parallèlement à sa petite diagonale, ainsi que le fait celui du diaspore. La dureté de ces deux substances est la même, et quant à la pesanteur spécifique, il est difficile de l'évaluer, à raison de la petitesse des échantillons sur lesquels cette pesanteur pourroît être prise; mais on conçoit facilement que le wavellite contenant plus d'eau de critallisation que le diaspore, doit être de quelque chose plus léger. Il ne pétille pas non plus sous l'action du chalumeau, ainsi que le fait le diaspore; mais cette propriété pourroit très-bien provenir d'une cause étrangère à la nature de leur substance commune. Si, ainsi que je le pense, l'excès de l'eau que le wavellite renferme est simplement interposé dans sa substance, il seroit possible qu'en se dissipant la première, et interrompant déjà par là la liaison qui existe entre les parties de cette pierre, elle s'opposa à l'espèce d'explosion occasionnée par le dégagement de l'eau de composition, lorsque ce dégagement n'est précédé par aucun autre. J'avoue que je crois fortement à l'identité de nature entre le wavellite et le diaspore. Dans ce cas, le cristal primitif commun à tous deux, seroit un prisme tétraèdre rhomboïdal, dont la mesure encore incertaine, doit être placée entre 130° et 135°; et ce prisme est divisible suivant la petite diagonale. J'ai cru souvent apercevoir ce prisme complet parmi les cristaux de Cornwall; mais leur petitesse m'a toujours empêché de m'assurer positivement si leur face terminale étoit une cassure ou une face naturelle, et si elle étoit exactement perpendiculaire à l'axe.

Il est joint à cette collection un petit morceau d'une masse de wavellite, rapporté du Brésil par M. Maw. Le wavellite y est stalactiforme fistulaire de la grosseur du petit doigt, composé de couches concentriques et fibreuses. Sa couleur est gris de cendre; mais à l'extérieur sa surface est colorée par un oxyde de fer. Cette variété, à l'exception de la texture, a le plus grand rapport avec le diaspore.

FELSPATH.

360 Morceaux, dont 65 Cristaux isolés.

Outre la partie cristalline de cette substance, qui est considérable dans cette collection, où elle présente plusieurs variétés de formes non décrites, il y existe une série de morceaux de feldspath de Labrador, très-précieuse et très-belle par la variété des couleurs, ainsi que par le nombre des faits intéressants qu'elle présente: le nombre des morceaux qui composent cette série s'élève à plus de 30, et plusieurs d'entre eux sont rares. Il y existe aussi une série de feldspath vert, et une de feldspath compacte bleu. La série qui concerne le feldspath compacte est très-riche et très-considérable; elle fait voir cette substance sous toutes les nombreuses variétés de l'état compacte pur ou mélangé qui lui appartiennent.

On vient de voir la substance dite feldpath compacte bleu, placée au nombre des variétés de cette substance. M. l'Abbé Haüy, dans son tableau comparatif, élève quelques doutes sur l'identité de nature entre le feldspath et elle. Je suis très parfaitement de son opinion à cet égard, et crois que la substance dite feldspath compacte bleu, n'appartient nullement au feldspath. On trouvera, dans cette collection, deux fort beaux morceaux de cette substance. Elle est sensiblement plus pesante que le feldspath. Sa texture est lamelleuse, mais elle présente un aspect totalement différent de celui qui appartient au feldspath, et qu'on ne peut mieux comparer qu'à celui qui est offert par le quartz lamelleux. Sa dureté est aussi très-inférieure. L'un des deux morceaux placés dans cette collection, ayant une partie de sa substance non colorée, ou colorée très-faiblement, tandis que l'autre est fortement colorée en bleu, présente un point de comparaison important avec le feldspath.

Il existe, en outre, dans la suite des morceaux de cette collection, une série de morceaux provenant des Indes Orientales, dans lesquels le feldspath offre un aspect particulier qui, sans sa texture fortement lamelleuse, feroit considérer quelques-uns des morceaux qui lui appartiennent comme une variété de l'œil de chat. J'ai été autrefois moi-même trompé par cette variété, que je croyois former une espèce nouvelle.

Parmi les feldspath du Labrador, je citerai particulièrement une très-belle variété dont la couleur réfléchie a un lustre parfaitement métallique, ayant une teinte d'un jaune rougeâtre, analogue à celle du nikel, et ressemblant beaucoup aussi à celle réfléchie par l'hyperstein du Labrador. Quelques-uns des morceaux qui lui appartiennent laissent apercevoir, dans la partie de leur substance qui est au-dessous de leur surface polie, lorsque le morceau est placé de manière à ce que la réflexion de cette surface puisse être favorable à cet effet, une quantité immense de petites paillettes brillantes, dont la forme la plus habituelle est un rectangle : leur pouvoir réflectif est très considérable, et les couleurs réfléchies par elles sont souvent très-variées. Ces petites paillettes sont arrangées entr'elles par rangées et symétriquement, ainsi que le sont les petites plumes des ailes de papillon observées au microscope, avec lesquelles leur aspect a beaucoup de rapport. Ce fait est très-certainement dépendant de la cristallisation, et ces petites paillettes sont probablement aperçues par une des faces rectangulaires qui appartiennent à la molécule, soit intégrante, soit de cristallisation de cette substance.

INDIANITE. (*Nobis.*)

6 *Morceaux.*

Si l'on vouloit faire l'étude de cette substance, outre les six morceaux placés sous cet article, on pourroit en ajouter un nombre assez considérable placés à la suite du corundum, parmi les diverses substances qui l'accompagnent dans les différentes localités.

Quoique l'indianite doive être connue depuis 1802, que j'en ai parlé pour la première fois dans les transactions philosophiques, dans mon mémoire sur le corundum et ses variétés, cette substance est cependant neuve encore pour la minéralogie, nul auteur n'en ayant parlé, depuis cette époque, dans les différents traités de minéralogie qui ont été publiés. Cependant, d'après les détails dans lesquels j'étois entré à son égard, il étoit difficile de la rapporter à aucune des autres substances minérales connues : la seule avec laquelle son extérieur sembleroit lui donner quelque rapport, seroit le feldspath ; mais la plupart de ses caractères extérieurs, ainsi que son analyse, l'en écartent totalement.

Cette considération me détermine à placer de nouveau ici la description de cette substance, sous le nom *d'indianite* que je lui ai donné depuis, ne lui en ayant à l'origine donné aucun, d'après l'opinion que, sans doute, après avoir vérifié sa nature, et déterminé la place qu'elle devoit occuper dans le système, elle en recevroit un des minéralogistes qui s'en occuperoient.

Le seul aspect sous lequel j'aie encore observé l'indianite, quoiqu'il m'en ait passé une quantité incroyable de morceaux entre les mains, est en masse informe granuleuse, dont les grains sont souvent très-gros, et donnent à la pierre le même aspect que celui qui est offert par un grès à gros grains ; mais quelquefois ces mêmes grains, quoique toujours existants, sont moins apparents, et ont une adhérence très-intime. La pierre alors resemble assez, soit à la variété de la chaux carbonatée connue sous le nom de marbre salin, soit à celle lamelleuse à lames courtes ayant différentes directions. Chacun de ces grains est un cristal indéterminé, et sa cassure est parfaitement lamelleuse ; mais malgré cette tendance très-marquée à la cristallisation, il ne m'a pas encore été possible d'y observer aucune forme déterminée : j'ai cru quelquefois y apercevoir celle d'un rhomboïde obtus ; mais cependant toujours d'une maniére trop confuse pour pouvoir hasarder aucune opinion à cet égard ; ses fragments paroissent être rhomboïdaux. La cassure lamelleuse des grains qui composent les masses de cette substance devient très-sensible par le reflet de la lumière lors-qu'on en fait mouvoir un morceau entre les doigts.

Généralement elle est incolore et ne se montre colorée qu'accidentellement ; dans le plus grand nombre de ses morceaux, elle n'est que translucide ; mais dans quelques-uns elle est presque transparente : dans ce dernier cas, sa couleur est un peu grisâtre.

Sa pesanteur spécifique est de 27,420, et cette pesanteur m'a offert fort peu de variation : lors même que cela est arrivé, cette variation a toujours été extrêmement légère. Cette pesanteur est donc un peu plus considérable que celle du feldspath.

Assez dure pour rayer le verre, elle est elle-même rayée par le feldspath.

Elle n'est nullement électrique par le frottement.

Elle ne fait aucune effervescence avec les acides, à moins que sa surface n'ait été légèrement altérée, ce à quoi elle est fort sujette ; mais si l'on en laisse digérer un morceau dans l'acide nitrique, sans que sa forme soit altérée en rien, au bout de 24 heures, ou environ, ce morceau étant tiré de l'acide, peut être facilement écrasé entre les doigts, et même y être réduit en une espèce de pâte : j'ai même rencontré quelques variétés qui formoient avec cet acide une espèce de gelée.

J'avois cru autrefois que cette substance étoit fusible au chalumeau ; mais c'est une erreur, qui a probablement été occasionnée par quelque mélange dans la substance du morceau essayé ; toutes les tentatives que j'ai faites depuis, à cet égard, ont été infructueuses.

D'après l'analyse qui en a été faite par M. Chenevix, elle contient ; silice 42,5, alumine 37,5, chaux 15, fer 3, et une trace de manganèse. Elle renfermeroit conséquemment beaucoup plus d'argile et de chaux que le feldspath.

C'est dans cette pierre que se trouve disséminé en cristaux et en masses isolées, et d'une grandeur plus ou moins considérable, le corundum du Carnatic. Elle est généralement plus ou moins mélangée de hornblende noire, et fréquemment de diverses autres substances, dont j'ai donné le détail dans le mémoire cité plus haut.

L'indianite est d'une altération et même d'une décomposition facile. Dans ce dernier cas, les parties calcaires qu'elle renferme étant mises à nud, sont prises par les eaux, chariées par elles, et ensuite déposées; ce à quoi on doit attribuer les fragments de corundum qui se montrent fréquemment incrustrés, ou même totalement enveloppées, par une chaux carbonatée terreuse.

JADE.

La partie concernant le jade, qui est placée dans cette collection, étant fort peu de chose, par la difficulté de se procurer cette substance en petits morceaux, je place ici cet article seulement pour avoir l'occasion de faire quelques réflexions à l'égard des substances auxquelles on a donné ce nom.

Les minéralogistes placent, assez généralement aujourd'hui le jade, connu sous le nom de jade néphrite, ou de pierre néphrétique, avec le feldspath, sous le nom de *feldspath tenace*. Il me semble que cette phrase porte avec elle l'expression d'une qualité étrangère au feldspath; ainsi que le fait celle de feldspath apyre, employée quelquefois pour désigner l'andalousite. Les deux variétés admises dans le jade néphrétique, ou feldsphath tenace, sont pour l'une d'elles, celle des Alpes, &c. nommé à juste titre saussurite, d'après le célèbre minéralogiste qui le premier l'a observée; et pour l'autre, celle des Indes Orientales et de la Chine, deux substances qui me paroissent totalement différentes entre elles. Le jade de l'Inde, et principalement celui de la Chine, d'un blanc quelquefois éclatant, et dont nous possédons des vases si artistement, et souvent si élégamment travaillés, me paroît n'avoir absolument aucun rapport avec le feldspath, et s'il est aucune substance minérale connue, à laquelle il puisse être rapporté, je crois que c'est à la prehnite. Sa texture me paroît être la même que celle de certains morceaux de cette substance, et ses autres caractères me semblent venir de même à l'appui de cette opinion. Cette texture est composée de petites lames courtes qui se croisent, suivent toutes les directions, et qui en même temps déterminent sa tenacité, et peut-être le lustre gras que ce jade reçoit du poli, et que la prehnite admet aussi dans le même cas. Il doit exister parmi les prehnites, dans le cabinet de feu M. Greville, aujourd'hui renfermé dans le musé britannique, un très-beau morceau de ce jade blanc non poli, que j'ai donné à l'ancien propiétaire de cette collection, et que je tenois moi-même de Sir Abraham Hume, qui l'avoit reçu directement de la Chine : ce morceau montre parfaitement la texture dont je viens de parler. Sa substance est blanche avec quelques traces d'un beau vert de pré. J'ai dû depuis à Sir Abraham Hume deux autres morceaux de même de jade blanc, venant aussi de la Chine. Dans l'un de ces morceaux la substance du jade est d'un beau blanc, légèrement bleuâtre, ainsi que le sont de même quelquefois les beaux vases qui nous viennent de la Chine : il y a en outre quelques taches d'un vert de pré fondues dans sa substance. On distingue sur sa surface, et dans quelques-unes de ses cassures, des prismes tétraèdres rhomboïdeaux très-minces et allongés parallèlement à leurs faces terminales, ayant parfaitement l'aspect que présenteroit la prehnite dans le même cas ; et en faisant mouvoir ce morceau entre les doigts, on observe, dans sa substance, plusieurs des mêmes cristaux disséminés confusément, ainsi que je l'ai dit plus haut.

L'autre de ces deux morceaux appartient au même jade blanc ; les taches d'un vert-pré y sont plus multipliées. On distingue plus facilement dans sa substance, et en plus grand nombre, les petits prismes cristallins lamelleux placés très-confusément et s'entrecroisant. Il renferme en outre, mélangé dans une grand partie de sa substance, beaucoup de hornblende en prismes allongés et accumulés qui paroissent d'un vert foncé ; mais qui divisés en parties minces, qui sont alors transparentes, se montrent être d'un beau vert de pré. C'est, je crois, à cette hornblende que doit être rapportées les taches d'un vert de pré qui existent dans ces morceaux : elle y remplit alors le rôle de matière colorante, ainsi que le fait la thallite à l'égard du quartz prase, et nous avons vu, à l'article du corundum que la thallite et le grenat j'ouoient le même rôle à l'égard de l'indianite.

Je croirois, d'après sa grande ténacité, que la saussurite devroit appartenir à la même substance ; mais l'analyse qui en a été donnée par M. de Saussure le fils, seroit peu d'accord avec cette opinion. Je ne puis à cet égard rien vérifier par moi-même, n'ayant pu m'en procurer un seul échantillon. Quant à la substance qui a été nommée jade ascien, Beilstein des Allemands, cette pierre me paroît avoir un très-grand rapport, tantôt avec l'actinote, celle qui n'appartient pas à la hornblende, ainsi qu'on le verra par la suite, et tantôt avec l'asbeste solide : car les morceaux de ce jade taillés en hache, qui nous viennent d'Amérique, varient dans leur texture, et dans leur dureté. Cette pierre n'appartient bien certainement pas non plus au feldspath.

D'un autre côté, il faut convenir que j'ai vu quelquefois, venant de l'Inde, des pierres données pour jades, et qui en avoient parfaitement l'apparence; mais qui n'étoient en effet que du feldspath compacte: j'ai été moi-même induit en erreur pendant long-temps par cette cause, et ce n'est guères que depuis quatre ou cinq ans que j'ai séparé déterminément les substances connues sous le nom de jade, du feldspath. Je doute fortement, dans ce moment, qu'il y ait une substance à laquelle le nom de jade puisse convenir comme désignant une espèce.

FETTSTEIN.

1 *Morceau.*

AXINITE.

51 *Morceaux, dont 27 Cristaux isolés.*

Parmi les cristaux de cette substance, il y en a un parfaitement régulier de deux pouces de longueur sur 15 lignes de largeur. Dans la série qui appartient à l'axinite de Cornwall, il existe plusieurs variétés de formes non décrites, il en existe de même dans la série des cristaux qui viennent du Dauphiné. Il y existe en outre, de cette dernière Province de France, une série de petits morceaux, sur lesquels sont placés de fort petits cristaux d'axinite d'un jaune paille, très-transparents et très-éclatants, d'une variété de forme non décrite.

THALLITE. ÉPIDOTE (*Haüy*).

66 *Morceaux, dont* 32 *Cristaux isolés.*

La suite des variétés de formes qui, dans cette collection, appartiennent à cette substance, en renferme un grand nombre qui n'ont pas été décrites, tant de Norwège que du Dauphiné. Il y existe, de ce dernier canton, une série de morceaux, d'autant plus beaux que tous les cristaux qu'ils contiennent ont conservé leurs pyramides, et sont la plupart fort grands pour la variété à laquelle ils appartiennent. Il y existe aussi une série de morceaux dans lesquels l'actinote est à l'état, soit granuleux, soit compacte, variété commune dans beaucoup de roches d'Angleterre et d'Ecosse, où elle forme même fort souvent une partie essentielle de leur massse. Cette variété existe de même dans beaucoup d'autres contrés, et elle y est fréquemment prise pour une variété du grenat vert.

On a réuni la zoisite avec la thallite, et j'avoue que cette réunion a beaucoup de chose pour elle; mais est-elle bien fondée? La zoisite a une texture lamelleuse beaucoup plus déterminée et beaucoup plus sensible que la thallite; elle se clive avec beaucoup plus de facilité sur deux des pans opposés de son prisme que sur les deux autres, ce que ne fait pas la thallite; et le plan de la cassure a assez généralement un lustre nacré, qu'on n'observe sur aucun des plans de clivage de la thallite. D'un autre côté, est-il bien certain que dans le prisme tétraèdre rhomboïdal de la zoisite, la face terminale soit perpendiculaire sur l'axe? Dans toutes les cassures que j'ai pu faire sur cette substance, ainsi que dans tous les fragments que j'ai examinés, il m'a toujours paru que les faces terminales avoient une direction inclinée sur l'axe. Il me semble donc que l'identité de nature entre ces deux substances mériteroit d'être soumise à un nouvel examen. Je ne puis cependant offrir à cet égard que des doutes; mais en jettant un coup-d'œil sur les analyses de la thallite rapportées par M. l'Abbé Haüy, le doute se fortifie, ces analyses m'y faisant observer deux substances différentes, dont l'une contient plus de quartz et moins de fer; car ce métal ne me paroît nullement devoir être étranger à la thallitte.

ZOISITE.

6 *Morceaux.*

Ces six morceaux sont accompagnés d'un grand nombre de fragments, destinés à l'étude de cette substance (voyez l'article précédent).

TOURMALINE.

194 *Morceaux, dont* 98 *Cristaux isolés.*

La suite qui, dans cette collection, appartient à la tourmaline est d'une richesse immense, soit pour la variété des formes, dont un grand nombre n'ont pas été décrites, soit pour les couleurs, soit pour les divers faits intéressants qu'elle présente. Pour ce qui concerne les couleurs, elle renferme des tourmalines noires, brunes jaunâtres, et couleur d'hyacinte de Ceylan, rouges de chair du Pégu et rouges violet de Sibérie, vertes de différentes nuances jusqu'au beau vert d'émeraude du Pégu, d'un vert brun du Brésil, d'un gris bleuâtre de Sibérie, d'un bleu foncé du Brésil, nuancées de vert et de bleu du Brésil, nuancées de rouge et de bleu, ainsi que de vert et de rouge de Sibérie, jaunâtres et enfin incolores du Pégu.

Un très-grand nombre des cristaux, même pris parmi ceux qui possèdent leurs deux pyramides, sont transparents, soit parallèlement à leur axe, soit dans le sens même de cet axe : la plupart des tourmalines du Pégu, de Ceylan et du Brésil sont dans ce cas. Il existe, dans cette suite, une tranche polie et d'à-peu-près un pouce de diamêtre sur une ligne d'épaisseur, prise par une coupe faite tranversalement sur un cristal de tourmaline rouge de Sibérie, et dont les bords conservent encore la trace des côtés du cristal. Cette plaque, qui est transparente, donne par réfraction une couleur d'un rouge violet, analogue à celle du plus beau rubis oriental. Cette collection renferme une série très-intéressante et rare de cette même tourmaline rouge, soit sans gangue, soit avec sa gangue.

Cette suite de tourmaline contient, en outre, une série de morceaux à fibres très-déliées, et même capillaires, la plus part très-rares : il existe parmi eux un morceau, assez grand, dans lequel des cristaux de tourmaline parfaitement prononcés dans leur partie inférieure sont, dans celle supérieure, à l'état capillaire. Il y existe aussi une aiguille de cristal de roche dont l'intérieur est rempli des mêmes fibres, ainsi qu'un autre petit groupe très-agréable de cristal de roche, dont l'intérieur des aiguilles contient des fibres de tourmaline verte ; ce groupe est de Sibérie. Il existe enfin dans cette suite, une série de morceaux de tourmaline granuleuse, et un autre de tourmaline compacte. J'ai donné à la collection de M. Greville un très-grand nombre de petits cristaux, la plupart très-parfaits, des variétés du Pégu et de Ceylan.

PYROXÈNE. AUGITE, (*Werner.*)

319 *Morceaux, dont* 202 *Cristaux isolés.*

Le pyroxène présente encore, dans cette collection, une de ces suites que je crois unique, et dont je ne pense pas qu'on puisse trouver d'exemple dans aucune autre collection : la seule partie des cristaux isolés, dont plusieurs sont fort grands, renferme plus de 80 variétés de formes, dont le beaucoup plus grand nombre n'ont point été décrites. Parmi ces formes, est un cristal fort petit, mais peut-être unique, qui appartient à celui primitif parfaitement complet.

Cette suite renferme une série considérable de morceaux de la Somma, qui tous sont garnis de cristaux de pyroxène parfaitement transparents, et de diverses teintes de vert. Ne les ayant point encore examinés, avec l'attention qu'on porte à l'étude directement tournée vers un objet, je ne puis que dire que cette dernière série renferme elle-même un grand nombre de formes nouvelles, en outre de celles offertes par les cristaux isolés que j'ai précédemment cités. Dans quelques collections plusieurs de ces morceaux seroient considérés comme appartenant au péridot.

Il existe en outre, dans cette suite, une série de morceaux dans lesquels le pyroxène est placé dans une roche primitive de nature granitique. Il y existe aussi une autre suite de la variété granuleuse à gros grains, dite cocolite, avec démonstration complette de l'identité de nature de cette substance avec le pyroxène ;

ainsi qu'un grand nombre de morceaux, provenant du Vésuve, qui montrent cette substance sous différents états, tels que celui compacte. Le pyroxène existe aussi dans cette collection sous différents états de décomposition.

OLIVINE.

J'avois toujours eu le projet de former une suite des diverses variétés de pierres auxquelles le nom d'olivine est donné; l'occasion m'ayant manquée, cette suite ne se rencontre pas dans cette collection. Je crois cependant devoir placer ici, malgré la privation des morceaux, quelques observations que je crois intéressantes à l'étude de cette substance.

Parmi les différents échantillons que j'ai pu observer renfermant des noyaux d'olivine, soit provenant du Vésuve et de l'Etna, soit provenant de différents volcans éteints, un grand nombre m'ont toujours semblés appartenir au pyroxène, et d'autres an péridot. Beaucoup d'autres de ces noyaux m'ont cependant parus n'appartenir ni à l'une ni à l'autre de ces deux substances: c'est principalement à ces derniers que peut convenir le nom d'espèce *olivine,* donné par M. Werner; ce nom ne pouvant appartenir aux deux autres substances, dont chacune a en son particulier le nom d'espèce qui lui appartient. Mais la nature de cette olivine qui n'est ni pyroxène ni péridot, a-t-elle été bien examinée, et son origine parfaitement reconnue? Et n'en auroit-elle pas une différente de celle qu'on sembleroit, d'après les données actuelles, être dans le cas de lui supposer? Les noyaux d'olivine qui sont renfermés dans un grand nombre de laves, basaltes volcaniques et autres produits des volcans, et principalement des volcans éteints, m'ont toujours parus composés de grains beaucoup moins durs et d'une décomposition infiniment plus facile que ceux qui appartiennent, soit au pyroxène, soit au péridot que renferment les volcans actuellement embrasés. Il est très-commun de rencontrer de ces noyaux tellement décomposés, qu'ils ne présentent plus qu'une espèce d'argile sans consistance, et colorée plus ou moins fortement par le fer.

En repassant mes notes, et principalement celles qui ont trait à la dernière tournée géologique que j'ai faite en France, en 1788, dans les volcans éteints de l'Auvergne, du Forez, du Velay et du Vivarais, j'y retrouve celle suivante. Arrivé près de St. Antelme en Auvergne, j'y observai un granit renfermant des noyaux de diverses grandeur, depuis celle d'un pois jusqu'à celle du poing, et souvent beaucoup au-dessus, d'une couleur verte plus ou moins foncée, et d'une texture granuleuse qui, s'ils eussent été dans une roche de basalte, m'eussent fait prononcer sans hésiter qu'ils appartenoient à l'olivine. Le granit qui renfermoit ces noyaux étoit composé de quartz, de feldspath et de mica; mais cette dernière partie intégrante de la masse y étoit en beaucoup moins grande quantité que les deux autres. Ses grains avoient en général peu d'adhérence entre eux; cependant, dans quelques parties de la suite des mêmes roches, elle y présentoit plus de solidité. Ce granit répendoit en outre une odeur argileuse très-forte, étant humecté par la respiration; le quartz étoit coloré en brun, le feldspath, surtout dans les parties de la roche voisine de la surface, étoit d'un blanc mat, et le mica d'un brun noirâtre. Les noyaux que ce granit renfermoit tranchoient fortement, par leur couleur verte, sur celle grisâtre de la roche. Les grains qui composoient ces noyaux étoient, assez généralement, de forme angulaire et irrégulière. Ils étoient de différentes teintes de vert, les uns d'un vert pâle, d'autres d'un vert jaunâtre; plusieurs étoient d'un beau vert foncé; dans quelques-uns même cette couleur étoit si foncée qu'ils paroissoient noirs; d'autres de ces grains enfin étoient à peine colorés ou simplement grisâtres. Tous avoient en général une dureté peu considérable, et étoient facilement entamés par un instrument tranchant; souvent ils renfermoient en outre de petits grains de quartz, dont la couleur la plus habituelle étoit celle jaunâtre. Quel est le minéralogiste qui, observant un seul de ces noyaux, et négligeant d'essayer la dureté des grains composants, ne les considéreroit pas comme appartenant à l'olivine?

Parvenu ensuite à Mont Pelou, bute de basalte en fort grandes colonnes, situé derrière St. Antelme, j'y observai le balsate rempli de noyaux d'olivine, ayant le degré de dureté qui est propre à cette substance, et je ne fus pas peu satisfait en observant qu'une des grandes colonnes de cette bute, qui avoit été cassée, renfermoit, dans son intérieur, un fragment non altéré du granit à noyaux cité précédemment.

Portant ensuite mes regards sur les ruines d'un ancien château, qui avoit été bâti sur cette bute basaltique, ainsi que cela a existé anciennement sur la plupart de celles de cette nature, dans cette même contrée, j'y observai, avec le plus grand intérêt, la réunion du granit à noyaux avec le balsat renfermant l'olivine. Le granit extrait des roches granitiques voisines avoit, à raison de la plus grande facilité qu'il présentoit à la taille, servi à la construction des fenêtres et des portes de cet ancien édifice, tandis que ses murs avoient été construits avec des tronçons de colonnes de basalte à noyaux d'olivine, placés simplement l'un sur l'autre à la manière du bois de moule.

Lorsque je fis cette observation, ma marche me dirigeoit vers le Puy en Velay. Dans la route que je tins pour y arriver, je traversai des montagnes de granit, ainsi que d'autres composées en totalité de produits volcaniques.

Parmi ces granits, beaucoup appartenoient à celui à noyaux que j'ai décrit précédemment, à quelques différences près, soit dans la variété, soit dans le rapport entre eux des ingrédients qui entroient dans la composition de leur masse. Quelques-uns d'entre eux montroient, en outre de leurs grains ordinaires, des prismes hexaèdres d'un vert sombre; et j'ai observé de ces prismes jusque dans les noyaux.

J'ajouterai ici, pour les personnes qui voudroient répéter cette observation sur les lieux, qu'elle est très-facile à faire, même sans quitter la route qui conduit de Montbrison, capitale du Forez, au Puy par St. Bonnet-le-Château, en passant par les villages de Thiranges, Chalençon, et St. André. A l'époque où je tins cette route, une partie des murs de cloture qui, de Thirange à Chalençon, défendoient les terres et les séparoient de la route, en s'élevant à une hauteur de deux pieds à deux pieds et demis, étoient en grande partie construits avec cette variété de granit.

Dans cette route, je récoltai et portai moi-même avec moi, pour être plus sûr de leur conservation, deux morceaux que j'ai toujours beaucoup aimés, et dont je regrète encore aujourd'hui la perte. L'un étoit un morceau de lave compacte, renfermant un noyau d'olivine, dans lequel, parmi les grains qui le composoient, étoit renfermé un prisme hexaèdre, dont la substance étoit devenue très-dure, mais qu'on reconnoissoit très-parfaitement devoir avoir été de la même nature que celle des prismes hexaèdres, que j'ai dit avoir observés dans le granit de ce canton. L'autre étoit un morceau de la même lave compacte, renfermant, dans sa substance, un fragment de granit à noyaux nullement altérés, et dans lequel se faisoit observer un de ces mêmes prismes hexaèdres, d'un diamètre à-peu-près égal à celui du prisme renfermé dans le premier de ces morceaux: ces deux fragments de basalte étant placés l'un à côté de l'autre, les deux noyaux avoient entre eux une ressemblance si parfaite que, sans essayer leur dureté, il étoit difficile de prononcer lequel des deux appartenoit à l'olivine.

J'abrège considérablement cette observation, pour n'en donner que ce qui peut la rendre intéressante à l'objet dont il est ici question, sans surcharger de faits inutiles ce catalogue, que mon intention est de rendre le plus utile qu'il m'est possible, à une science à laquelle j'ai dû pendant long-temps une grande partie des jouissances de ma vie.

J'observerai seulement encore que, dès l'année 1784, j'avois déjà apperçu un granit à noyaux à-peu-près semblables, mais cependant moins bien caractérisés, et dont les grains, quoique toujours très-faciles à entamer avec un instrument tranchant, étoient cependant plus durs que ceux des noyaux que j'ai prédemment cités. Ce granit étoit alors employé, à la Roche en Berny, en Bourgogne, sur la route de Lyon à Paris, à la réparation de cette route. J'observerai en outre qu'on pourra remarquer, dans la partie de cette collection qui renferme les amygdaloïdes, une espèce de wake noire, qui renferme des noyaux d'une substance granuleuse qui a de grands rapports avec celle des granits à noyaux; mais dans laquelle cependant les grains sont moins distincts, et moins variés dans leur couleur verte.

STAUROTIDE. GRANATITE. (*Werner.*)

35 *Morceaux, dont* 29 *Cristaux isolés.*

Il existe dans la suite que cette collection renferme de cette substance, un prisme tétraèdre rhomboïdal primitif parfait, qui appartient à la variété de la staurotide de Bretagne: il a environ 9 lignes de longueur. Des 29 cristaux isolés que cette substance renferme, il y en a 10 tellement accolés avec des cristaux de cyanite exactement de même grandeur qu'eux, qu'ils paroissent ne faire qu'un seul cristal mi-partie bleu, et mi-partie d'un rouge brun.

SAHLITE.

148 *Morceaux, dont* 77 *Cristaux isolés.*

La suite des cristaux de sahlite, que renferme cette collection, est très-intéressante, cette substance étant par elle même fort rare.

M. l'Abbé Haüy a cru devoir, dans son *tableau comparatif*, &c. réunir cette substance avec le pyroxène. Comme j'ai vu, envoyés de Norwège et de Suède, un grand nombre de morceaux de pyroxène sous le nom de sahlite, je présume que ce savant aura été trompé par eux ; mais la sahlite existe et existe par elle-même indépendamment du pyroxène.

La forme primitive de cette substance est un prisme tétraèdre rectangulaire, ayant pour base un rectangle incliné sur deux des côtés opposés du prisme, de manière à faire avec eux des angles de 106° 15′ et 73° 45′. Celle du pyroxène est un prisme tétraèdre rhomboïdal de 87° 42′ et 92° 18′, ayant ses bases inclinées de manière à faire avec les bords du prisme, formées par la rencontre des côtés sous l'angle de 87° 42′, des angles de 106° 6′ et 73° 54′. Le rapport de l'angle d'inclinaison des faces terminales du pyroxène, avec celui des faces terminales de la sahlite, peut très-facilement induire en erreur ; mais dans le pyroxène cette inclinaison a lieu sur les bords obtus du prisme, tandis que dans la sahlite elle a lieu sur deux de ses plans opposés. On pourroit penser encore que dans la sahlite l'inclinaision ne porte sur les côtés du prisme, que parceque ces côtés sont produits par le remplacement des bords du prisme du pyroxène ; mais le clivage qui se fait avec beaucoup de facilité sur les côtés du prisme de la sahlite, sur lesquels l'inclinaison a lieu, détruiroit à l'instant cette objection. Les cristaux primitifs de ces deux substances sont donc totalement différents.

Cette différence d'opinon entre M. l'Abbé Haüy et moi, à l'gard de la sahlite, me détermine à placer ici l'étude cristalline de cette substance, faite sur les seuls morceaux qui appartiennent à cette collection ; cette étude d'ailleurs étant toute faite, m'en étant occupé à l'époque même où a paru le tableau comparatif de ce savant.

Je crois cependant devoir faire précéder ce qui concerne la partie des formes cristallines de cette substance, de la comparaison de ses autres caractères avec ceux que présente le pyroxène.

Sa couleur est verte ; mais ordinairement le vert est beaucoup plus pâle que celui qui le plus communément est montré par le pyroxène. Ce caractère qui en général est de fort peu de considération à l'égard des pierres, en acquerre cependant davantage, lorsqne la couleur devient celle habituelle de la substance.

Sa dureté est beaucoup moins considérable, le pyroxène l'entame avec une grande facilité.

La pesanteur spécifique de ces deux substances est la même, ce qui auroit lieu d'étonner, si leur nature étoit absolument semblable, vu la grande quantité de fer que renferme le pyroxène, à supposer même qu'il ne fut qu'interposé, et le peu qu'en contient au contraire la sahlite.

On a déja vu la différence qui existe entre les cristaux primitifs de ces deux substances. Ainsi que dans le pyroxème, le prisme primitif est divisible parallèlement à l'une des diagonales de ses faces terminales.

Dans la sahlite le prisme primitif se divise avec beaucoup de facilité suivant la direction de toutes ses faces ; mais la direction suivant laquelle le clivage s'opère avec plus d'aisance, est parallélement à ses faces terminales : dans le pyroxène au contraire le clivage suivant toute direction est peu facile, et la plus grande difficulté à cet égard est parallèlement à ses faces terminales.

La cassure de la sahlite, faite dans un sens différent de celui de ses lames, est irrégulière, raboteuse et terne : celle faite de la même manière sur le pyroxène est irrégulière aussi ; mais elle est partiellement concoïdale, et possède un lustre vitreux.

Ces deux substances, si elles sont fusibles au chalumeau à leur degré de pureté, doivent l'être avec beaucoup de difficulté ; je n'ai pu parvenir à amener, de cette manière, à l'état de fusion aucune des deux. Je sais cependant qu'il a été dit que la sahlite étoit fusible avec ébulition, ce qui annonceroit, pour elle, une fusibilité assez facile. Je soupçonne fortement qu'on a donné le nom de sahlite à plusieurs substances totalement différentes.

Si l'on porte maintenant un coup-dœil sur l'analyse qui a été faite de ces deux substances, quoique celles du pyroxène, à l'exception de ce qui concerne la silice, varient beaucoup à l'égard des proportions de ses autres parties constituantes, on verra cependant, en les comparant avec l'analyse qui a été faite de la sahlite par M. Vauquelin, qui a aussi analysé le pyroxène, que la première paroît contenir plus de chaux et de magnésie que le pyroxène, et en même-temps moins de fer. Quelques minéralogistes paroissent être portés à rejetter le fer du nombre des parties constituantes des pierres ; mais j'avoue que je ne puis entrevoir sur quoi peut être appuyée cette opinion, à l'égard de la substance minérale la plus généralement et la plus activement répandue dans la nature. Passons maintenant aux formes cristallines de cette substance.

Ainsi qu'il a été dit plus haut, son cristal primitif est un prisme tétraèdre rectangulaire, dont les faces terminales sont inclinées sur deux des côtés opposés du prisme, de manière à faire avec eux des angles de 106°

15′ et 73° 45′, et ce prisme est divisible suivant une des diagonales de ses faces terminales. Ses bords longitudinaux étant de 20° 85′, les bords des faces terminales sont entre eux dans le rapport de 24 à 25. Les côtés du prisme sont égaux entre eux.

Dans le plus grand nombre des cristaux que j'ai vus de cette substance, ce prime s'est montré assez généralement allongé, tant parallèlement à ses faces terminales, que parallèlement aux bords les plus courts de ces mêmes faces.

Ce cristal primitif m'a offert 12 modifications, dont 4 le long des bords longitudinaux du prisme, 3 le long des bords les plus longs des faces terminales, 3 le long de ceux les plus courts, et 2 aux angles de ces mêmes faces.

Dans la première modification, les bords du prisme sont remplacés par un plan qui fait avec les faces adjacentes un angle de 135°, et qui, à raison de l'égalité de la largeur des côtés du prisme, est le résultat d'un reculement par une rangée le long de ces bords.

Dans la seconde modification, les mêmes bords longitudinaux du prisme primitif sont remplacés par un plan qui fait avec les côtés du prisme, terminés par les bords les plus longs des faces terminales, un angle de 140° 11′, et est le resultat d'un reculement, le long de ces bords, par 6 rangées en largeur sur 5 lames de hauteur. Dans la var. fig. 31, pl. 11, les nouveaux plans ont fait disparoître ceux primitif, ce qui donne naissance à un prisme tétraèdre rhomboïdal de 100°. 22′ et 79° 38′.

La 3e modification, remplace les mêmes bords du prisme primitif par un plan qui fait avec les mêmes côtés aussi un angle de 165°, 58′, et est le résultat d'un reculement par 4 rangées en largeur.

La 4e. modification remplace les mêmes bords encore par un plan qui fait avec les mêmes côtés du prisme un angle de 170°, 32′, et est le produit d'un reculement par 6 rangées.

La 5e. modification a lieu le long des bords les plus courts des faces terminales, ceux qui forment, avec les côtés du prisme, l'angle de 73°, 45′. Elle remplace ces bords par un plan qui fait avec la face terminale un angle de 133°, 45′, et est le produit d'un reculement par une simple rangée le long de ces bords.

La 6e. modification a lieu le long des bords des faces terminales qui forment avec les côtés du prisme l'angle de 106°, 15′. Elle remplace ces bords par un plan qui fait avec la face terminale un angle de 166°, 5′, et est le produit d'un reculement le long de ces mêmes bords, par 3 rangées.

Dans la fig. 17, ce nouveau plan de remplacement, combiné avec celui de la 5e. modification, a fait disparoître les faces terminales du cristal primitif, ce qui donne naissance à un prisme hexaèdre ayant ses angles de 120°, ou du moins à infiniment peu près.

La 7e. modification remplace le bord des faces terminales, qui fait avec les côtés du prisme l'angle de 73° 45′, par un plan qui fait avec les mêmes faces un angle de 163°, 51′, et est produit par un reculement le long de ce même bord, par trois rangées. Dans la variété, fig. 18, les nouveaux plans, dus à cette modification, ont fait disparoître complettement les faces terminales : le prisme tétraèdre rectangulaire de la sahlite est alors terminé par un plan à infiniment peu de chose près perpendiculaire sur son axe : il fait sur les côtés du prisme, sur lesquels il incline extrêmement légèrement, d'un côté un angle de 90°, 8', et de l'autre un angle de 89°, 52'.

La 8e. modification a lieu le long des bords les plus longs des faces terminales, elle remplace ces bords par un plan qui fait avec ces mêmes faces un angle de 149° 58', et est le produit d'un reculement par 3 rangées en largeur sur deux lames de hauteur.

La 9e. modification remplace les mêmes bords par un plan qui fait avec les faces terminales un angle de 126°, 13', et est produit par un reculement le long de ces mêmes bords, par deux rangées en largeur sur 3 lames de hauteur.

La 10e. modification remplace encore les mêmes bords par un plan qui fait avec les faces terminales un angle de 163°, 51', et est produit par un reculement par 3 rangées.

La 11e. modification a lieu aux angles des faces terminales qui concourent à la formation de ceux solides aigus, elle les remplace par un plan qui fait avec la face terminale un angle de 136°, 51', produit d'un reculement par 3 rangées en largeur sur deux lames de hauteur, à ces angles.

La 12e. modification a lieu de même aux angles des faces terminales ; mais à ceux qui concourent à la formation de ceux solides obtus, elle les remplace par un plan qui fait avec la face terminale un angle de 152° 17', et est le produit d'un reculement par deux rangées à ces mêmes angles.

J'ai observé enfin, sur des cristaux de sahlite placés dans cette collection, d'autres petits plans situés de même sur les faces terminales du cristal primitif, et dont je ne donne pas les critaux ici, pour ne pas surcharger les planches de la sahlite, qui en renferme déjà un nombre très-considérable. Ces plans appartiennent à deux autres modifications, qui ont toutes les deux lieu aux angles des faces terminales qui concourent à la formation des angles solides obtus : les plans de l'une d'elle font avec les faces terminales un angle de 136°, 24′, et sont le produit d'un reculement à ces angles par une rangée. Les plans de l'autre font avec les faces terminales un angle de 127°, 33′, et sont le produit d'un reculement par 2 rangées en largeur sur 3 lames de hauteur.

En jetant un coup-d'œil sur la série des cristaux de cette substance, que j'ai représentés dans les planches 1 et 2, et dont le numéro des modifications, placé sur les plans de chacun des cristaux, n'exige pour eux aucune autre explication, on remarquera sûrement qu'ils présentent un aspect totalement différent de celui qui appartient à la série des cristaux de pyroxène : ce qui devient surtout frappant, lorsque l'on compare les mêmes cristaux à ceux que présente une série de plus de 60 variétés de formes appartenant au pyroxène, qui existent dans cette collection ; quelques-uns de ces cristaux cependant paroissent, au premier aspcct, être en rapport avec certaines variétés du pyroxène. Un des plus fappant est celui représenté sous la fig. 20 ; il pourroit paroître, en effet, ne différer en rien de la variété du pyroxène représentée par M. l'Abhé Haüy, fig. 141, pl. 54 de son traité de minéralogie ; mais on peut observer, en même-temps, que les plans qui, dans la figure du pyroxène donnée par ce savant, sont secondaires appartiennent à ceux primitifs dans la fig. 26 de la sahlite ; et le clivage, qui est très-facile sur ces mêmes plans, ne laisse aucun doute à cet égard, et établit en réalité une très-grande différence entre les deux cristaux.

Toutes les variétés de la sahlite représentées dans les planches jointes à ce catalogue, existent dans la suite de cette substance qui appartient à cette collection. Il y est joint en outre une série de morceaux, parmi lesquels plusieurs viennent du Groenland, ainsi que plusieurs autres morceaux dans lesquels les cristaux de cette substance sont accompagnés de galène, et sont même placés dans la masse de ce minéral.

Ne connoissant nullement les substances auxquelles M. Bonvoisin a donné les noms de mussite et d'alalite, non plus que le diopside, qui toutes les trois ont été réunies au pyroxène, j'ignore si aucune de ces substances peut avoir quelques rapports avec la sahlite.

HORNBLENDE. AMPHIBOLE, (*Haüy*).

254 *Morceaux, dont* 147 *Cristaux isolés.*

La série des cristaux isolés de cette substance, placés dans cette collection, renferme un très-grand nombre de formes non décrites : le nombre de celles qui y existent est de plus de 50.

La série des morceaux qui composent le reste de cette suite n'est pas moins intéressante, par le grand nombre de variétés et de faits qu'elle renferme. Parmi ces morceaux, en est un qui est un mélange parfaitement uniforme de hornblende noire et de mica d'un jaune doré, qui fait un effet très-agréable, analogue à celui que présente l'avanturine. Dans d'autre des morceaux de cette suite, les cristaux de hornblende verte, dont ils sont composés, sont mi-partie parfaitement réguliers, et mi-partie à l'état capillaire. Si l'on joint à ce fait celui qui présente de même la tourmaline capillaire, et plusieurs autres substances, on se rendra facilement raison de la nature de celles auxquelles on a donné le nom d'amiantoïde, d'asbestoïde, &c.

Environ 50 des cristaux isolés que renferme la suite de cette substance, appartiennent à celle de ses variétés qui en avoit été séparée autrefois sous le nom d'actinote, et ne présentent d'autre intérêt que celui qui a trait à l'étude de cette substance, comparée avec celle de l'actinote, au moyen de la mesure des angles d'incidence des pans de leur prisme entre eux, et des cassures qui tiennent la place des faces terminales.

ACTINOTE.

50 *Morceaux, dont* 25 *Cristaux isolés.*

Les cristaux isolés de cette suite, sont de simples prismes, dont aucun ne possède sa face terminale naturelle : je n'ai point encore été assez heureux pour rencontrer un cristal complet de cette substance. Ces cristaux, dont plusieurs ont leurs faces terminales remplacées par une cassure, faite suivant les joints naturels de la cristallisation, sont destinés à pouvoir être comparés avec les cristaux de hornblende, auxquels primitivement on avoit donné le nom d'actinote, et qui sont joints à la première de ces substances dans l'article précédent. Cette comparaison conduira, je pense, à admettre avec moi que, parmi les cristaux connus autrefois sous le nom d'actinote, un très-grand nombre ne sont en réalité qu'une simple variété, d'un trés-beau vert et à prismes longs, de la hornblende ; mais on conviendra, je crois en même temps, qu'il existe réellement aussi une substance dont les cristaux sont de même en longs prismes tétraèdes rhomboïdaux très obtus, et pour l'ordinaire colorés en vert, qui n'appartiennent pas à la hornblende, et méritent d'en rester distingués par le nom d'actinote.

Le cristal primitif de la hornblende est un prisme tétraèdre rhomboïdal de 124°, 30', et 55°, 30', dont les faces terminales sont inclinées sur l'axe, de manière à former avec les bords du prisme, dûs à la rencontre de ses côtés sous l'angle de 124°, 30', des angles de 105° et 75°. Celui de l'actinote est un prisme tétraèdre reomboïdal de 130° et 50', ou à bien peu de chose près, dont les faces terminales sont inclinées sur l'axe, de manière à former avec les bords du prisme, dûs à la rencontre des faces entre elles sous l'angle de 50°, des angles de 94° et 86°, ou à très-peu de chose près. Les formes primitives de ces deux substances sont donc totalement différentes.

J'ai donné, sous les figures 36, 37, 38 et 39 pl. 2, une série de quatre variétés de formes de cette substance, tirées toutes quatre de la suite qui lui appartient dans cette collection. Ces cristaux ne présentent que deux modifications de leur prisme tétraèdre primitif. L'une d'elle est due au remplacement de ses bords aigus, et l'autre au remplacement de ses bords obtus. N'ayant aperçu jusqu'ici, sur les cristaux de cette substance, aucun autre plan secondaire, il m'a été impossible d'établir aucune opinion quelconque sur les dimensions du cristal primitif.

Il est joint à cette suite de l'actinote, deux séries appartenant à deux variétés intéressantes de cette substance. L'une d'elles vient d'Ecosse, l'actinote y est en couches minces et cristallines, qui se clivent assez facilement suivant la direction des plans du prisme tétraèdre rhomboïdal primitif: sa couleur est d'un vert grisâtre, ayant un reflet nacré très-agréable. L'autre vient de Norwège, elle est de même en masses lamelleuses qui se laissent cliver assez facilement: sa couleur est un gris verdâtre; et elle est accompagnée, assez ordinairement, de feldspath rouge et de mica brun. Cette actinote est bien souvent confondue, dans les collections, avec le spodumène, dont elle diffère totalement par ses caractères.

TRÉMOLITE. GRAMMATITE, (*Haüy.*)

194 *Morceaux, dont* 38 *Cristaux isolés.*

Parmi les cristaux isolés de trémolite qui appartiennent à cette collection, plusieurs ont leurs faces terminales parfaitement conservées; mais dans nombre d'autres, cette face terminale est le résultat d'un clivage naturel.

Cette substance a, de même que l'actinote, été réunie depuis peu avec la hornblende, mais avec beaucoup plus de tort encore. Du moins y a-t-il quelques rapports entre l'actinote et la hornblende, soit à l'égard de plusieurs de leurs caractères extérieurs, soit à l'égard des sites que ces deux substances affectent habituellement; tandis que je ne vois, soit dans les divers caractères extérieurs de la trémolite, soit dans les divers sites où elle se rencontre, ainsi que dans les faits qui l'y accompagnent, à de très-légères exceptions près, aucune espèce de rapport quelconque avec la hornblende. La cassure de la trémolite est assez généralement, même dans celle en cristaux les plus parfaitement déterminés, lamelleuse, passant à celle striée et même fibreuse, celle de la hornblende est lamelleuse passant à celle irrégulière ou raboteuse. La pression, souvent même celle simple des doigts, divise très-facilement la trémolite en fibres qui atteignent la finesse de l'amiante, et qui fort souvent même jouissent de quelqu'élasticité; cette dernière propriété se fait souvent apercevoir sous le marteau, lorsqu'on en écrase des masses un peu considérables, ce que la hornblende ne fait en aucune manière.

Les diverses analyses qui ont été faites de la trémolite et de la hornblende sont, dans chacune de ces substances, si différentes l'une de l'autre, qu'il est presqu'impossible de faire usage de ce caractère chimique pour servir de point de comparaison entre elles. Je remarquerai seulement, à cet égard, que le fer, qui se rencontre dans la hornblende, dont il fait au moins les $\frac{20}{100}$, n'existe nullement dans la trémolite, et je répéterai ici, ce que j'ai déjà dit à l'article de la salhite, que je ne vois pas pourquoi ce métal seroit exclu du nombre des parties composantes des pierres? Si cela étoit, cette partie de la minéralogie offriroit un grand nombre d'autres rapprochements, contre lesquels la nature s'éleveroit, j'avoue cependant que l'on s'exposeroit bien souvent à l'erreur, si l'on vouloit habituellement regarder, comme partie composante des pierres, le fer partout où il se trouve, et dans les mêmes proportions sous lesquelles il se montre: ce métal, si commun dans la nature, et si universel par sa présence est, il est vrai, très-sujet à s'interposer dans les substances au moment même de leur formation; mais cette disposition n'est point une exclusion à sa combinaison. La variété qui existe dans les résulats des analyses qui ont été faites de ces deux substances, démontre, ainsi que beaucoup d'autres du même genre, l'incertitude de la plupart des analyses, de même que l'impossibilité de les faire servir de point d'appui principal dans la classification des minéraux. Cependant, dans le cas dont il est ici question, les analyses comparatives, faites en grand nombre, et sur des morceaux aussi parfaits et aussi sensiblement purs que possible, me paroîtroient offrir le seul moyen de répandre, par elles, quelques lumières sur cet objet.

Les formes cristallines de ces deux substances, me paroissent aussi différer très-fortement l'une de l'autre. Nous avons vu que le cristal primitif de la hornblende est un prisme tétraèdre rhomboïdal de 124°, 30′ et 55° 30′, dans lequel les faces terminales sont inclinées sur les bords de 124°, 30′, de manière à faire avec eux des angles de 105° et 75°. Le cristal primitif de la trémolite est un prisme tétraèdre rhomboïdal de 126°, 52′, et 53°, 8′ * dans lequel les faces terminales sont perpendi-

* Cette mesure est exactement celle que M. l'Abbé Haüy avoit donnée, dans sa minéralogie, pour être celle du prisme tétraèdre rhomboïdal de cette substance, avant qu'il réunit la trémolite à la hornblende. Je l'ai conservée parce qu'elle s'accorde parfaitement avec tout ce que j'ai pu observer à l'égard de la cristallisation de cette substance. M. l'Abbé Haüy a depuis considéré cette mesure comme une espèce d'anomalie, ou d'irrégularité, a laquelle il ajoute que les cristaux de trémolite du St. Gothard sont fort sujets; mais comme ce ne sont pas les cristaux du St. Gothard seulement qui m'ont montré avoir cette mesure, et que je l'ai rencon-

culaires à l'axe, et sont des plans rhombes, et dont la hauteur est aux bords des faces terminales dans le rapport de 2 à 1, 16. Ce prisme est divisible suivant son axe et parallèlement aux deux diagonales de ses faces terminales ; sa molécule intégrante est donc un prisme trièdre rectangulaire, ayant un de ses angles de 90°, un de 63°, 26', et le troisième de 26° 34'. Cette division est très-facile dans le sens de la grande diagonale ; mais elle l'est beaucoup moins dans celui de la petite. Ce prisme primitif se clive avec beaucoup de facilité, dans un sens parallèle à ses côtés ; ce clivage est beaucoup moins facile parallèlement à ses faces terminales.

Ainsi que je l'ai déjà dit, il existe, dans la série des cristaux isolés qui appartiennent à cette substance, dans cette collection, plusieurs prismes dans lesquels les faces terminales perpendiculaires à l'axe sont parfaitement conservées, ainsi que d'autres dans lesquels ces plans ont été obtenus par cassures.

Le désir de completter, autant qu'il est en mon pouvoir, l'étude de cette substance, ainsi que celui de mettre les minéralogistes à même de déterminer, par leurs propres observations, le degré de confiance qui peut-être apporté à celles que j'ai pu faire, me détermine à joindre, à ce que je viens de dire sur cette substance, les détails cristallographiques qui la concernent. Les modifications que j'ai pu reconnoître jusqu'ici de son cristal primitif, sont au nombre de 5.

---

trée sur le beaucoup plus grande nombre de ceux que j'ai mesurés, je crois bien plutôt devoir attribuer à une anomalie les cristaux qui lui ont offert les mesures de la hornblende, s'ils appartiennent réellement à la substance à laquelle on a donné jusqu'ici le nom de trémolite.

La première a lieu le long des bords du prisme formés par la rencontre de ses côtés sous l'angle de 53°, 18', elle remplace ces bords par un plan également incliné sur ceux adjacents, ce plan est le résultat d'un reculement, par une simple rangée, le long de ces bords.

La seconde a lieu le long des bords formés par la rencontre des côtés du prisme sous l'angle de 126°, 52', elle remplace ces bords par un plan également incliné sur ceux adjacents, qui est de même produit par un reculement, par une simple rangée, le long de ces bords.

Il existe, dans cette collection, des cristaux qui appartiennent à ces deux modifications, tels que le représentent les fig. 41, 42, 43, et 44, pl. 3. La variété représentée par la fig. 44, est placée sur un petit groupe dont les cristaux sont colorés en un vert pâle un peu jaunâtre.

La troisième modification, a lieu le long des mêmes bords obtus, et elle remplace chacun d'eux par deux plans qui font avec les côtés du prisme, sur lesquels ils inclinent, un angle très-obtus de 172°, 31', et se rencontrent entre eux sous un angle de 141°, 50'; ils sont produits par un reculement, le long de ces mêmes bords, par 6 rangées. Dans la variété représentée sous la fig. 46, ces nouveaux plans ont fait complettement disparoître ceux primitifs, ce qui a donné naissance à un prisme tétraèdre rhomboïdal plus obtus, dont les angles sont de 141°, 50' et 38°, 10': il existe, dans cette collection, un cristal qui appartient à cette variété, ainsi qu'un autre qui appartient à celle représentée sous la fig. 45.

La quatrième modification, remplace les bords des

faces terminales, chacun d'eux, par un plan qui fait avec la face terminale un angle de 144°, 4', et est le produit d'un reculement, par une sinple rangée, le long de ces bords.

La cinquième modification, remplace les mêmes bords des faces terminales, chacun d'eux, par un plan qui fait avec la face terminale un angle de 160°, 5', et est le produit d'un reculement, par deux rangées, le long de ces bords. La variété 47, qui existe dans cette collection, présente le plan de ces deux dernières modifications.

M. l'Abbé Haüy, dans son *tableau comparatif, &c.* cite deux autres variétés de cette substance, toutes deux avec des sommets réguliers, et dont j'ai donné, d'après ce célèbre minéralogiste, la figure des cristaux, sous celles 48 et 49; en plaçant sur leurs faces les lettres indicatives de ce savant, conjointement avec les nombres par lesquels, suivant ma méthode, les modifications sont indiquées.

Dans l'un de ces deux cristaux, celui représenté sous la fig. 48, les plans L me paroissent appartenir à ceux indiqués par le nombre 5, dans la fig. 47, comme étant produits par la cinquième modification. Si, en effet, on suppose que ces plans soient placés le long de deux des bords des faces terminales, contigus à un des angles obtus seulement, et que dans l'acte de cristallisation, la modification qui leur a donné naissance ait atteint ses limites, il en résulteroit le sommet dièdre de la variété de M. l'Abbé Haüy, représentée sous la fig. 48. L'incidence des plans de ce sommet sur ceux du prisme, s'accorderoit parfaitement avec celle des plans du cristal de ce savant, cet angle étant de 109°

55′, mesure extrêmement voisine de celle de 110°, 2′, qui appartient au cristal de M. l'Abbé Haüy.

Dans l'autre cristal, représenté sous la fig. 49, le plan qui sépare les deux plans du sommet dièdre, et qui est considéré par M. l'Abbé Haüy, comme appartenant au cristal primitif me paroît être le produit d'une sixième modification du prisme tétraèdre rhomboïdal droit de la trémolite, qui remplace un des angles obtus de la face terminale, par un plan qui est le résultat d'un reculement, à cet angle, par cinq rangées en largeur. Ce plan feroit avec le côté du prisme sur lequel il incline, un angle de 104°, 33′, et ne différeroit que de 24′ de la mesure donnée, du même angle, par M. l'Abbé Haüy, qui est de 104°, 57′.

J'ai dit, que la trémolite étoit très-facile à cliver, tant parallélement aux pans du cristal primitif, que parallélement à ses deux diagonales, et pricipalement à celle la plus grande : on observe souvent, sur les morceaux de cette substance, de larges faces unies, qui ne sont pour l'ordinaire que le résultat de la division suivant cette grande diagonale. C'est à cette propriété, et à une réunion imparfaite de deux moitiés suivant cette grande diagonale, qu'est dûe la ligne, souvent très-fortement marquée qui, dans la cassure transversale des cristaux de trémolite, divise le rhombe de la face dûe à cette cassure, par une ligne ayant la grande diagonale pour direction ; fait qui a servi à l'origine, à M. l'Abbé Haüy, de caractère pour lui donner le nom de grammatite.

Le clivage n'est pas le seul moyen qui mette à découvert la structure des cristaux de trémolite. En les plaçant à l'opposition d'une lumière un peu forte, on observe fréquemment, dans leur intérieur, un grand nombre de joints naturels, soit paralléles à leurs côtés, soit paralléles à leurs diagonales ; mais ceux paralléles aux grandes diagonales sont les plus faciles à appercevoir, à raison de la forme du cristal. Ces joints se prolongent pour le plus souvent jusque sur les faces extérieures du cristal, où ils sont alors indiqués par les stries, souvent très-rapprochées et très-fines, dont les plans du prisme, sans en excepter même ceux de remplacement de ses bords, sont très-communément chargés. Ces stries, dûes aux joints naturels, se montrent de même sur les faces terminales : plusieurs des cristaux que j'ai dit être placés dans cette collection, et avoir leurs faces terminales primitives parfaitement conservées, les laissent apercevoir sur elles ; les cassures même, bien souvent ne les font pas disparoître, non plus que sur les pans du prisme.

C'est à cette structure et à la facilité avec laquelle la trémolite se divise suivant la totalité des joints naturels verticaux de son cristal primitif, qu'il faut attribuer la grande facilité avec laquelle cette substance se divise en fibres très-fines, malgré sa dureté, qui est telle qu'elle entame le quartz avec assez d'aisance. Cette facilité à la division est si grande, qu'il existe des morceaux, et même des cristaux de cette substance qui, sous la simple pression un peu forte des doigts, se divisent en petites fibres ressemblant parfaitement à celles de l'amiante.

C'est encore à cette structure, jointe à la réunion imparfaite des lames, indiquée par la forte apparition des joints naturels, qu'on doit attribuer l'éclat très-vif de la surface d'un grand nombre des cristaux de trémolite, quoique frustes et parfaitement opaques, ainsi que l'aspect nacré qui bien souvent est offert par leurs plans.

Je viens de dire que la trémolite est assez dure pour rayer le quartz, et même avec facilité. L'essai de sa dureté demande quelques précautions, à raison de sa grande fragilité; il faut pour cet essai choisir des morceaux un peu épais, et en les appuyant sur le quartz, sans prendre garde à leur fragilité, tirer fortement et promptement avec eux une ligne sur lui. Lorsque la fragilité de cette substance est trop grande pour permettre à ce moyen de réussir, en frottant alors fortement le quartz avec la poudre même de la trémolite, on le dépolit toujours, et fréquemment on observe en outre, dans la partie dépolie, plusieurs raies très-sensibles, dûes à l'action des parties les plus grossières et les moins fragiles de cette poudre.

Je ne suis entré dans des détails aussi longs sur cette substance, que pour mettre à même de mieux juger de la différence qui existe en effet entre elle et la hornblende.

La suite des morceaux qui, dans cette collection, appartiennent à la trémolite, est extrêmement intéressante, par le grand nombre de variétés et de faits qu'elle renferme. Il y existe une variété des Etats-Unis d'Amérique qui seroit très-facilement prise pour appartenir à de l'asbeste en faisceaux divergents; ainsi qu'une autre qui vient d'Ecosse, où cette substance est très-commune, et est en masses, formées par la réunion de petites fibres capillaires courtes, ressemblant très-parfaitement à de l'amiante, plus même que la belle variété fibreuse de Carinthie, dont il existe aussi une série assez considérable dans cette collection. Il y existe en outre de fort belles variétés du Vésuve, &c. &c. &c.

SPODUMÈNE. TRIPHANE. (*Haüy.*)

46 *Morceaux, dont* 28 *Cristaux isolés.*

Ce qui est indiqué ici, comme étant des cristaux isolés de cette substance, n'est que des fragments; mais très-réguliers, et donnant parfaitement l'étude de la forme primitive du spodumène: ils proviennent principalement de celui d'Irlande, dont la division est beaucoup plus facile et beaucoup plus nette, qu'elle ne l'est sur celui de Norwège.

Ces fragments sont des prismes tétraèdres rhomboïdaux de 100° et 80°, ou environ, dont les faces terminales sont inclinées sur son axe. Cette inclinaison est telle que ces faces forment avec les côtés du prisme les mêmes angles d'environ 100° et 80°, que les côtés du prisme forment entr'eux. Cette égalité d'inclinaison, joint à ce que le clivage se fait avec la même facilité sur tous les plans de ce prisme, m'engage fortement à penser que le cristal primitif de cette substance est un rhomboïde légèrement aigu, dont les plans se rencontrent entre eux sous un angle d'environ 100° et 80°. Ce rhomboïde alors seroit divisble suivant la petite diagonale de deux de ses plans opposés.

ANTHOPHYLLITE.

29 *Morceaux.*

Parmi les morceaux de cette substance, il y a plusieurs fragments d'étude, qui viennent parfaitement à l'appui de l'opinion de M. l'Abbé Haüy, sur la forme de son cristal primitif.

YÉNITE.

14 *Morceaux, dont* 10 *Cristaux.*

Au nombre des 4 morceaux qui entrent dans la suite que renferme cette substance, il y en a un fort beau, dont les cristaux me paroissent démontrer que la forme primitive de l'yénite est un prisme tétraèdre rectangulaire droit, et la figure 35, donnée par M. l'Abbé Haüy, dans la seconde planche de son *tableau comparatif*, &c. sembleroit indiquer que les bases ou faces terminales de ce prisme sont perpendiculaires à son axe. Les cristaux isolés de cette substance, qui sont placés dans cette collection, viennent fortement à l'appui de cette opinion, que j'ai déjà communiquée à plusieurs personnes, et entre autre à M. Sowerby qui en a fait mention dans le No. 5 de ses cahiers, avec planches colorées, des minéraux étrangers à l'Angleterre, en donnant, en même temps, la figure des morceaux de cette collection que je lui avois communiqués. Je cite ici cet ouvrage, pour avoir occasion de rendre justice au zèle, à l'activité et en même temps aux talents de son auteur, ainsi que de ceux de son fils, co-opérateur de son ouvrage.

Plusieurs cristaux des morceaux que je viens de citer, laissent observer des joints naturels suivant la direction des plans de leurs prismes, et ils sont eux-mêmes des prismes rectangulaires parfaits. Parmi ces cristaux, plusieurs sont assez translucides pour qu'on puisse reconnoître que leur véritable couleur est un vert foncé. Dans un autre des morceaux de cette collection, les prismes rectangulaires, qui sont parfaits à une de leurs extrémités, se divisent à l'autre en fibres capillaires, qui sont douées de fléxibilité, et font de ces cristaux de véritables pinceaux. Il y existe enfin un morceau des Etats-Unis d'Amérique.

LASULITE.

3 *Morceaux.*

L'un des trois morceaux, qui composent la suite de cette substance, contient un assez grand prisme qui paroît rectangulaire, ou du moins très-voisin de cette forme.

WERNÉRITE. SCAPOLITE, *paranthine. (Haüy.)*

71 *Morceaux, dont* 41 *Cristaux isolés.*

La scapolite est ici réunie à la wernérite, ces deux substances n'étant, d'après l'opinion que l'observation m'a fait adopter depuis long-temps à leur égard, qu'une seule et même espèce. Forcé, d'après cela, de ne conserver qu'un seul des noms qui lui ont été donnés, les minéralogistes applaudiront certainement à celui, si célèbre parmi eux, que j'ai conservé à cette substance. Les cristaux isolés qui appartiennent à sa suite, dans cette collection, sont pour la plupart petits ; mais ils sont très-parfaits ; ils n'offrent aucune variété nouvelle. Il existe, parmi eux, un cristal de la variété fig. 37, pl. 3 du *tableau comparatif*, &c. de M. l'Abbé Haüy, qui a un pouce 4 lignes de longueur, sur 6 lignes de diamètre. Parmi la suite des morceaux, sont plusieurs petites groupes, dans lesquels les cristaux sont plus ou moins parfaits. Les variétés vitreuses et nacrées manquent dans cette collection.

CHIASTOLITE. *Macle* (*Haüy.*)

20 *Morceaux, dont 3 Cristaux isolés.*

Les trois cristaux isolés, qui appartiennent à cette substance, sont de grands prismes tétraèdres rectangulaires, avec des sommets dièdres, mais arrondis par le frottement.

FAHLUNITE.

9 *Morceaux.*

Un de ces morceaux laisse apercevoir des traces de critallisation.

GABRONITE.

4 *Morceaux.*

Le fer oligiste qui accompagne deux des morceaux de cette suite est magnétique. Il est joint aux morceaux de cette substance plusieurs fragments. Deux de ces morceaux ont des traces de cristallisation, qui ne permettent pas de considérer cette substance comme un feldspath compacte.

ALLOCHROÏTE.

8 *Morceaux.*

BERGMANITE.

1 *Morceau.*

MÉLILITE.

3 *Morceaux.*

Les trois morceaux de cette substance, qui sont placés dans cette collection, sont fort petits, les cubes de mélilite qui sont placés sur eux, demandent à être vus avec la loupe, pour être bien distingués ; mais ils sont parfaitement prononcés.

MEÏONITE.

45 *Morceaux, dont* 25 *Cristaux isolés.*

Parmi les morceaux qui, dans cette collection, appartiennent à cette substance, il y en a 8 fort petits, mais intéressants et très-rares, en ce qu'on peut observer, sur chacun d'eux, de petits prismes tétraèdres rectangulaires primitifs de meïonite, dont plusieurs sont en lames quarrées fort minces. Parmi les autres groupes, ainsi que parmi les cristaux isolés, il y existe en outre quelques variétés de formes non décrites, et une variété compacte.

MÉSOTYPE.

48 *Morceaux, dont* 32 *Cristaux isolés.*

La suite des morceaux qui appartiennent à cette substance, est extrémement intéressante et précieuse. Parmi les groupes, il y en a un garni de prismes tétraèdres rectangulairs primitifs assez grands, qui laissent apercevoir, sur leur face terminale, la direction des joints naturels suivant les deux diagonales de ces mêmes faces, indiquée par une glus grande transparence dans la substance, sur ces mêmes diagonales. Dans un autre petit morceau, ces prismes, qui ont jusqu'à 7 lignes de longueur, ont chacun de leurs angles solides remplacé par un plan plus ou moins grand. On peut observer aussi, dans cette même suite, de petits morceaux de trémolite accompagnés de cristaux de mésotype, sur l'un desquels existe un cristal primitif de cette substance. Cette suite renferme en outre un cristal, placé sur du quartz cristallisé, et qui, quoiqu'il ne soit vû que dans les trois quart de sa longueur, a un pouce de long sur 8 lignes de large. Il appartient à la variété fig. 175 pl. 58 du traité de minéralogie de M. l'Abbé Haüy ; mais dans laquelle les plans du prisme, étant beaucoup moins allongés, sont des rhombes au lieu d'être des hexagones Au nombre des morceaux de cette substance en sont plusieurs, soit d'Ecosse, soit d'Irlande.

STILBITE.

190 *Morceaux, dont* 70 *Cristaux isolés.*

La suite de la stilbite placée dans cette collection, est extrêmement précieuse par le grand nombre de faits particuliers, de morceaux intéressants et de cristaux non décrits qu'elle renferme. Parmi les derniers doit être distingué un prisme tétraèdre rectangulaire primitif, ainsi qu'une agrégation des mêmes cristaux, variété très-rare. Parmi ces morceaux, je citerai particulièrement une suite de petits échantillons, dans lesquels la stilbite cristallisée est placée sur de la thallite mélangée de quartz, qui recouvre une veine de stilbite compacte, dont la substance est intimement mélangée de beaucoup de quartz : ce morceau vient de l'isle de la Désolation ou de Kergulan. Je citerai enfin une série de stilbite rouge cristallisée et compacte d'Ecosse, ainsi que plusieurs morceaux de celle incolore d'Irlande.

APOPHYLLITE. ICHTHYOPHTALMITE.

13 *Morceaux, dont* 10 *Cristaux isolés.*

Cette substance, bien propre à fixer l'attention du minéralogiste, par les rapports séduisants qu'elle a avec deux autres pierres plus anciennement connues, la mésotype et la stilbite, demandoit en même temps à être étudiée avec beaucoup de soin, pour distinguer parfaite-

ment ses caractères, et reconnoître ceux propres à indiquer si en effet elle doit être placée, comme espèce, dans le système minéralogique. J'avois fait ce travail lorsque le *tableau comparatif des résultats de la cristallographie et de l'analyse chimique des minéraux de M. l'Abbé Haüy*, nous est parvenu à Londres. Le 137e. numéro du journal des mines, dans lequel ce savant avoit déjà donné une description plus complette encore de cette substance, n'y étoit de même point encore connu. L'étude cristallographique que j'en avois faite ne correspondant en aucune manière avec celle de ce célèbre minéralogiste, me fit porter un soin plus particulier encore sur le nouvel examen auquel je soumis les cristaux de cette substance, qui existent dans cette collection. Ce second travail m'ayant conduit absolument aux mêmes résultats, je les place ici, non comme propres à être adoptés de préférence à ceux obtenus par ce savant, auquel je les soumets ; mais comme le remplissement d'un devoir contracté envers la science et la vérité, par tout homme qui se livre à l'étude de la nature : il peut avoir tort, et j'ai souvent été dans ce cas ; mais alors la science à laquelle il fait l'hommage de ses observations et de ses opinions, devient son juge et prononce sa condamnation. Placé avec quelqu'avantage par la collection, je puis dire immense, de cristaux que je suis parvenu, par un travail actif et long à rassembler, j'ai souvent dû au hazard, qui préside si fréquemment à ce genre de collection, les observations les plus intéressantes que je puis avoir faites. D'après ce que dit M. l'Abbé Haüy, à l'égard des cristaux qui ont servis de base à l'étude cristallographique qu'il a faite de cette substance, ses matériaux, pour ce travail, étoient incomplets. Si celui que je vais présenter ici sur cette même substance, reçoit l'aprobation des minéralogistes, ce sera encore à ce même hazard, qui a placé entre mes mains un plus grand nombre de cristaux, et mieux déterminés, que je le devrai.

La forme primitive de cette substance, est un prisme tétraèdre rectangulaire, dont les bases sont des rectangles, et dont la hauteur étant de 16, 44, les bords les plus longs des faces terminales sont de 24, et ceux les plus courts de 23.

Cette substance m'a offert quatre modifications différentes de ce cristal primitif.

Dans la première, les angles des faces terminales sont remplacés par un plan qui fait avec elles un angle de 120°, 1', fig. 50, pl. 3. Ce plan est produit par un reculement par 4 rangés en largeur sur 7 lames de hauteur, à ces mêmes angles.

Dans la seconde modification, les bords les plus longs des faces terminales sont remplacés par un plan qui fait avec cesmêmes faces un angle de 115°, et est le sésultat d'un reculement, le long de ces bords, par une rangée en largeur sur 3 lames de hauteur.

Dans la troisième modification, deux des bords opposés du prisme sont remplacés par un plan qui fait avec le côté du même prisme sur lequel il incline, et qui appartient à ceux qui sont terminés par les bords les plus longs des faces terminales, un angle de 154° 24', et est le résultat d'un reculement, le long de ces mêmes bords, et sur le même côté du prisme par deux rangées.

Dans la quatrième modificaton, les deux autres

bords opposés du prisme sont remplacés par un plan qui fait avec les côtés du même prisme, terminés par les bords les plus longs des faces terminales, un angle très-obtus de 172°, 12'. Il est le résultat d'un reculement, le long de ces mêmes bords, et sur les mêmes côtés du prisme, par 7 rangées.

Les cristaux que renferme la suite de l'apophyllite, dans cette collection, présentent le cristal primitif complet de cette substance, ainsi que toutes les variétés qui appartiennent aux quatre modifications que je viens de décrire, et qui sont représentées dans la troisième planche.

Des six faces qui appartiennent au prisme rectangulaire primitif, deux d'entre elles ont communément un reflet nacré : c'est dans une direction paralléle à ces deux faces que le clivage de cette substance est le plus facile ; elle se divise même dans ce sens avec la plus grande facilité : l'action de la chaleur l'opère de même très-promptement, et la divise en feuillets très-minces. Elle se clive beaucoup moins facilement dans les directions paralléles aux quatre autres faces ; mais on peut cependant y parvenir : il existe, dans cette collection, deux cristaux sur lesquels ce clivage a été fait de manière à ne laisser aucun doute, sur le caractère primitif des plans obtenus par lui.

On peut observer sur la fig. 50, qui renferme les plans dus à la première modification, ainsi que d'après la direction de ces plans, que j'ai pris pour face terminale de ce prisme, une de celles considérées par M. l'Abbé Haüy, comme appartenant aux faces longitudinales de ce même prisme, celle indiquée par la lettre M, dans la figure donnée par ce savant, dans son *tableau compa-*

ratif, &c.; mais il me paroît qu'à cet égard la nature ne laissoit aucune liberté dans le choix : les plans triangulaires qui remplacent les angles, ayant une inclinaison égale sur deux des plans adjacents, inclinaison qui est très-différente sur le troisième, me paroissent indiquer sensiblement pour face terminale le dernier de ces plans qui, avec celui opposé, sont ceux sur lesquels le reflet nacré se fait apercevoir. D'ailleurs les quatre autres plans sur lesquels on n'observe aucun reflet, sont communément striés, et leurs stries sont perpendiculaires aux faces nacrées. La nature détermine donc en effet elle-même les deux faces nacrées rectangulaires de l'apophyllite, comme étant celles terminales de son prisme primitif. Trois des cristaux de cette collection, possèdent les plans dus à cette première modification. Dans tous j'ai constamment trouvé l'angle de 120°, pour mesure de l'incidence des plans de remplacement des angles solides, sur les faces terminales ou nacrées ; aucun de ces plans ne m'a permis de reconnoître, pour cet angle d'incidence, celui de 110°, 50′ que donne M. l'Abbé Haüy. Probablement il existe dans cette substance un autre modification, dont l'action est de remplacer les angles des faces terminales par le plan observé par ce savant : dans ce cas, il seroit le produit d'un reculement, à ces angles, par 3 rangées en largeur sur 8 lames de hauteur ; l'angle d'incidence de ce plan sur les faces terminales seroit de 110°, 46′, et ne différeroit par conséquent que de six minutes de celui de 110°, 52′ cité par M. l'Abbé Haüy.

Les variétés fig. 51 et 52 viennent de Stronthian en Ecosse. Je les avois considérées autrefois comme appartenant à la stilbite, et depuis cette époque elles avoient été classées avec cette substance; mais l'introduction de l'apophyllite dans la minéralogie comme espèce nouvelle, m'a fait douter qu'elles appartiussent en réalité à la stilbite, et un nouvel examen me les a fait réunir à l'apophyllite. A Stronthian ces deux variétés sont souvent accompagnées de galène, de chaux carbonatée, de baryte sulfatée, d'ercinite ou harmotome, et de stronthian carbonaté. Il existe, dans cette collection, un petit morceau de cette dernière substance, qui renferme de petits prismes tétraèdres rectangulaires primitifs d'apophyllite. La roche qui, dans ce canton, renferme le filon qui contient cette substance, est une espèce de gneiss, composé de quartz en fort petite quantité, de mica noir et de feldspath.

Il existe, dans cette collection, deux autres groupes sur lesquels sont des cristaux d'apophyllite, présentant les mêmes variétés que celles que je viens de dire se montrer à Strouthian ; ils viennent de Norwège : l'apophyllite y est mélangée de cristaux de stilbite, de chabasie, de chaux carbonatée et de grenats, sur une gangue granitoïde, composée de hornblende et de feldspath en parties très-petites, mélangées de fer oxydulé et quelques parties de thallite. Les cristaux de stilbite y appartiennent à une variété que j'ai représentée sous la fig. 55, pl. 3, et comme ces cristaux sont de même que ceux de l'apophyllite, minces et allongés, ils seroient très-facilement pris pour lui appartenir, et vice versa.

Le cristal placé sous la fig. 53, est donné d'après la grandeur même qui lui appartient dans cette collection.

La mésotype, la stilbite et l'apophyllite ont des rapports si considérales entre elles qu'il est très-difficile de les discerner l'une de l'autre. Elles ont cependant des caractères distincts, en outre de ceux qui appartiennent aux formes cristallines proprement dites. Les deux cristaux primitifs de la stilbite et de la l'apophyllite, ont chacun deux de leurs faces opposées nacrées ; mais dans la stilbite ces deux faces sont prises parmi celles longitudinales du prisme, et dans l'apophyllite elles forment au contraire celles terminales ; l'apophyllite est en outre un peu plus dure que la stilbite. La mésotype a de même que l'apophyllite ses deux faces terminales nacrées ; mais outre que ces faces sont des quarrés dans la mésotype, et des rectangles dans l'apophyllite, en regardant à travers ces faces terminales, dans la mésotype, on aperçoit assez fréquemment la direction des joints naturels paralléles aux deux diagonales de ces faces, ce que l'apophyllite ne m'a jamais laissé apercevoir. En outre, cette dernière substance se clive avec beaucoup de facilité parallélement à ses faces terminales, et avec beaucoup de difficulté dans la direction des autres ; ce qui est absolument le contraire dans la mésotype. Enfin la pesanteur spécifique de la mésotype est moins considérable que celle de l'apophyllite. J'ai pensé que ce léger détail, sur les différences qui existeut entre les caractères extérieurs de ces trois substances, pourroit être utile, en facilitant le moyen de les reconnoître.

NATROLITE.

8 *Morceaux.*

Plusieurs de ces morceaux, dont deux assez grands, sont garnis de petits cristaux capillaires de cette substance.

SODALITE.

24 *Morceaux, dont* 15 *Cristaux isolés.*

La forme primitive de cette substance est le dodécaèdre à plans rhombes : les 15 cristaux isolés, qui existent dans cette collection, sont tous de cette même forme, la seule que j'y aie encore aperçue ; un seul d'entre eux est le résultat de la cristallisation, les autres ont été amenés à cette forme par le clivage.

Cette substance est nouvelle. Elle a été décrite, par le Dr. Thomson d'Edinbourg, dans les transactions de la Société Royale de cette ville, de l'année 1811, d'après des morceaux venant du Groenland et tirés de la collection de M. Allan, à l'amitié duquel je dois ceux qui existent dans cette collection. Quelques-uns de ces morceaux laissent apercevoir plusieurs dodécaèdre ; tous sont mélangés de sahlite, de grenats et de pyroxène.

LAUMONITE.

128 *Morceaux, dont* 82 *Cristaux isolés.*

La suite que cette collection renferme, dans cette substance, est extrêmement intéressante par le très-grand nombre de variétés de formes qu'elle contient, et dont j'ai donné le détail dans un mémoire particulier, inséré dans le premier volume des transactions de la Société Géologique de Londres. L'intérêt que cette suite présente est encore augmenté, en ce qu'en outre de la variété d'Huelgoët, que je dois en entier à mon excellent ami M. Gillet de l'Aumont, et qui seule étoit connue, elle renferme des échantillons de divers autres pays ; tel que de l'isle de Ferroë, dont cette collection renferme un grand et très-beau morceau, dans lequel les cristaux de laumonite sont placés sur des cristaux de stilbite: il y en existe un autre, venant de même de Ferroë, qui est en entier composé de petits cristaux de laumonite, placés perpendiculairement sur la base du morceau qui les renferme; ils offrent une particularité intéressante, en ce que, quoiqu'existant dans cette collection depuis plus de 10 années, et sans que j'eusse pris aucune précaution pour les préserver, ils sont restés intacts, ayant conservé jusqu'à leur transparence. Une autre variété de cette substance vient de Paisley en Ecosse; la laumonite y est groupée avec de l'analcime: je dois ce morceau à M. Richard Phillips. Un autre vient de Portrush en Irlande: la laumonite y est groupée avec des cristaux de stilbite. Une cinquième localité est donnée par un morceau venant de Dupapiatra près de Zalathna en Transilvanie. Un autre des morceaux de cette collection est de la Chine; la laumonite y est placée sur de la prehnite d'un vert pâle. Dans une autre variété très-intéressante, la laumonite forme les noyaux d'une amigdaloïde très-argilleuse, des états de Venise. Et enfin une huitième variété est en petits cristaux, d'un blanc mat, renfermés dans une substance granuleuse qui paroît lui appartenir, et dont j'ignore la localité.

CHABASIE.

51 *Morceaux, dont* 21 *Cristaux isolés.*

Parmi les cristaux isolés de cette substance, qui sont placés dans cette collection, il existe une série très-belle de cristaux en rhomboïdes primitifs, dont je citerai un groupe, dans lequel les cristaux ont jusqu'à

8 lignes de côté. Plusieurs des morceaux de cette substance appartiennent à l'Irlande, d'autres à l'isle de Ferroë, à Oberstein, à la Norwège, à l'isle de Bourbon, &c.

ANALCIME.

94 *Morceaux, dont* 12 *Cristaux isolés.*

La suite des morceaux de cette substance est intéressante par le grand nombre de variétés d'aspect sous lesquels elle se présente. La plupart des morceaux qui lui appartiennent viennent d'Ecosse; il y en existe plusieurs de la variété colorée en un rouge brun.

Parmi les morceaux d'analcime de Dumbarton en Ecosse, il y en a plusieurs dans lesquels des mamelons d'analcime sont recouverts par de la prehnite, et le passage de l'une de ces deux substances à l'autre est si insensible que, même dans la cassure, il est impossible de déterminer le point où l'une des deux substances finit et où l'autre commence. Ces deux substances ne diffèrant que par la manière dont leurs principes composants sont dosés, ce passage est peu fait pour étonner.

PREHNITE.

92 *Morceaux, dont* 9 *Cristaux isolés.*

On peut observer dans cette suite, qui est très-considérable, plusieurs morceaux rares, entr'autre un fort beau groupe dont les cristaux sont colorés en un jaune un peu rougeâtre, et plusieurs morceaux appartenant à la substance connue sous le nom de jade blanc de la Chine, et dont j'ai déjà parlé à l'article du jade.

ERCINITE (*Napione.*) HARMOTOME (*Hüay.*) KREUSTEIN (*Werner.*)

62 *Morceaux, dont* 25 *Cristaux isolés.*

La suite des cristaux de cette substance, placés dans cette collection, renferme un grand nombre de variétés de formes cristalles non décrites.

Il y a quelque chose dans les faits de cristallisation que présente l'ercinite, qui me paroît ne pas pouvoir s'accorder avec la forme primitive qui lui a été assignée jusqu'à ce moment, et qui me semble demander à cet égard un nouveau travail sur cette substance.

Parmi les cristaux isolés qui lui appartiennent, il y en a plusiéurs qui sont d'un volume très-considérable. Au nombre des morceaux, on peut observer une variété de Suède qui est colorée en un rouge brun.

LÉPIDOLIDE.

32 *Morceaux, dont* 10 *Cristaux isolés.*

Quelques-uns des cristaux isolés qui appartiennent ici à cette substance, sont plutôt des exfoliations de cristaux que des cristaux mêmes; ils appartiennent à la variété à grandes lames, dont il existe, dans cette collection, une suite intéressante de petits morceaux. Dans plusieurs on observe très-distinctement des prismes hexaèdres réguliers qui, en général, ont fort peu d'épaisseur; mais parmi lesquels cependant on peut en remarquer quelsques-uns dont l'épaisseur s'élève à plus d'une ligne et demie, sur deux ou trois lignes de diamètre, ce qui est extrêment rare.

Il paroît que plusieurs minéralogistes considèrent aujourd'hui cette substance comme appartenant au mica, et cela principalement depuis que M. Klaproth a trouvé de la soude dans l'analyse de ce dernier. Je ne puis en aucune manière adopter cette opinion, cette substance me paroît former une espèce particulière parfaitement distincte du mica. Elle a bien en effet, au premier aspect, quelques rapports avec le mica, telle que sa texture en petites paillettes distinctes les unes des autres, le lustre de ces paillettes, la pesanteur spécifique. Mais le fer paroît être essentiel à la composition du mica, et ce métal paroît en outre avoir une telle attraction avec ses molécules intégrantes, qu'en outre de celui qui fait partie de sa substance, il s'y interpose très-fréquemment en quantité variable et souvent très-considérable. Le fer ne paroît pas être de même essentiel à la composition de la lépidolite, et si un métal pouvoit être dans ce cas à son égard, ce seroit le manganèse; cependant d'après les analyses de M. Klaproth, il paroîtroit que ni l'un ni l'autre de ces deux métaux ne lui est essentiel. Le mica est fusible au chalumeau, mais avec difficulté, et il donne un vert tirant plus ou moins fortement sur le brun ou le noir; à peine la flamme du chalumeau a-t-elle touché la lépidolite, que cette substance fond en bouillonnant, et donne un vert parfaitement incolore. J'ai fort souvent fait fondre la lépidolite en la plaçant simplement dans mon feu, en l'en retirant elle couloit en produisant de petites fibres de verre capillaire, analogues à celles volcaniques que l'on sait avoir été produites par le volcan de l'isle de Bourbon. La forme primitive de cette substance diffère aussi de celle du mica, et comme sa forme habituelle, lorsqu'elle en admet une déterminée, est le prisme hexaèdre ayant tous ses angles de 120°, en admettant que son cristal primitif fût le prisme tétraèdre rhomboïdal de 60° et 120°, ce qui est probable, les faces terminales de ce prisme seroient perpendiculaires sur son axe, ce qui n'existe nullement dans le mica. Dans cette dernière substance, lorsqu'elle est colorée, la couleur réfractée suivant le sens de son axe, est pour l'ordinaire différente de celle réfractée dans tout autre sens; celle réfractée par la lépidolite est la même dans tous les sens. Cette substance a cependant de commun avec celle du mica, d'avoir ses molécules d'une dureté considérable, quoique très-foible en apparence. En effet, quoique le dégré très-foible de cohésion qui existe entre ses molécules intégrantes, permette très-facilement à un instrument tranchant d'en entamer la masse, lorsque les cristaux de lépidolite ont un peu d'épaisseur, on parvient avec eux à entamer le verre avec facilité: il existe, dans cette collection, plusieurs de ces cristaux qui ont jusqu'à une ligne et demie d'épaisseur, avec lesquels cette observation est facile à répéter. On devoit dailleurs être naturellement conduit à considérer la lépidolite comme devant en effet être classée avec les pierres dures, d'après la force de son pouvoir réflectif.

Il existe dans la suite des morceaux qui appartiennent à cette substance, un petit morceau à l'état compacte, sans aucunes apparences quelconques de lames ou écailles, et d'un violet brun foncé; c'est un petit fragment d'un morceau plus considérable, dont j'ai donné la contre partie à M. Greville, dans la collection duquel elle doit être. J'en ai dû la possession à M. Fichtel, fils du célèbre minéralogiste du même nom, auquel j'ai eu l'obligation d'un très grand nombre de morceaux, tous intéressants et plusieurs fort rares.

Je soupçonne beaucoup que les lépidolites vertes et jaunes, qui ont été citées par quelques auteurs, appartiennent au mica. On trouvera dans la suite des morceaux qui appartiennent à cette dernière substance, des variétés qui sont très-propres à induire en erreur à leur égard.

LAPIS LAZULI.

24 *Morceaux.*

Cette suite de petits morceaux renferme toutes les variétés qui ont été observées jusqu'ici dans cette substance. On peut y remarquer un petit morceau qui laisse appercevoir une partie, assez considérable, d'un cristal dodécaèdre à plans rhombes, d'un blanc légèrement bleuâtre avec quelques taches plus foncées. Le même morceau contient en outre un long prisme hexaèdre d'un gris sale un peu jaunâtre, et d'environ 5 lignes de longueur : sa pyramide est engagée dans la gangue ; mais d'après l'inclinaison d'un de ses plans qui peut être apperçu facilement, ce cristal appartient au dodécaèdre devenu prismatique par l'allongement de six de ses plans, ainsi que cela arrive quelquefois dans le grenat fig. 57 pl. 3.

MICA.

471 *Morceaux, dont* 183 *Cristaux isolés.*

La suite du mica qui appartient à cette collection, est, je crois unique, elle est extrêmement précieuse par le grand nombre de faits qu'elle renferme ; et elle l'est même d'autant plus que les faits, qui prouvent que cette substance a été mal connue et très-incomplettement décrite jusqu'ici, présentent en même temps, tout ce qui est nécessaire à son étude, et à la rectification des erreurs qui ont été commises à son égard.

L'étude cristalline de cette substance étant du nombre de celles dont j'ai terminé le travail depuis quelque temps, c'est avec beaucoup de satisfaction que je vais en placer ici le résultat sous les yeux des minéralogistes.

La forme primitive du mica est un prisme tétraèdre rhomboïdal de 60° et 120°, à bases rhombes; mais les bases, au lieu d'être perpendiculaires sur son axe, ainsi qu'il a été dit jusqu'ici, sont inclinées sur ce même axe de manière à faire avec les bords, formés par la rencontre des côtés du prisme sous l'angle de 120°, des angles de 98° et 102°; la hauteur de ce prisme est égale à la longueur des faces terminales fig 61 pl. 4.

Ce prisme se divise, avec la plus grande facilité, parallélement à ses faces terminales; mais il résiste fortement à la division parallélement à ses pans; cependant, avec un peu d'adresse et de soin, on parvient à cliver, suivant cette direction, et d'une manière nette, des lames minces de cette substance.

Il existe, dans cette collection, plusieurs cristaux primitif isolés de mica, et la plupart ont un épaisseur assez considérable. Je citerai entr'autre un petit morceau de granit, sur lequel est un de ces cristaux primitifs extrêmement parfait, ayant environ 4 lignes dans son plus grand diamêtre, sur 3 lignes d'épaisseur.

Le prisme tétraèdre rhomboïdal primitif de cette substance se divise, ainsi que l'indiquent les lignes ponctuées de la fig. 62, en quatre prismes triédres fig. 63, forme de ses molécnles intégrantes. Ces prismes ont chacun pour bords de leurs bases, 1°. un des bords du rhombe de la face terminale du cristal primitif, ou un bord égal à lui, 2°. une moitié exacte de ce même bord, et enfin, 3°, une perpendiculaire abaissée d'un des angles de 120°, des faces terminales sur le bord opposé, et d'après les propriétés du rhombe de 90° et 120°, cette perpendiculaire tombant exactement sur le milieu du bord opposé de l'angle de 120°, d'où elle est abaissée, ces quatre prismes sont égaux et semblables, et composent exactement, par leur réunion, le prisme rhomboïdal primitif.

Parmi la suite des cristaux qui appartiennent, dans cette collection, à cette substance, il y existe 4 séries différentes qui montrent, d'une manière frappante, cette division du cristal primitif du mica, soit faite par le retranchement au prisme rhomboïdal primitif, d'un ou de deux de ces prismes trièdres composants, soit indiquée par des lignes tracées, par la nature elle-même, sur la surface du cristal, dans la direction de ses joints naturels. L'une de ces séries appartient à un mica d'un gris argentin de Suède, la seconde à un mica brun qui accompagne le corundum du Carnatic, dans sa gangue ; la troisième appartient à un mica, or de chat, qui vient aussi de la presqu'île de l'Inde ; la quatrième enfin, appartient encore à un mica, or de chat, placé dans une scorie du Vésuve. Chacune de ces quatre séries présente aussi, par suite du clivage, des prismes tétraèdres rectangulaires, ayant pour base un rectangle, fig. 64, et dont les faces terminales sont inclinées sur deux des bords opposés du prisme, de manière à faire avec eux des angles de 98° et 82°. La fig. 62 laisse facilement apercevoir la manière dont, par le clivage, ce prisme tétraèdre est formé. Lorsque ce prisme a les dimensions qui lui appartiennent d'après celles du cristal primitif de cette substance dont il dérive, les bords les plus longs du rectangle qui appartient à leurs faces terminales, sont à ceux les plus courts, dans le rapport de la perpendiculaire abaissée de l'angle de 120°, sur le bord opposé*, à la moitié d'un des bords de ce même rhombe. Mais le clivage pouvant aussi se faire en même temps sur les côtés les plus étroits du prisme rectangulaire, les faces terminales de ces prismes tétraèdres rectangulaires, produits ainsi par un clivage naturel, approchent souvent plus ou moins du quarré parfait.

Il existe, dans la nature, des cristaux de mica qui, par le simple produit de la cristallisation, et sans aucun clivage, appartiennent à ce prisme rectangulaire : ils sont pour l'ordinaire très-étroits et très-allongés ; cette collection en fournit des exemples. On sent parfaitement que cette modification du cristal primitif, qui est assez rare, provient de la simple suppression des deux molécules intégrantes destinées à former les parties du prisme tétraèdre rhomboïdal qui renferment l'angle de 60°.

Le mica m'a fait observer quatre modifications de son cristal primitif. La première a lieu par le remplacement des bords de 60°, par un plan également incliné sur ceux adjacents, avec chacun desquels il fait un angle de 120° : ce plan est le résultat d'un reculement, le long de ces bords, par une simple rangée, fig. 65.

---

* D'après les propriétés du rhombe de 60° et 120°, cette perpendiculaire est égale à la moitié de sa plus grande diagonale.

Parmi les cristaux isolés de cette collection, qui appartiennent à cette variété, j'en citerai un très-parfait, qui a deux pouces de longueur dans son plus grand diamètre, sur plus de 5 lignes d'épaisseur ; ce cristal est translucide à travers les pans de son prisme. Il est très-propre, ainsi qu'un grand nombre d'autres de cette collection, à faire reconnoître l'inclinaison des faces terminales du prisme tétraèdre rhomboïdal primitif sur son axe. Il existe aussi, dans cette collection, plusieurs cristaux en prismes héxaèdres très-allongés, ainsi que le représente la fig. 67.

La seconde modification remplace les bords de 60° du prisme, chacun d'eux, par deux plans, qui font avec ceux des côtés du prisme sur lesquels ils inclinent, un angle de 150°, et sont le produit d'un reculement, le long de ces mêmes bords, par deux rangées, fig 68.

Il existe, dans cette collection, plusieurs petits groupes qui viennent de Sibérie, et dont les cristaux appartiennent à cette variété : le mica y est argentin. Il y existe aussi plusieurs petits groupes, ainsi que des cristaux isolés, qui appartiennent à la variété représentée sous la fig. 69 ; ils viennent de Schlaggenwald en Bohème, où ils sont quelquefois groupés avec de petits cristaux de chaux fluatée et de schéelin calcaire.

La troisième modification remplace les angles de 60°, des faces terminales par un plan qui fait avec ces mêmes faces un angle de 98°, 13', et est le résultat d'un reculement, à ces mêmes angles, par une rangée en largeur sur 6 lames du hauteur.

Ces deux dernières modifications se montrent, tantôt séparément, tantôt réunies sur le même cristal. Leur réunion offre un fait cristallographique dont je ne connois encore que ce seul exemple, qui est de donner naissance à une pyramide oblique, fig. 73. En effet, les angles d'incidence des plans de chacune de ces deux modifications, sur les faces terminales, étant les mêmes ou du moins à très-peu de chose près, et cet angle étant encore le même que celui obtus, dû à l'inclinaison des faces terminales sur les côtés du prisme, il en résulte que du concours des 4 plans, dus aux deux dernières modifications, avec les côtés du prisme qui font avec les faces terminales l'angle de 98°, il naît une pyramide héxaèdre très-aigue, représentée par la fig. 73, dans laquelle, tandis que 4 de ses faces sont inclinées de manière à se réunir entr'elles en un même point, qui est le sommet de la pyramide, les deux autres, sans aucune inclinaison, concourent aussi au même point, ce qui donne nécessairement naissance à une pyramide oblique. Il existe, dans cette collection, un petit cristal de cette variété, qui est très-parfait, à une petite compression près placée sur une de ses faces; il est du Vésuve. Les variétés fig. 70, 71, 72 et 74 qui, d'après ce que je viens de dire, n'ont besoin d'aucune autre explication, existent de même aussi dans cette collection : les trois premières sont du Vésuve, et celle fig. 74 du Pégu.

Parmi les variétés de mica de Schlaggenwald, dont j'ai déjà parlé, à raison de la variété représentée par la fig. 69, les plans dus à ces deux dernières modifications, se rencontrent aussi quelquefois, ainsi que le représentent les fig. 75 et 76. Lorsque le cristal est très-court, ainsi que cela existe dans la fig. 76, les plans dus à la 2e. modification deviennent souvent triangulaires scalènes, et si l'on ne faisoit pas attention à l'inclinaison des plans qui ont remplacé ceux dus à la première modification, on seroit conduit à les rapporter à une variété nouvelle.

Cette collection renferme plusieurs autres variétés de formes du mica ; mais celles que j'ai données suffisent pour mettre à même de reconnoître facilement toutes les autres.

Parmi les cristaux de mica, soit isolés, soit en groupes, qui sont placés dans cette collection, il en existe un grand nombre qui, soit par leur transparence, soit par la nature de leur lustre, seroient d'autant plus facilement pris pour appartenir à la classe des gemmes, que la perfection de leur cristallisation, rend totalement insensible le joint des lames placées perpendiculairement à leur axe ; joints qui sont généralement si apparents dans cette substance. Le grand éclat de ces cristaux, qui est dû à la fois à leur pouvoir réfractif et réflectif, annonce déjà, avant toute autre observation, une pierre dure ; tel est en effet le mica, non par suite de la force de cohésion de ses molécules intégrantes entre elles, cette force est très-foible, et cède très-facilement, mais par celle qui est propre à chacune de ces mêmes molécules. Cette dûreté est telle, que lorsqu'on peut donner à ces modécules un point d'appui suffisant pour les empêcher de céder, telle qu'une grande épaisseur dans le cristal ou morceau de mica que l'on veut essayer, on parvient, avec lui, à rayer, non-seulement le verre avec facilité, mais encore le quartz, ainsi que je l'ai déjà fait observer dans mon traité complet de la chaux carbonatée, volume 1er. introduction, p. 17.

Un grand nombre de ces mêmes cristaux font voir que, lorsque le mica est parfaitement pur, et qu'il existe une contiguïté exacte dans la réunion de ses molécules, il est susceptible d'être aussi transparent que les autres substances, soit parallélement, soit dans le sens même de son axe, et cela même sous une épaisseur assez considérable. Parmi les cristaux qui sont dans ce cas, il y en a plusieurs qui, dans le sens parallèle à leur axe, ont une transparence aussi parfaite que peut être celle du rubis ou du saphir le plus transparent.

Cette transparence du mica, tant à travers ses faces terminales, qu'à travers les pans de son prisme, met dans le cas d'observer facilement la différence qui existe entre la couleur donnée, dans ces deux cas, par la réfraction. Cette couleur s'est toujours offerte à moi avec des teintes différentes ; mais quelquefois ces deux teintes se rapprochent, en quelque manière, l'une de l'autre, tandis que d'autrefois elles s'écartent au contraire très-fortement. On observera, par exemple, dans cette suite, un cristal très-parfait du Pégu, et en même-temps très-transparent et ayant une épaisseur assez considérable, dont la couleur, observée dans le sens de l'axe, est d'un vert pâle et jaunâtre, tandis que celle observée à travers les pans du prisme est d'un beau vert d'herbe ; ce cristal est celui représenté sous la fig. 74. Dans d'autres cristaux, la couleur dans le sens de l'axe est d'un très-beau vert, tandis que dans le sens opposé elle est d'un jaune rougeâtre ou orangée ; dans d'autres, le cristal est incolore dans le sens de l'axe, et d'une belle couleur de chair à travers les pans de son prisme. Outre toutes ces variétés, il en existe une, dans cette collection qui, vue suivant la direction de son axe, est d'un vert sombre, et est d'un beau rouge d'hyacinthe à travers les pans de son prisme. Cette suite renferme un grand nombre de morceaux très-beaux et très-rares pour quelques-uns, qui tous mettent dans le cas de faire l'observation dont je viens de parler, et peuvent très-probablement conduire à quelques autres observations précieuses à la théorie des couleurs et de la réfraction.

Parmi les groupes de cette substance, il en est un dans lequel les cristaux de mica, qui ont une épaisseur considérable, laissent appercevoir, d'une manière frappante, le reculement des lames pour produire la variété pyramidale ; dans ce morceau, les cristaux de mica sont groupés avec des cristaux de tourmaline et de feldspath ; il sont en outre parsemés de petits cristaux d'apatite d'une variété cristalline fort rare. Je dois la possession de ce joli groupe, qui est du Brésil, à l'amitié de M. le Comte de Funchal, ambassadeur plénipotentiaire à Londres, de S. A. R. le Prince du Brésil.

La suite extrêmement riche de cette substance, renferme en outre, toute les variétés d'aspect et de couleur sous lesquelles le mica s'est montré jusqu'ici, et dont un très-grand nombre sont fort rares ; tel que, dans les couleurs, le beau vert d'éméraude, le jaune citron, et la couleur de chair. A l'égard des variétés d'aspect, celui fibreux à fibres divergentes, celui mamelonné, &c. Il y existe une série très-intéressante des variétés compactes, ainsi qu'une autre dans laquelle le mica est en décomposition. Cette dernière fait voir que, par ce moyen, cette substance met à nud un fer oxydé très-abondant. C'est cette observation, souvent répétée sur la nature même, joint à ce que m'ont fréquemment montré, à cet égard, les grandes masses de granit, de gneiss et en général toutes celles dans lesquelles le mica forme une partie abondante parmi celles integrantes aggrégées de leur masse, c'est le fer oxydé qui y est produit par leur décomposition et celle du mica qu'elles renferment, et qui ensuite a été charié dans les terreins bas, où la déposition l'a mélangé avec les argiles, et les produits pierreux qu'on y observe encore aujourd'hui, qui m'a fortement pénétré de l'opinion que le fer oxydé, si abondant dans les produits pierreux secondaires, provient originairement de la décomposition de mica du granit, et des roches primitives micacées, dont la formation a succédé à la sienne; opinion que j'ai déjà donnée dans mon traité complet de la chaux carbonatée, vol. 1er. introduction, pl. 62.

On trouvera la *chlorite* placée ici avec le mica, dont elle n'est, selon moi, qu'une simple variété. Je n'ai jamais pu reconnoître dans cette substance, aucun rapport avec le talc, tandis qu'elle me semble montrer tous les caractères du mica. La suite qui lui appartient, dans cette collection, présente un nombre de morceaux intéressants et rares, tels que de superbes échantillons de la variété d'un blanc argentin, et une série de divers passages fortement indiqués du mica à la chlorite. Dans la partie de cette collection qui appartient au quartz, on pourra observer, parmi ceux accidentés du Brésil, cette variété du mica de presque toutes les couleurs.

PINITE.

32 *Morceaux, dont* 5 *Cristaux isolés.*

Parmi les morceaux qui, dans cette collection, composent la suite de cette substance, il en existe de très-rares. Tel est, par exemple, une série de petits morceaux d'un feldspath granuleux, contenant de très-petits cristaux, mais très-parfaits, de pinite, d'un vert brun et translucides, qui viennent du rocher de St. Michel, en Cornwall. Telle est encore une nouvelle série, dans laquelle les cristaux de pinite appartiennent à la variété rare en prismes tétraèdres rectangulaires, parmi lesquels on peut en observer un très-parfait qui a plus de 6 lignes de longueur, et dont les morceaux ont été extraits des pavés de Londres.

HYPERSTHÈNE.

21 *Morceaux.*

Il est joint à la suite des morceaux de cette substance, une quantité très-considérable de fragments, dont plusieurs sont très-réguliers, et tendent à confirmer que la forme primitive de l'hypersthène est un prisme tétraèdre rhomboïdal d'environ 80° et 100°, ainsi que l'a parfaitement observé M. l'Abbé Haüy.

DIALLAGE SMARAGDITE. (*Saussure.*)

153 *Morceaux, dont 2 Cristaux isolés.*

Cette suite est très-précieuse par le nombre très-considérable de variétés qu'elle renferme dans cette substance. En outre de toute celles connues, elle en contient plusieurs qui n'ont point été décrites. Tel est par exemple un diallage d'un beau rouge brun, tirant sur le violet, qui est renfermé dans une gangue de quartz, et est de Tunaberg, en Suède : j'ignore si cette substance ne seroit pas celle à laquelle a été donné, en Suède, le nom de pétalite ; elle m'a été envoyée de ce pays sous le nom de feldspath rouge. Telle est une autre variété qui vient des Indes Orientales, et est d'un beau gris de perle, avec un reflet parfaitement semblable celui de la nacre de perle : il en existe un autre très-beau morceau placé avec l'aplome, dont il renferme des cristaux. Telle est aussi une autre variété qui, par sa belle couleur verte et sa demi-transparence, mérite bien parfaitement le nom de smaragdite ; elle y est intimement mélangée de quartz, et contient fort souvent de petites parties très-brillantes de titanium oxydé, d'un très-beau rouge : cette variété est, de même que la précédente, des Indes Orientales. Telle est enfin une autre variété, d'un très-beau vert aussi, disséminée par taches, plus ou moins grandes, dans un feldspath compacte, du Labrador.

Le cristal primitif de cette substance est un prisme tétraèdre rectangulaire, dont les bases, qui sont des rectangles, sont inclinées sur les côtés les plus larges du prisme de manière à faire avec eux des angles de 95° et 85°, ou à très-peu de chose près, fig. 58, pl. 3. Ce prisme est divisible parallélement à tous ses plans ; mais avec plus de facilité dans la direction parallèle à ses faces terminales, que dans les autres. Ces faces, ainsi que les plans du clivage fait parallélement à elles, ont toujours un reflet très-brillant, dont le lustre est métallique ; tandis que les autres plans du cristal primitif, ainsi que les plans de clivage faits parallélement à eux, ont toujours un aspect terne, semblable à celui que présente la cassure des serpentines est stéatites, pour lesquels cette substance, étant vue dans le sens de ces plans, seroit très-facilement et même très-fréquemment prise, lorsque sa situation, sur les morceaux qui la renferment, est telle qu'on ne puisse apercevoir celles de ses parties qui répondent aux faces terminales de son prisme primitif.

Les deux cristaux isolés qui sont cités au nombre des morceaux de cette substance, ne sont en réalité que deux fragments, résultats d'un clivage; mais ils sont si parfaits et si réguliers, qu'ils peuvent très-bien être considérés comme de véritables cristaux primitifs.

Le cristal primitif du diallage pourroit être considéré aussi, comme étant un prisme tétraèdre rhomboïdal droit de 95° et 85°, et dans ce cas, ceux de ses plans qui ont un lustre métallique, appartiendroient à deux des côtés longitudinaux de ce prisme. Mais le lustre de ces plans, le clivage plus facile parallélement à eux, et l'allongement du cristal parallélement aussi à ces mêmes plans, dans les variétés représentées sous les fig. 59 et 60, m'a semblé les indiquer fortement comme devant en effet être les faces terminales.

Ces deux variétés fig. 59 et 60, que je viens de citer, sont extrêmement intéressantes. Le lustre métallique de leurs faces terminales est parfaitement en rapport avec celui, soit du fer oligite, soit du fer oxydé cristallisé, et ces cristaux seroient d'autant plus facilement pris pour appartenir à ce dernier minerai, que leur prisme est rectangulaire, et qu'étant grattés, leur poudre est du même rouge brun foncé.

Ces cristaux que j'ai observés dans deux gangues différentes, viennent de Calton-hill en Angleterre. Une de ces gangues est une espèce de porphyre à base de feldspath granuleux, mélangé de stéatite, et ayant une forte action sur le barreau aimanté. L'autre est une de ces roches composées, connues sous le nom de whin en Ecosse et dont je parlerai par la suite : le diallage y est en beaucoup plus grande quantité que dans la gangue précédente ; mais le plus grand nombre des cristaux qui lui appartiennent, ne se montrant à l'extérieur que par ceux de leurs plans qui répondent aux faces dénuées de lustre dans leurs cristaux primitifs, ne paroissent que sous l'aspect de petites taches brunes et souvent rougeâtres. Parmi ceux de ces cristaux qui laissent paroître le lustre de leurs faces terminales, plusieurs ne laissent apercevoir ce lustre que sur les bords de ces mêmes faces, leur centre en étant privé.

Parmi les morceaux de cette substance qui appartiennent à cette collection, on en trouve plusieurs qui, quoique d'une couleur, soit bronzée, soit verte à l'origine, sont passés au rouge brun par altération.

Quoique, d'après ce qui vient d'être dit, cette substance soit bien certainement une de celles dans lesquelles les caractères déterminants soient les plus frappants, elle est cependant une de celles sur lesquelles les opinions des minéralogistes présentent le plus de différences. Plusieurs d'entre eux font encore aujourd'hui diverses espèces particulières, de ce qui par d'autres est considéré, et je crois avec raison, comme n'étant que de simples variétés d'une seule et même substance. C'est ainsi que, suivant quelques auteurs, plusieurs des variétés vertes appartiennent au strahlstein granuleux de M. Werner ; tandis que d'autres appartiennent à une espèce particulière qui a été faite sous le nom de schillerstein ou de schillerspath. Quelques minéralogistes font, sous le nom de bronzite, une espèce particulière de la variété qui réfléchit une couleur jaune accompagnée d'un lustre métallique ; tandis que d'autres la considèrent comme étant une simple variété de l'anthophyllite. Celle d'un beau vert d'émeraude, mélangée de quartz, et contenant de petites parties de titanium, des Indes Orientales, seroit bien certainement nommée serpentine noble par un grand nombre de minéralogistes.

L'existence du diallage dans différentes roches est beaucoup plus commune qu'on ne l'imagine. Il y est souvent pris pour de la stilbite, et d'autres fois pour du mica. Lorsqu'il est disséminé dans la serpentine, ainsi que dans la stilbite, il est très-difficile de l'y reconnoître, et ce n'est qu'en cherchant par différentes cassures, à mettre à découvert celles de ses faces qui ont un lustre métallique, et sur lesquelles la texture lamelleuse est très-apparente, qu'on peut y parvenir.

Le diallage a une propriété qui lui est commune avec quelques substances dans lesquelles nous l'avons déjà observée, c'est d'avoir, dans ses molécules intégrantes, plus de dureté que de cohésion entre elles, ce qui pouvoit déjà être présumé par la grande facilité avec laquelle il se casse, et les différents aspects des cassures: aussi, quoique très-facilement entamé avec un instrument tranchant, a-t-il une dureté assez considérable pour rayer le verre.

D'après ce qui a précédé sur cette substance, on voit que le diallage ne peut être confondu, ni avec le strahlstein de M. Werner qui, dans le clivage sur les 4 pans de son prisme primitif, laisse des surfaces également lisses et brillantes, ni avec l'anthophyllite qui est dans le même cas: le prisme primitif de chacune de ces deux substances a d'ailleurs une inclinaison différente entre ses pans. Il existe telles variétés dans le diallage vert, qui seroient, ainsi que je l'ai déjà dit, prises facilement pour de la serpentine, surtout pour celle nommée serpentine noble par M. Werner; mais, outre une différence dans la dureté, ce diallage est coloré par le chrôme, tandis que la serpentine verte est colorée par le fer.

TALC.

14 *Morceaux.*

Au nombre des morceaux qui composent la suite de cette substance, dans cette collection, est la belle variété de Sibérie d'un vert bleuâtre, composée de la réunion intime de petites masses distinctes, dans lesquelles ce talc est en faisceaux divergents, ainsi qu'une autre dans laquelle la forme prismatique hexaèdre est parfaitement indiquée.

Quelques minéralogistes semblent disposés, dans ce moment, à considérer le talc comme étant une simple variété du mica. La réunion de ces deux substances seroit à mon avis extrêmement fautive. Il n'existe absolument aucune analogie entre leurs caractères spécifiques, à l'exception seulement de celui qui a trait à leur aspect feuilleté, sous une seule et même direction, ainsi que dans le lustre brillant de leur cassure sous cette même direction; mais ce caractère est bien léger, pour pouvoir établir sur lui un fait aussi important que celui de la réunion de deux substances sous une même espèce. Le rapprochement du talc avec la lépidolite, quelque défectueux qu'il seroit, le seroit cependant beaucoup moins. Je me rappelle ici un fait qui doit apprendre au minéralogiste à se méfier de l'impression que peuvent quelquefois faire sur lui certains caractères très-frappants, comme ceux de la couleur, du lustre et de la texture grossièrement observée, &c. &c. J'ai vu, il y a quelque temps, entre les mains du Dr. Wollaston, un petit morceau que je n'hésitai pas un moment à prononcer appartenir à la variété du talc connue sous le nom de talc lamelleux : il en avoit parfaitement l'aspect, et peut-être beaucoup d'autres eussent-ils de même été trompés : c'étoit de la magnésie pure, il venoit d'en faire l'analyse, et il n'y a pas un minéralogiste qui ne connoisse la confiance qui doit être apportée à l'habileté des essais et des observations de ce savant estimable, envers lequel la science a contracté un grand nombre d'autres obligations.

STÉATITE. SERPENTINE. PIERRE OLLAIRE. ÉCUME DE MER, &c. &c.

150 *Morceaux.*

Si parmi les différentes substances qui composent la suite de celles qui sont réunies ici sous un même article, une seule peut me paroître mériter plus particulièrement le nom d'espèce, c'est la stéatite ; mais si, ainsi que je le pense, la stéatite elle-même n'est point une espèce, mais une simple variété du talc, soit à l'état compacte, soit mélangé, toutes ces substances ne seroient alors aussi que de simples variétés du talc. Elles ne proviennent toutes, suivant mon opinion, que de l'union de substances étrangères avec celles du talc par simple mélange, mais intime ; soumis bien certainement à des lois que nous ne connoissons pas encore, mais variables, et bien différentes, par conséquent, de celles fixes et déterminées qui établissent la nature de la composition chimique des corps du règne minéral, et par elle tout ce qui concerne leurs molécules intégrantes, l'agrégation de ces mêmes substances, et la formation des espèces. C'est ce mélange, non douteux, de substances, étrangères à elles, dans les espèces qui souvent paroissent même les plus pures, soit par la perfection de leur forme, soit par leur transparence; c'est à ce que ces substances étrangères sont soumises, dans ces mélanges, à des lois non douteuses, quoique variables, suivant les pays, les diverses circonstances de localités, &c.; c'est à l'ignorance dans laquelle nous sommes de ces lois, qu'une classification de minéraux par le simple secours de la chimie, telle qu'elle existe encore à présent, me paroît de toute impossibilité.

ASBESTE ET AMIANTE.

120 *Morceaux.*

Ces deux substances, ainsi que celles connues sous les noms d'abestoïde et d'amiantoïde, ne me paroissent nullement pouvoir être considérées comme formant, dans le systême minéralogique, de véritables espèces. On a pu voir, dans ce qui a précédé, que la hornblende, et principalement celle verte, qui étoit autrefois confondue avec l'actinote, que la tourmaline, la trémolite, l'yénite, &c. étoient sujettes à se présenter non-seulement à l'état fibreux, mais encore leurs fibres étant parfaitement capillaires. Sous cet état, ces fibres sont plus ou moins flexibles: ce qui m'a paru dépendre principalement de la grande division dans laquelle y est la substance, division qui est en rapport de la finesse de ces fibres. Parmi les cristaux de quartz accidentés, de cette collection, qui renferment des fibres capillaires de tourmaline, et qui pour le plus grand nombre viennent de Cornwall, il y en a dans lesquelles ces fibres sont réunies en mêches courbées et contournées, ainsi que se montre quelquefois l'amiante dans pareil cas.

Il y a déjà long-temps que j'ai cru devoir supprimer l'asbeste et l'amiante de la liste des espèces minéralogiques, sans cependant condamner pour cela l'opinion de ceux qui croient devoir les y conserver. J'ai vu depuis, avec un véritable plaisir, dans le *tableau comparatif*, &c. de M. l'Abbé Haüy, que M. Cordier, dont on connoît l'étendue des connoissances et des travaux dans la science, présumoit que tous les asbestes pourroient bien appartenir à la hornblende; tous, je ne le pense pas, mais un grand nombre, je suis parfaitement de son opinion. Je ne crois pas non plus que les diverses substances auxquelles les asbestes et les amiantes peuvent appartenir, y soient parfaitement pures, et le mélange qu'elles peuvent avoir éprouvées en passant à cet état, pourroit très-bien avoir beaucoup contribué à la grande division dans laquelle paroît y être leur substance. J'ai souvent exposé les fibres les plus déliées de l'amiante au microscope, elles m'ont toujours fait apercevoir des prismes tétraèdres rhomboïdaux; mais j'ai cru quelquefois aussi y reconnoître une différence apparente dans les angles de ces prismes, et plusieurs fois j'ai cru y apercevoir, en outre, des faces terminales inclinées sur leur axe: je ne donne cependant à cette observation que la légère valeur qu'elle peut mériter. Il seroit possible aussi qu'il y eût telles circonstances, dans lesquelles, par une cause analogue à celle qui a été citée précédemment, le talc, sujet déjà à nous présenter un si grand nombre de variétés, fût propre aussi à nous offrir celle-là; et j'avoue que je suis très-porté à le croire: quelques variétés du diallage pourroient conduire à prendre à son égard la même opinion.

Parmi les morceaux qui composent la suite de l'amiante, dont les variétés sont connues sous un grand nombre de dénominations différentes, et parmi lesquelles il y en a de très-rares, on peut remarquer principalement les trois suivantes. L'une d'elles est en petites fibres parallèles d'un brun foncé très-brillant. Une autre est en fibres réunies d'un bleu d'ardoise, placées sur un quartz granuleux mélangé de feldspath. La troisième est en fibres très-fines, d'un beau bleu de ciel, formant une veine, d'environ quatre lignes d'épaisseur, renfermée entre deux couches de fer oxydulé compacte, en partie passé à l'état d'oxyde et coloré par lui; mais laissant apercevoir, dans sa substance, un grand nombre de petits octaèdres, qui s'y rendent sensibles par le lustre de leurs faces.

PRODUITS VOLCANIQUES.

475 *Morceaux.*

La suite des produits volcaniques renfermés dans cette collection, est d'autant plus intéressante, qu'en ayant retranché tout ce qui a trait à ceux de ces produits qui doivent être observés en masses un peu volumineuses, pour être parfaitement saisis, telles que les différentes laves, soit compactes, soit poreuses, les basaltes, les scories, &c., elle ne renferme, à leur égard, que ce qui peut tenir à des faits intéressants, et particuliers concernant ces substances, et qu'il y a été rassemblé, avec le plus grand soin, tout ce qui peut concourir à l'étude des diverses substances sur la nature et l'origine desquelles des minéralogistes du plus grand mérite, mais ayant adopté dans leur étude des systêmes différents, et surtout écrivant dans des pays différents aussi, sont encore aujourd'hui totalement divisés, et cela sans aucun préjugé et de très-bonne foi, étant influencés par les objets dont ils sont entourrés, ainsi que par la manière dont ils se présentent à eux, d'après la direction première de leur opinion à ce sujet.

Qu'on me permette ici de faire une observation, à laquelle je suis conduit par l'intérêt que je porte aux progrès de la science. Comment est-il possible que M. Werner, que l'étendue de ses connoissances, ainsi que le génie avec lequel il les a rendues utiles, a fait placer, par toute l'Allemagne, au rang des principaux législateurs de la minéralogie, en donnant en même temps force de loi à ses décisions, au moment où il a vu des minéralogistes, faits pour inspirer quelque confiance, s'élever contre l'exclusion qu'il avoit donnée à plusieurs substances, du nombre de celles d'origine volcanique, et s'appuyer pour cela sur des faits présentés par les volcans eux-mêmes, soit ceux éteints depuis des époques inconnues et plus ou moins éloignées, soit ceux actuellement embrasés, n'a-t-il pas eu le désir de joindre à ses connoissances immenses, celle des effets opérés par ces phénomènes si grands et si puissant de la nature? Comment n'est-il pas venu les étudier dans leurs sanctuaires, et acquérir par-là le droit de réfuter, avec les armes propres à cet effet, toute opposition à ses exclusions, ou de déchirer lui-même les feuillets de son systême qui les renferme? Il eût par-là ajouté le comble aux grandes obligations que la minéralogie a dues à ses travaux.

En étudiant les volcans embrasés, et portant successivement son attention sur ceux les plus récents des produits de leurs éruptions, sur ceux qui les ont devancés à différentes époques, sur leurs diverses altérations, ainsi que sur les causes auxquelles elles peuvent être attribuées, sur ceux qui ont été travaillés, altérés et souvent même entièrement remaniés par les eaux : en examinant ensuite, d'après cette étude première des caractères propres à faire reconnoître les substances volcaniques, les traces qui peuvent en exister à des distances plus ou moins éloignées du foyer actuel de leur embrasement, on est forcé de convenir que sans le premier de ces deux examens, sans la première étude dont on avoit fait devancer les nouvelles observations que l'on vouloit faire, l'esprit auroit rejeté, et cela peut-être avec dédain, l'origine qu'alors on est forcé de reconnoître soi-même aux substances qu'on observe.

Que le même observateur, qui a fait ce premier examen, se transporte ensuite en Auvergne, et qu'après en avoir étudié les différents faits géologiques et leurs rapports entre eux, il porte de même ensuite ses observations, sur le Velay, le Vivarais, et le Forez, sur les volcans éteints renfermés entre les bords du Rhin et ceux de la Moselle, &c. &c. ; là où précédemment il n'auroit vu que des roches, souvent très-extraordinaires, qu'il auroit cherché, au milieu d'une infinité de difficultés, de rapporter aux trapps, aux basaltes d'origine acqueuse, aux grunsteins, aux wakes, aux porphyres, et quelquefois même au granit, il ne voit plus qu'un vaste foyer d'incendie, auprès duquel ceux actuels du Vésuve, de l'Etna, de l'Hécla, &c. ne sont presque plus rien, et dans ces mêmes roches le produit sensible de leur action. Il reconnoît alors un grand nombre de leurs caractères, il suit les courants de lave, il en compare le produit, avec ceux que lui ont offert les volcans actuellement embrasés, il en reconnoît un grand nombre de parfaitement semblables; mais aussi il en apperçoit une quantité considérable de totalement différents, et la différence des produits pierreux, formant la base originaire du sol, lui fait concevoir cette différence.

Qu'il se conduise maintenant, au milieu de ces volcans éteints, ainsi que nous avons dit qu'il devoit le faire dans l'examen de tout ce qui concerne les volcans embrasés. Qu'il s'écarte de ceux de ces foyers qu'il aura le plus parfaitement reconnus; qu'il examine sur leurs produits à différentes hauteurs et à différentes distances, ainsi que sur les courants visiblement les plus anciens, les effets du temps et de ses ravages, la décomposition plus ou moins avancée de ces produits, les restes à peine apparents de quelques cratères qui, par les matières qui en sont sorties, devoient avoir été très-considérables, la disparition complette d'un grand nombre, le nivellement des cantons visiblement alors couverts d'assez grandes hauteurs et de fortes aspérités, l'enfoncement, l'élévation et le bouleversement de beaucoup d'autres, les traces des grands événements qui ont succédés, les inondations, de nouveaux dépôts superposés sur les anciens produits du feu de ces contrées, placés entre eux, introduits dans leurs fissure, &c. &c. Alors il se rendra facilement raison de la possibilité de retrouver dans d'autres contrées, qui ont été ou plus anciennement soumises à la même action destructive du temps, ou peut-être même plus complettement, des traces, isolées et sans suite, d'anciens produits des volcans jadis existants dans ces contrées, et surtout de ceux qui, tels que les différents produits vitreux, échappent les plus facilement à cette destruction ; tandis que les caractères principaux, ont totalement disparu. Dans cette position, ne pouvant plus retrouver le fil propre à le faire sortir du labyrinthe dans lequel il se trouve, il se rappellera ce qu'il a vu, et jugera, sinon avec une parfaite certitude, du moins avec quelque vraisemblance, en se servant des rapprochements fournis par l'analogie.

Reportons-nous à présent à une époque qui n'est pas très-reculée, où l'action du feu des mines de charbon embrasées sur les substances qui en renferment les couches, et dont je crois être le premier minéralogiste qui se soit occupé, n'avoit pas encore été reconnue. On verra qu'on avoit regardé comme un jaspe, et classé avec lui, sous le nom de jaspe porcelaine, un des produits de cette inflagration qui, même encore aujourd'hui, malgré son origine parfaitement reconnue et avouée, tient encore, dans quelques minéralogies, sa place parmi les jaspes. Il est donc en effet possible de méconnoître l'origine véritable des substances, et de considérer comme un produit de l'eau, ce qui en réalité est un produit du feu, lorsque les traces propres à instruire sur cette origine peuvent avoir été effacées.

Si cependant, on vouloit conclure de ce qui vient d'être dit, que mon opinion est que toute les substances qui peuvent avoir de fortes analogies avec celles d'origine incontestablement volcaniques, ont eu nécessairement le feu pour principe de leur formation, on auroit tort. Je connois trop bien le danger de toutes les opinions exclusives, ainsi que les erreurs qu'elles enfantent, pour en embrasser aucune : mon seul désir est de repousser au contraire celle exclusive, qui fait rejeter des produits du feu, les substances qui peuvent avoir quelqu'analogie avec d'autres, auxquelles l'observation peut avoir reconnu un autre origine. Je n'entreprendrai même point de discuter ici si l'opinion, prise de cette manière, sur telle ou telle substance, dans telle ou telle contrée, est fondée ou non ; je ne pourrois le faire qu'en connoissant parfaitement les lieux et les faits qui les ont fait naître, et je suis fort éloigné de les connoître tous. Je me contenterai de répéter ici, ce que j'ai déjà dit dans l'introduction de mon traité complet de la chaux carbonatée, vol. 1er. page 99 et 100, que, pour moi, l'éruption de la lave, à travers les flammes du volcan, à l'état de liquidité pâteuse, et son mouvement de transport sur la pente du terrain environnant, n'est qu'une suite de la solution, dans le fluide de la chaleur ou calorique, des pierres sur lesquelles son action s'est portée. Que lorsque ce fluide solvant se combine avec les éléments terreux de cette solution, il en résulte les différents produits volcaniques à l'état de vitrification ; mais que lorsque, par des circonstances plus amplement expliquées dans l'ouvrage que je viens de citer, tel qu'un refroidissement lent, le solvant se sépare tranquillement et en entier de la solution, il ne peut en résulter qu'un produit pierreux, ayant plus ou moins de ressemblance avec ceux qui peuvent avoir eu l'eau pour menstrue de leur formation. Il importe en effet fort peu, selon moi, dès l'instant que le solvant d'une solution se dégage en entier, quel il ait été ; et je conçois facilement la possibilité, et même la probabilité, de la formation de substances exactement semblables, résultant du dégagement de l'un ou l'autre de ces deux solvants principaux de la nature, l'eau et le calorique.

Comme après le basalte c'est principalement sur les ponces, les pechsteins fusibles ou résinites, les obsidiennes et leurs variétés désignées sous le nom de perlstein, etc. etc., que les opinions des minéralogistes sont en opposition, j'ai cherché à rassembler ici, dans chacune de ces substances, tout ce qui pouvoit contribuer à son étude; sans m'attacher à distinguer celles de ces substances qui peuvent être démontrées avoir une origine volcanique, d'avec celles qui peuvent encore, d'après leurs localités, laisser place à quelques doutes.

Parmi les ponces, outre plusieurs variétés rares, il existe, dans cette collection, une série considérable et très-intéressante de celles de Hongrie. J'ignore comment avec l'opinion de la formation de cette substance par l'intermède de l'eau, on peut expliquer le contournement et l'espèce de tourmente que présentent les fibres de la plupart de ces morceaux, les pores multipliés ayant tous une direction commune, et l'état dans lequel le quartz se trouve dans ces morceaux. Dans ceux dans lesquels il existe des parties plus ou moins grandes de cette substance, elle y est étonnée et brisée comme si elle avoit éprouvé le choc d'un marteau, ou beaucoup plus proprement encore, comme si elle avoit éprouvé une forte action du feu. Il existe bien souvent aussi dans ces morceaux, de petites paillettes de mica noire en hexaèdre parfaitement régulier; mais on peut observer, dans cette même suite des produits volcaniques, des scories du Vésuve ayant une origine volcanique non douteuse et renfermant de même des cristaux parfaitement conservés de mica. J'en citerai entr'autre un morceau assez grand, et placé dans cette collection, dans lequel il existe un prisme hexaèdre allongé de mica noir de 11 lignes dans son plus grand diamètre, et 6 lignes dans le plus petit, dont l'épaisseur est de plus de 2 lignes et demie. Plusieurs des morceaux de cette même série, et provenant principalement de Lipari, laissent appercevoir la tendence que la lave, à l'état vitreux, a à passer à celui de ponce lorsqu'elle est remaniée par le feu des volcans.

Dans la série des morceaux d'obsidienne, en est une considérable renfermant des morceaux de l'Hécla, du Vésuve et des îles de Lipari. Cette série présente un grand nombre de faits intéressants : tel que le passage, presqu'insensible de la lave à l'obsidienne, ainsi que celui de l'obsidienne à l'état pierreux, probablement par suite d'un refroidissement lent éprouvé par elle. Il y existe aussi une série de morceaux destinés à faire voir que la lave, remaniée par le feu du volcan, passe très-facilement à l'état vitreux.

Parmi les morceaux d'obsidienne, je citerai particulièrement encore un très-beau morceau de l'obsidienne verdâtre et chatoyante de la nouvelle Espagne, ainsiqu'un autre morceau, qui vient du Mexique, dans lequel l'obsidienne est d'un brun noirâtre nuancé de taches d'un brun rougeâtre qui la font ressembler à certaines variétés du pechstein infusible ou opale commune de Werner: lorsqu'on regarde ses bords avec la loupe, on distingue, à l'aide de leur transparence, une substance interposée d'un brun rougeâtre qui paroît fibreuse. On ne peut douter d'après les caractères de cette obsidienne que ce ne soit un véritable verre, ainsi que celle précédente. Cette obsidence du Mexique ressemble parfaitement à la variété bigarrée en globules dites perlstein de Ma, ikan au Kamtzchatka.

La série des morceaux qui appartiennent aux pechsteins fusibles, ainsi qu'à celle de ses variétés qui porte le nom de perlstein, et qui ne me paroît être qu'une simple variété de l'obsidienne, est très-nombreuse et présente la plupart des variétés de Hongrie, d'Ecosse, d'Auvergne, de Lipari et du Kamtzchatka : la partie qui appartient au perlstein, renferme plusieurs variétés intéressantes et fort rares de Sibérie, ainsi qu'une très-belle série de celle de Hongrie, dans laquelle plusieurs des morceaux présentent à la fois le pechstein fusible ordinaire, le perlstein et la ponce. Parmi les globules de perlstein on en observe plusieurs qui ne sont que des capsules, leur intérieur étant vide, ainsi que cela arrive dans les produits de la vitrification. Plusieurs morceaux, pris parmi les pechsteins fusibles, contiennent, disséminées dans leur substance, ces petites parties blanches, très-lamelleuse, et pour l'ordinaire d'un lustre éclatant, que l'on considère généralement comme appartenant au feldspath ; ce qui a fait donner à ces pierres le nom de porphyre à base de pechstein. Mais est-on bien sûr que cette substance blanche appartienne en effet au feldspath ? J'avoue que j'en doute fortement : cette substance me paroît beaucoup moins dure, et avoir habituellement plus d'éclat que le feldspath.

PRODUITS DE L'ACTION DES MINES DE HOUILLE EMBRASÉES, SUR LES SUBSTANCES ENTRE LESQUELLES LEURS COUCHES SONT PLACÉES, ET VERRES ARTIFICIELS, AYANT ÉPROUVÉ UN REFROIDISSEMENT LENT.

61 *Morceaux.*

La série des verres ayant éprouvé un refroidissement lent, offrent deux variétés intéressantes, en ce que l'une d'elle ressemble parfaitement à la thallite et l'autre à une variété de l'anthophyllite. Il existe aussi, dans cette suite, une petite série du refroidissement lent, éprouvé par la fusion du Rowleyrag d'Angleterre. Elle provient des expériences faites à ce sujet par un jeune minéralogiste très-habile, que la science a perdu avec infiniment de regrets, M. Gregory Watt : on y aperçoit des traces non douteuses de la tendance à la cristallisation.

Il est joint à cette suite une série très-intéressante de verres colorés de différentes couleurs, trouvés dans les environs des ruines de l'ancien phare élevé par Ptolomé Philadelphe, à Alexandrie, en Egypte. Plusieurs de ces verres sont taillés en petits cubes propres à être employés à la facture des mosaïques. Ils sont principalement destinés ici à faire voir l'action du temps sur cette substance. Elle a opéré sur plusieurs de ces verres des effets très-agréables, qui imitent parfaitement la dorure en couleur. Quelques-uns de ces fragments assez grands, sont colorés en bleu ; l'un deux laisse apercevoir, dans sa substance, un globule de cuivre métallique, qui fait voir que la matière colorante des anciens pour le verre bleu, étoit le cuivre ; ce que la chimie elle-même a découvert dans ces derniers temps.

A cette série est joint un culot ou fond de creuset qui appartient à une scorie de fer, dans laquelle est renfermé un petit prisme rectangulaire d'environ 10 lignes de longueur, d'un verre jaunâtre, dont tous les bords avoient été légèrement coupés, avant que ce prisme eût probablement été accidentellement renfermé dans cette scorie : la perfection de ce prisme, son poli et sa grande régularité, le feroit très-facilement prendre pour un cristal : ce morceau a été trouvé au même endroit que ceux précédents.

Les produits de l'action du feu des mines de houille embrasées sur les couches qui les renferment, sont d'Angleterre.

WHIN ET AMYGDALOÏDES.

158 *Morceaux.*

Ces deux suites différentes l'une de l'autre, quoique réunies ici, appartiennent proprement aux roches, qui ne font point partie de cette collection : elles n'y ont été placées qu'à raison de l'intérêt particulier que m'a inspiré tout ce qui a trait aux deux genres de roches auxquels elles appartiennent, et principalement celui des whin. L'étude que d'après cela j'en ai faite, ma mis dans le cas de chercher à rassember tout ce qui pouvoit m'instruire à leur égard.

Le nom de whin est donné en Ecosse à une suite très-considérable de roches dont plusieurs, quoique ayant, dans leur aspect extérieur, des différences qui sembleroient devoir en faire des espèces de roches totalement différentes, sont cependant d'une nature extrêmement rapprochée, tandis que d'autres sont en effet parfaitement différentes les unes des autres, et ont été très-improprement réunies aux premières sous une dénomination commune.

La roche, qui sous le nom de whin fait un des objets particuliers de cet article, est tantôt à gros grains et assez lâches pour permettre d'en discerner, avec une bonne loupe, toutes les parties ou petites masses intégrantes, et d'autres fois en grains moins gros et plus serrés. Dans d'autres morceaux, sa texture est à grain fin; et dans d'autres enfin le grain est absolument insensible; sa substance semble, dans ce cas, être partout parfaitement homogène: c'est alors le véritable basalte, si commun en Ecosse et en Irlande, et jusqu'ici l'objet d'un si grand nombre d'observations et de si chaudes discussions, et qui, si le règne minéral avoit ses amphibies comme celui animal, pourroit être regardé comme tel entre les produits pierreux de l'eau et du feu.

Les substances qui entrent dans la composition des roches qui appartiennent au whin, et que je suis parvenu à reconnoître, en examinant avec une bonne loupe, tous ceux des échantillons dont la texture et la grosseur des grains composants pouvoient permettre cet examen, sont 1°. du quartz, quelquefois en parties sensibles; mais cependant ne s'y montrant pas communément. 2°. De l'argile, toujours sensible en humectant le morceau par la respiration. 3°. du mica en petites paillettes; mais rarement, et en petite quantité. 4°. De la chaux carbonatée; souvent en petites masses. 5°. Du feldspath; mais rarement, et le plus ordinairement à l'état compacte. 6°. Du diallage, qu'il n'est pas toujours facile d'y reconnoître lorsqu'il ne laisse pas appercevoir ses faces ou cassures ayant un lustre métallique; mais que l'habitude parvient cependant facilement à discerner. 7°. de la stéatite. 8°. de la mésotype. 9°. de la stilbite. 10°. de l'analcime. 11°. de la chabasie. 12°. du péridot. 13°. du fer oxydulé, qui s'y montre quelquefois en petits octaèdres. 14°. enfin, quelquefois, mais pas généralement, des pyrites martiales. Il faut ajouter à cette énumération des substances composantes des diverses variétés de whin, une substance que je crois zéolitique qui, très-communément, est disséminée dans sa masse en petites lames minces et souvent même presque capillaires, très-brillantes, et dont la texture est très-lamelleuse, et qui m'ont toujours parues avoir une forme prismatique rectangulaire. Ces lames, beaucoup moins dures et ayant plus d'éclat que le feldspath, se laissent facilement entamer par un instrument tranchant, je les crois parfaitement en rapport avec les parties blanches qui paroissent être des prismes rectangulaires aussi, mais ordinairement plus grandes, qui existent souvent dans le pechstein fusible et que j'ai déjà dit, à l'article de ce pechstein, considérer comme appartenant à une substance différente du feldspath. Il faut y ajouter aussi une substance d'un jaune brun, transparente, et dont les cassures naturelles ont lieu suivant les pans d'un prisme, soit rectangulaire, soit du moins très-approchant : je l'ai pendant quelque temps considérée comme pouvant appartenir au pyroxène ; mais sa texture est plus lamelleuse, et sa dureté beaucoup moins considérable ; elle est facilement entamée par un instrument tranchant.

Ces substances ne sont pas toutes à la fois renfermées dans le whin et ses variétés, mais cependant un grand nombre d'entre elles s'y trouvent souvent réunies,

Celles qu'on y rencontre le plus fréquemment sont, le diallage, qui souvent y est très-abondant, l'argile, le fer oxydulé, la stéatite et au moins une des substances zéolitiques que j'ai citées ; elle y domine même très-fréquemment sur toutes les autres. Quelquefois cependant d'autres substances telles que la chaux carbonatée, le quartz, le péridot et la substance que j'ai dit être d'un jaune brun, y deviennent plus abondantes, et même jusqu'au point de dominer ; mais ces cas sont rares et pour le plus souvent accidentels.

Ainsi que je l'ai dit plus haut, les différentes variétés du whin passent, par une dimunition dans la grosseur des grains, qui appartiennent à chacune des parties intégrantes de la masse, à celle dans laquelle ces grains sont devenus insensibles ; variété sous laquelle cette substance est alors connue sous le nom de basalte : on rencontre même quelquefois de ces basaltes dans lesquels quelques-unes des substances que j'ai énumérées ci-dessus, sont plus ou moins sensibles. Je dois observer cependant ici que l'étude que je viens de faire ne porte que sur les whins et basaltes d'Ecosse et d'Irlande, et non sur ceux de l'allemagne, sur lesquels je n'ai pas été à portée de faire, à beaucoup près, un travail aussi complet : les minéralogistes de cette vaste partie de l'Europe, jugeront jusqu'à quel point cette étude peut être applicable aux whins et basaltes de leurs contrées. D'après celle qui vient d'être faite, ces roches paroissent être d'une nature totalement distincte de celle de toutes les autres, elles renferment nombre de substances qui ne s'y rencontrent pas, et d'autres qui ne s'y montrent quelquefois qu'accidentellement, et elles me paroissent dater d'une formation qui n'appartient qu'à elles.

Un grand nombre de ces roches seroient bien certainement classées, par beaucoup de minéralogistes, parmi celles auxquelles M. Werner a donné le nom de grunstein, et il faut avouer que plusieurs d'entre elles en ont parfaitement l'aspect; mais cette dernière roche est essentiellement composée de feldspath et de hornblende, et quelques recherches que j'aie pu faire, je n ai jamais pu apercevoir la moindre trace de hornblende, dans les whins et ainsi je l'ai dit le feldspath y est très-rare.

Cette assertion de la rareté du feldspath dans les whins d'Ecosse et d'Irlande, paroîtra sans-doute très-forte, et peut-être même hazardée à plusieurs minéralogistes qui, à l'inspection de ces roches, pourroient être portés à considérer au contraire le feldspath comme y formant souvent la partie dominante; en regardant comme appartenant à cette substance, les cristaux zéolitiques qui souvent y sont disséminées en grande abondance, ainsi que les petites lames brillantes, plus ou moins grandes, et le plus souvent incolores, qui s'y montrent, et les petites masses qui paroissent leur appartenir. Mais j'observerai de nouveau ici, que le lustre de ces lames est plus éclatant que celui du feldspath, leur dureté moins considérable, leur texture fortement lamelleuse dans tous les sens, et que quelque soin que j'aie mis à leur examen, elles m'ont toujours offert des cassures faites parallélement aux pans d'un prisme tétraèdre rectangulaire. Qu'on me permette de renouveller ici ce que j'ai déjà dit à l'article du pechstein fusible, qui est qu'il me paroît qu'on donne bien souvent, sans un examen suffisant, dans nombre de roches, le nom de feldspath à des substances qui me paroissent ne pouvoir en aucune manière lui appartenir, et il en est absolument de même à l'égard de la hornblende. Pour en donner un exemple, je citerai un morceau assez grand placé dans cette suite, il appartient à la gangue de l'opale de Hongrie, et il est garni lui-même de beaucoup d'opale. Cette gangue, dans ce morceau, est du nombre de celles dans lesquelles la texture semble la moins altérée, et dont l'aspect est porphyrique; c'est aussi comme telle qu'elle est généralement considérée : c'est comme un porphyre renfermant de petits cristaux de feldspath et décomposé. Ce morceau présente, parfaitement à découvert, sur une de ses faces, plusieurs de ces petits cristaux, qui laissent facilement apercevoir leur forme cristalline : cette forme est un prisme tétraèdre rectangulaire court, ces cristaux n'appartiennent donc pas au feldspath : la substance qui les renferme ne peut non plus être un grunstein, je n'y ai jamais aperçu la moindre trace de hornblende : javoue que je suis fortement porté à considérer cette gangue comme une espèce de whin décomposé.

Un autre morceau assez grand, qui appartient aussi à cette suite, présente si parfaitement l'aspect d'un grunstein, qu'il y a fort peu de minéralogistes qui, dans le même instant qu'il jette ses regards sur lui, ne prononce que telle est en effet sa nature ; cependant il ne renferme pas un atôme ni de hornblende ni de feldspath, les parties intégrantes de sa masse sont assez bien prononcées et assez distinctes, quoique son grain ne soit pas très-gros, pour être aperçues avec la loupe : par ce moyen, on y distingue du diallage et de la stéatite tous deux verts, de petits grains de fer oxydulé et des grains plus considérables, qui sont ceux dominants, qui appartiennent à l'analcime à 24 facettes trapézoïdales, la plupart incolores, mais quelques-uns, cependant, ayant une légère teinte rosée ; on y observe enfin ces petites lames presque fibreuses, et très-brillantes, dont il a été parlé plus haut.

Parmi les autres morceaux qui composent cette suite, il n'y en a pas un qui ne présente quelques faits intéressants.

Ce qui vient d'être dit à l'égard des whins d'Ecosse, aidera à distinguer, j'imagine, la roche très-variée qui sert de base aux amygdaloïdes ou mandelstein, et toadston du même pays, et dont quelques variétés ont été réunis à cette suite: je doute qu'on y aperçoive des grunsteins soit intactes, soit en décomposition.

DIAMANT.

46 *Cristaux isolés.*

Les cristaux de diamant de cette collection, sont fort petits ; mais ils appartiennent tous à des variétés rares. Il y existe une petite série de ceux qui appartiennent à la forme cubique.

Le diamant est de toutes les substances minérales celle la moins connue à l'égard de ses formes cristallines, quoiqu'elle soit cependant celle qui mérite le plus de l'être, tant à raison du très-grand nombre de variétés qu'il renferme, qu'à raison des faits extrêmement intéressants que ces variétés présentent, et dont un très-grand nombre lui sont propres.

Comme il m'est passé sous les yeux, à différentes époques, un nombre, je puis dire immense, de cristaux de cette substance, et que j'en ai formé diverses collections particulières, dont plusieurs très-considérables, j'ai été à même de faire sur la cristallisation du diamant une étude particulière et approfondie. Je regrette infiniment que la nature, nécessairement bornée, de ce catalogue, joint au manque de temps, ne me permette pas d'en placer ici le résultat ; et combien de regrets de ce genre n'ai-je pas éprouvé depuis que je suis occupé de la rédaction de cet ouvrage. Les minéralogistes apprendrons peut-être avec plaisir à cet égard, qu'il existe à Londres, trois collections capitales de cette pierre précieuse, dont deux ont été formées par moi, celle de Sir Abraham Hume la première de toutes, par le nombre des varietés qu'elle renferme, et celle que j'avois formée autrefois dans la collection de M. Gréville, aujourd'hui placée au Musée Britannique ; mais celle-ci manque des dernières variétés que l'observation m'a fait observer, ainsi que des faits que m'a fait connoître le travail postérieur que j'ai fait sur elle. La troisième de ces collections est celle de M. Lowry, artiste du premier mérite : elle a été formée par lui-même, et renferme un grand nombre de variétés extrêmement précieuses, dont plusieurs sont uniques. Cette collection, ainsi que celle qu'il a rassemblées dans les diverses autres parties de la minéralogie, fait autant d'honneur à ses connoissances dans cette science, que ses ouvrages en font à son habileté dans la partie de l'art de la gravure, à laquelle il se livre. Ces collections sont nécessaires à consulter pour se former une idée de la richesse cristallographique de cette gemme, peu d'autres, je crois, peuvent leur être comparées,

Avant de quitter cette substance précieuse, dont l'étude cristalline, lorsque je l'ai faite, m'a singulièrement intéressé, je ne puis résister au désir d'observer ici que par elle j'ai eu l'entière démonstration d'un fait que je soupçonnois déjà auparavant, que je regardois même comme non douteux ; mais qui jusque-là cependant tiroit plus sa preuve du raisonnement que de l'expérience. Ce fait est que l'octaèdre régulier a sa molécule particulière, qui n'a absolument aucun rapport avec celle du rhomboïde de 60° et 120°, et qu'en considérant l'effet du reculement des lames sur ses faces triangulaires équitalérales, comme s'il avoit lieu sur les faces rhomboïdales du rhomboïde de 60° et 120°, dont celles triangulaires de l'octaèdre régulier sont une moitié exacte, le résultat auquel on parvient est faux, eu égard à l'acte de cristallisation opéré par la nature sur l'octaèdre régulier.

La véritable forme de la molécule intégrante de l'octaèdre ne nous est pas encore connue ; mais, à son défaut, si l'on réfléchit que les opérations cristallines, auxquelles cette forme est soumise, ainsi que les observations que m'a permis de faire la chaux fluatée, observations, dont j'ai fait mention dans mon traité complet de la chaux carbonatée, vol. 2, p. 395 et 396, indiquent des joints naturels non seulement parallélement aux faces de l'octaèdre, mais encore passant par ses arrêtes et son axe, on verra qu'on peut du moins connoître la forme et les dimensions de la lame cristalline, produite par la réunion de ces molécules, et procéder par elle au calcul de ses faces secondaires. On reconnoîtra alors qu'on peut parvenir, par le calcul, très-simplement et très-facilement à la détermination des nombreuses modifications qu'éprouve le diamant, et par chacune desquelles les arêtes de l'octaèdre se remplacent par des plans qui forment sur chacune de ces mêmes arêtes un angle rentrant, qui varie dans sa mesure toute les fois que la nature du reculement, auquel appartient la modification, varie aussi. On reconnoîtra, en conséquence, que la plupart des angles rentrants offerts par les diverses variétés du diamant, sont un produit direct des lois de reculement de la cristallisation, et n'appartiennent nullement à autant de macles, ainsi qu'on seroit tenté de le croire, d'après la marche observée jusqu'ici dans cette opération de la nature. Ces modifications à angles rentrants, produits par la cristallisation, n'excluent cependant pas des formes du diamant, les cristaux de même à angles rentrants qui appartiennent à de véritables macles, on y observe en outre toutes celles propres à l'octaèdre et qui sont si communes dans le spinelle.

A supposer que les circonstances ne me permettent pas de reprendre un jour l'étude de la cristallisation de cette substance, pour la donner au public, ce que je ferois avec beaucoup de satisfaction, l'observation que je viens de faire, en écartant du minéralogiste cristallographe, qui l'aura vérifiée, une difficulté dont la solution ne se seroit peut-être pas présentée à lui, parcequ'elle est hors des données que la science nous avoit fournies jusqu'ici, le mettra dans le cas de pouvoir entreprendre lui-même, et peut-être encore avec plus de succès, l'étude cristalline du diamant, en se servant des trois précieuses collections que je viens de citer.

J'ai dit que la forme de la molécule intégrante de l'octaèdre régulier ne nous étoit pas encore connue, c'est dire que je ne reconnois pas comme telle le tétraèdre régulier obtenu par le clivage, dans quelques-unes des substances dont l'octaédre est la forme primitive.

telle que la chaux fluatée ; et je n'admetterois pas d'avantage le rhomboïde de 60° et 120°, ainsi que l'octaèdre lui-même, qui sont quelquefois obtenus aussi par le même clivage. Comme la cristallographie s'est fixée, jusqu'ici, dans le choix entre ces trois formes, sur le tétraèdre régulier pour celle de la molécule intégrante de l'octaèdre, je m'arêterai sur elle, et, parmi les objections qui pourroient être faites contre cette forme dans la construction de l'octaèdre, je choisirai les deux suivantes qui me paroissent difficiles à détruire. En construisant l'octaèdre avec des molécules tétraèdres, les 8 tétraèdres employés à cette construction ne se touchent que par quelques-uns de leurs bords, et laissent en conséquence dans la substance de l'octaèdre, lorsqu'il est formé, un peu plus de deux fois plus de vide que de plein. Il en résulteroit donc que la substance la plus dure de la minéralogie, le diamant, ainsi qu'une de celle qui présente la plus de résistance à la séparation de ses molécules intégrantes, à raison de la forte cohésion qui existe entre elles, tel que le spinelle, seroient en même-temps celles dans laquelle les points de cohésion, entre les molécules intégrantes, seroient en beaucoup plus petits nombre, et présenteroient en même-temps, dans ces mêmes points, une surface dont la petitesse seroit infinie, eu égard à la molécule, qui déjà est pour nous d'une petitesse infinie elle-même. Si ensuite on veut comparer, par exemple, la chaux fluatée, dont le cristal primitif est l'octaèdre régulier, avec la chaux carbonatée, dans laquelle ce cristal est un rhomboïde, et dont les bases semblables sont combinées avec des acides différents, afin de chercher à évaluer, d'après la pesanteur connue de l'acide carbonique celle de l'acide fluorique, en faisant entrer dans le calcul la différence de texture qui existe entre ces deux substances, les points de cohésion des molécules intégrantes de la chaux carbonatée occupant exactement toute leur surface, on trouvera pour résultat que l'acide fluorique auroit une pesanteur très-rapprochée de celle de la platine. Or, je le demande, ces deux faits sont-ils vraisemblables.

Ce résultat est obtenu, d'après la supposition que l'emplacement vacant entre les tétraèdres, et dont la forme seroit celle d'un octaèdre, dont les bords seroient égaux à ceux des tétraèdres, ce qui formeroient six cavités semblables dans l'octaèdre cristal primitif; en supposant, dis-je, que ces espaces soient parfaitement vides. S'ils étoient occupées par un liquide ou un fluide quelconque, ce résultat éprouveroit nécessairement quelques variations. Mais quelle pourroit donc être la nature de la substance, ainsi placée dans ces cavités, et y tenant plus de deux fois plus d'espace que celle solide principale; ce ne pourroit être ni de l'eau ni de l'air, si c'étoit l'un ou l'autre, l'action de la chaleur, au moment où elle agiroit avec un peu de force sur la substance, la briseroit avec explosion, ce qui n'arrive nullement à l'égard du diamant et du spinelle: la chaux fluatée décrépite il est vrai, lorsqu'elle est placée sans précaution sur des charbons ardens; mais avec bien peu d'attention on parvient à l'empêcher d'éprouver cet effet; on sait d'ailleurs qu'il y a des variétés de cette substance qui quoi qu'à l'état cristallin ne décrépitent nullement.

On pourroit m'objecter, qu'en établissant moi-même, dans mon traité complet de la chaux carbonatée, que les molécules intégrantes des minéraux ne sont pas entre elles en un contact immédiate, mais séparées par une légère couche de calorique, qui forme une espèce d'athmosphère autour de chacune d'elles, j'ai déjà introduit, dans ces corps, des espaces non occupés par la matière solide des substances minérales. Cela est très-vrai, et je crois que sans cette supposition un grand nombre des faits les plus frappants des corps, tels que l'élasticité, la compressibilité, la réfraction de la lumière, l'action du fluide électrique, celui du fluide magnétique, &c. ne pourroit être conçus. Mais qu'elle différence entre cette légère couche de calorique enveloppant généralement et uniformément les molécules intégrantes, faisant pour ainsi dire partie essentielles même de la molécule qui le fixe autour d'elle, et dont l'espace occupé par lui peut-être dans une proportion très-petite, en comparaison de celui occupé par la molécule même, et le résultat que présente l'hypothèse admise dans la formation de l'octaèdre. Dans cette hypothèse chaque système particulier ou échafaudage de huit tétraèdres considéré isolément, seroit accompagné, d'une manière strictement obligée, de 6 espaces vides placés entre eux, dont chacun seroit quatre fois plus grand que chacun des tétraèdres, et à raison de ce que la moitié de chacun de ces espaces octaèdres, dans chaque molécule appartient, dans les masses, aux molécules adjacentes, simplement deux fois plus. Quel jeu alors et qu'elle action le fluide, quel qu'il fût, renfermée dans ces cavités si grandes en comparaison des parties solides, n'auroit-il pas du moment où, par une cause quelconque, il seroit mis en mouvement, et cela contre des molécules dont les points de cohésion entr'elles seroient presque nuls! Combien facile devroit être la décomposition et sur-tout la désintégration des substances, qui auroient l'octaèdre régulier pour cristal primitif, et cependant ces substances sont toutes au nombre de celles qui paroissent résister le plus fortement à ces moyens de destruction de la nature.

C'est avec beaucoup de regret que je viens de chercher à détruire une hypothèse que je crois fausse, sans être en état de la remplacer par aucune autre meilleure; mais, si elle est fausse en effet, c'est toujours un pas utile de fait dans la science. Je terminerai cet aticle, en observant qu'à l'égard des molécules intégrantes des substances qui prennent, soit l'octaèdre, soit le tétraèdre, la nature semble être enveloppée d'un voile que nos connoissances cristallographiques, ne sont pas encore suffisantes pour soulever; il faut les attendre du travail, et de l'observation, et jusque-là, nous servant à l'égard de ces substances des seuls faits cristallographiques que nous connoissons, et des moyens d'en faire un usage utile, avouer notre ignorance sur les autres, jusqu'à ce que nos efforts, et le temps, la fassent disparoître.

MORCEAUX MÉLANGÉS SORTIS DES SUITES, A RAISON DE LEUR GRANDEUR, ET PLACÉS DANS DES TIROIRS SÉPARÉS, DONT LES CASES SONT PLUS GRANDES.

150 *Morceaux.*

La plupart de ces morceaux sont très-beaux, et un grand nombre sont fort rares; tous présentent un intérêt particulier. Je citerai principalement parmi eux 1°. un superbe morceau de corundum de la Chine, dans sa gangue; elle renferme un grand prisme hexaèdre de cette substance qui, outre les plans conservés du cristal primitif, contient les faces d'une des variétés pyramidales. 2°. un grand cristal isolé de corundum, en pyramide hexaèdre de 3 pouces de longueur sur un pouce de diamètre à sa base, et dont la couleur de sa substance est en totalité du rouge violet très-foncé du rubis oriental. 3°. un grand grenat noir à 24 facettes trapezoïdales, ayant conservé des traces peu considérables des plans du dodècaèdre primitif, entourrés de petites facettes, placées le long des bords de ces mêmes plans; dans une chaux carbonatée lamelleuse couleur de chair, ayant pour gangue une masse de fer oxydulé compacte, de Suède. 4°. un grand cristal de quartz en pyramide aigue, surmontée par celle ordinaire à cette substance. 5°. un superbe et grand cristal de roche noir, chargé des faces additionnelles qui se montrent souvent sur cette substance. 6°. un autre cristal de roche noire avec faces additionnelles ; ces faces seules étant comme dépolies et de couleur grise, tandis que le reste du cristal est d'un beau noir, et a le lustre propre à cette substance. 7°. un très-beau groupe de cristal de roche, dont les cristaux renferment, dans leur intérieur, de petites aiguilles de tourmaline vertes, de Sibérie. 8°. un très-beau groupe de cristal de roche incolore à pyramide aigue du Mexique. 9°. un quartz coupé et poli du Brésil, renfermant, dans l'intérieur de sa substance, des lames fort grandes et d'une forme cristalline parfaitement déterminée, de fer oligiste; ces lames appartiennent à une variété de forme analogue à celle que présente le fer oligiste de Volvic et de Stromboly. 10°. un autre morceau de quartz poli, aussi du Brésil, renfermant, dans son intérieur, un groupe très-considérable et en forme d'hérisson de petites aiguiles de titanium oxydé. 11°. un très-beau morceau de quartz rose de Finlande. 12°. une grande calcédoine onix avec quartz, du Levant. 13°. une très-belle calcédoine onix, formant une plaque, non polie, de trois pouces de longueur, sur deux pouces et demi de largeur, et plus d'un pouce d'épaisseur. Elle est composée de deux couches à-peu-près égales, l'une de gyrasole d'un beau blanc un peu bleuâtre, et l'autre de calcédoine : cette dernière est elle-même composée de trois couches à-peu-près égales, dont deux de calcédoine d'un gris un peu verdâtre, et la troisième, placée entre les deux premières, de calcédoine blanche : ce beau morceau est des Indes Orientales. 14°. un grand morceau de la belle variété de l'agate brèche. 15°. une suite de huit grands morceaux d'hydrophane très-rare et d'une variété non connue. 16°. un beau morceau de jaspe à noyaux, de Sibérie. 17°. deux très-beaux morceaux d'étude pour le granit graphique, de Sibérie. 18°. un beau morceau de feldspath compacte rouge quartzeux, dit pétrosilex de Suède ; cette substance, par ses caractères extérieurs, ainsi que par le produit de son analyse, est intermédiaire entre le feldspath compacte et le pétrosilex. 19°. un grand morceau de la roche particulière à la somma, parmi les cristaux de méïonite duquel on en observe plusieurs affectant la forme du dodécaèdre à plans rhombes ; mais dont les rhombes ne sont point semblables : ce morceau est chargé, en outre, d'une quantité immense de très-petits octaèdres de spinelle (pléonaste noir). 20°. un superbe morceau de mica en grands prismes tétraèdres rhomboïdaux, de Suède. 21°. un très-beau morceau de wavellite cristallisé d'une manière déterminée, du Cumberland. 22°. un morceau de chaux fluatée poli, dont l'intérieur est rempli de pyrites martiales très-brillantes, appartenant à une variété non décrite, du Derbyshire. 23°. un morceau renfermant plusieurs cristaux de chaux fluatée octaèdre d'une variété très-rare et non décrite, dans laquelle chacune des arètes de l'octaèdre est remplacée par deux plans, de Suède. 24°. un morceau d'axinite d'un violet pâle, dans une gangue de quartz granuleux, de Suède. 25°. un morceau mélangé de chaux carbonatée, de chaux fluatée et de stronthian sulfatée des environs de Bristol en Angleterre. 26°. un grand morceau de bois pétrifié à l'état calcaire, ce qui est assez rare, mélangé d'un grand nombre de petits cristaux de quartz d'un brun foncé, de Sibérie. 27°. un grand morceau de zéolite stilbite avec l'aumonite, de Feroë. 28°. un superbe morceau de l'aumonite, en cristaux parfaitement déterminés. 29°. une zéloite mamelonnée, dont il est bien difficile de déterminer l'espèce, sur une lave poreuse de l'isle de Madère. 30°. un morceau de chaux sulfatée bardiglione, de Halles. 31°. un autre morceau de bardiglione, dont les éléments rectangulaires sont parfaitement prononcés, du Mont Blanc. 32°. un très-beau et grand morceau de chaux hydrosulfatée ou gypse, recouvert en totalité par des cristaux de cette même substance, en prismes minces allongés transparents et très-parfaits. 33°. un morceau de lave poreuse avec un très-grand cristal de mica noir, cité à l'article des produits volcaniques. 34°. un autre morceau de lave poreuse, formée presqu'en totalité, de leucite d'un rouge de chair, avec du gypse cotoneux d'un blanc éclatant dans ses cavités. 35°. un morceau de corundum compact, appartenant à une variété rare, du Thibet. 36°. un morceau de trémolite du Mexique. 37°. un très-beau morceau de la belle variété chatoyante de l'obsidienne de la Nouvelle Espagne, &c. &c.

Je terminerai cette notice particulière de quelques-uns des morceaux placés sous cet article, par la citation d'un grand et beau morceau d'ampelite ou schiste graphique, nommé aussi craie des charpentiers. Ce morceau renferme, disséminés dans sa substance, plusieurs noyaux assez considérables, dans lesquels la substance charboneuse, au mélange de laquelle ce schiste doit sa propriété tachante, est parfaitement pure et a l'état pulvérulent, ce qui fait qu'elle se dégage facilement, et laisse communément à sa place une cavité. Sur une partie de la surface de ce morceau on observe une substance blanche, divisée, par des lignes parallèles, en lames rhomboïdes d'environ 80° et 100°, qui ont jusqu'à une demie ligne d'épaisseur et plus, et qui sont fortement striées parallélement à deux de leurs bords opposés. La plus légère pression divise ces lames en fibres capillaires très-fines et flexibles, ressemblant parfaitement à l'amiantes. M. Mohs, dans son savant catalogue du cabinet de M. Von der Null, Vol. I, p. 459, est le seul auteur qui, à ma connoissance, ait parlé de cette substance, qu'il rapporte à l'amiante. D'après l'opinion que j'ai avancée, sur cette dernière substance, à l'article qui la concerne, en refusant de la considérer comme espèce, ce seroit ne rien dire. La réunion très-étroite de ces fibres entre elles, la forme constante prismatique rhomboïdale de 80° et 100° affectée par leur division, sembleroit annoncer cette même forme pour chacune d'elles. Cette substance appartient-elle à une de celles déjà connues, ou est-elle une espèce nouvelle? J'avoue que je n'ai pu adopter aucune opinion à cet égard, et je me contente, en conséquence, de rapporter ce que cette substance m'a fait observer, afin de diriger l'attention sur elle.

SUBSTANCES INFLAMMABLES.

SOUFRE.

78 *Morceaux, dont* 53 *Cristaux isolés.*

Les cristaux isolés de cette substance offrent un grand nombre de variétés de formes qui n'ont pas été décrites.

SUCCIN.

34 *Morceaux.*

Cette suite est très-intéressante, tant à raison des différentes couleurs sous lesquelles s'y montre le succin, qu'à raison de celles de ces variétés qui renferment des insectes.

MELLITE.

8 *Morceaux, dont* 5 *Cristaux isolés.*

Parmi les morceaux de cette substance, est un petit groupe dans lequel les octaèdres de mellite ont leurs angles solides occupés par un plan.

POIX MINÉRALE ET ASPHALTE.

5 *Morceaux.*

Ces cinq morceaux sont d'Anglettere: il existe parmi eux un seul morceau de poix minérale; c'est une espèce de grès à gros grains réunis entre eux par cette poix.

BITUME ÉLASTIQUE.

20 *Morceaux.*

Cette suite renferme ce bitume, depuis sa parfaite mollesse et élasticité, jusqu'au desséchement complet, dans lequel il ne conserve plus aucune souplesse et aucune élasticité quelconque. En se desséchant, il paroît que ce bitume retient beaucoup d'air dans sa substance, en brûlant il pétille et fait de temps en temps de petites explosions.

LIGNITE.

16 *Morceaux*.

HOUILLE OU CHARBON MINÉRAL.

54 *Morceaux*.

Cette collection de houille, en outre de ses différentes variétés, contient une suite dont les morceaux ont deux de leurs faces opposées, celles qui terminent chacune des petites couches particulières dont la couche générale est composée, recouvertes par une couche légère de charbon végétale, ayant conservé traces de la structure propre aux vegétaux dont ce charbon tire son origine, et destinée à faire voir, par ces mêmes traces, que la bituminisation qui a produit la houille, a plus généralement opéré sur des végétaux appartenant aux plantes, que sur ceux appartenant aux bois. Dans d'autres morceaux, ces surfaces sont recouvertes par une couche très-minces de chaux carbonatée, dans laquelle on distingue de petits rhomboïdes de cette substance, entremêlés de petits cristaux de gypse : la chaux carbonatée y est communément martiale.

Joint à cette collection, est un morceau assez considérable de Jayet, ayant encore, dans une grande partie de sa substance, conservé la texture qui appartient au bois ; mais faisant voir, par la manière dont cette partie est étonnée et fendillée, que, lors de la réaction les uns sur les autres des principes qui ont concouru à la formation du bitume, la masse devoit être dans un état pâteux, qui ensuite, par le desséchement, s'est tourmentée et fendillée, ainsi qu'elle se présente dans ce moment.

ANTHRACITE.

32 *Morceaux.*

La suite des morceaux de cette substance présente des variétés très-intéressantes, parmi lesquelles je citerai 1°. une variété dont la cassure offre, dans quelques-unes de ses parties, une texture fibreuse; cet anthracite est traversé par de petites veines de charbon végétale. 2°. une série composée de quatre morceaux, d'une roche stéatitique parsemée de petites parties d'anthracite. 3°. un morceau d'anthracite lamelleux, dans une chaux carbonatée lamelleuse, mélangée de quelques pyrites, des EtatsUnis d'Amérique. Une partie de la surface de ce morceau ayant été comprimée, lors de sa formation, présente un aspect spéculaire, aussi brillant que celui qui est offert, par suite de la même cause, par la variété de galène connue sous le nom de slickenside en Derbyshire. 4°. un grand et superbe morceau, dans lequel l'anthracite, qui a pour gangue une roche quartzeuse mélangée de chaux carbonatée et d'anthracite pulvérulent, laisse apercevoir, à sa surface, des parties d'anthracite mamelonnées, et comme si elles avaient coulées, entremêlées de chaux carbonatée en petites lames hexaèdres, et de chaux fluatée en petits octaèdres, offrant une variété de forme non décrite, dans laquelle les arêtes de l'octaèdre sont remplacées chacune d'elles, sur quelques cristaux, par deux plans, et sur d'autres, par trois, de Kongberg. 5°. un morceau de schiste argileux micacé, offrant à la fois des empreintes de végétaux, des parties de charbon végétale, dans lesquelles la texture propre aux végétaux est encore conservée, et des parties d'anthracite.

PLOMBAGINE. GRAPHITE.

22 *Morceaux.*

Il est joint aux morceaux de cette substance, une série de la plombagine en petites écailles minces, qui s'attachent aux parois des fourneaux de fusion du fer. Il y est joint en outre une série de la plombagine d'Ecosse, à laquelle l'action du feu d'une mine de charbon voisine, a fait éprouver une retraite qui l'a divisée en petites colonnes, à la manière des balsates ou des ludus. On observe, sur les faces terminales de quelques-unes de ces petites colonnes, des traces de charbon de bois ayant conservé la structure végétale. L'intervalle de chacune de ces colonnes est occupé par une légère couche de fer oxydé d'un rouge jaunâtre.

MORCEAUX D'ÉTUDE CONCERNANT UN GENRE DE RETRAITE ÉPROUVÉ PAR LA HOUILLE, AINSI QUE PAR LE SCHISTE, ENTRE LES COUCHES DUQUEL LES VEINES DE CHRABON SONT PLACÉES; ACCOMPAGNÉS DE QUELQUES RÉFLEXIONS GÉOLOGIQUES.

40 *Morceaux.*

La raison qui m'a déterminé à jeter mes regards sur cette partie de l'étude de la minéralogie, est l'assertion qui a paru, il y a quelque temps, dans un ouvrage minéralogique, de la propriété que la houille avoit de cristalliser sous la forme de prismes tétraèdres rhomboïdaux. J'observai qu'en effet plusieurs houilles, et principalement celle du Staffordshire, en Angleterre, avoient une tendance à prendre, en se divisant, une forme prismatique tétraèdre rhomboïdale ; mais comme ces prismes montroient en même-temps, une très-grande irrégularité dans la mesure de leurs angles, qui tous cependant sembloient tendre, plus ou moins, vers ceux de 60° et 120°, sans être jamais, ou du moins presque jamais exactes, je présumai que cette forme pouvoit bien être l'effet d'un retrait. Je tardai fort peu ensuite à reconnoître, qu'il étoit dû à celui qu'avoit éprouvé le schiste, entre les couches duquel la veine de houille étoit placée.

Comme ce fait, ainsi que son explication, est d'un intérêt capital, tant à la minéralogie qu'à la géologie, pricipalement à l'égard des principes et des observations sur lesquels il est appuyé, et qu'il demande, pour être bien entendu, quelques observations et explications préliminaires ; on verra peut-être sans peine que je m'occupe des objets qui peuvent conduire à l'explication de ce fait, avant de m'occuper de l'explication elle-même.

On a souvent mis en avant, dans les divers systèmes qui ont été donnés sur la formation de notre globle, cette action destructive et continuellement agissante, par laquelle le temps, qui détruit tout, n'exclue pas même de ses ravages ces rocs orgueilleux qui sembleroient devoir confondre leur origine avec celle du globe, et ne devoir se détruire qu'avec lui ; mais la nature même de cette destruction, ainsi que celle des causes par lesquelles elle peut être produite, et qui nécessairement doivent influer puissamment sur les effets qui peuvent en résulter, a fort peu fixé sur elle l'attention des géologues.

Ne pouvant rapporter à une seule et même époque de formation tout ce qui concerne la partie solide de notre terre, telle qu'elle se montre aujourd'hui à nos observations, on s'occupe de l'ordre que ces diverses formations doivent avoir eu entre elles, on cherche à établir les différentes époques de chacune d'elles, à en tracer la marche, en les fixant en même temps en limites. Peut-être arriveroit-on plus facilement et plus sûrement à la solution de ce grand problême, si, tout en s'occupant des diverses formations qu'on croit apercevoir, on portoit une attention plus exacte et plus suivie, sur la destruction à laquelle ont dû être exposés les produits pierreux antérieurement formés, en tenant compte de tous les moyens qui peuvent avoir concouru à leur destruction. Cette réflexion nous conduit naturellement à jeter un léger coup-d'œil sur ceux de ces moyens les plus habituellement agissants, et les plus actifs, que l'observation et nos connoissances actuelles nous permettent de reconnoître.

Parmi ces moyens, le calorique et l'eau semblent, bien certainement, devoir occuper la première place. Par l'action du calorique continuellement agissante sur les molécules intégrantes des substances minérales; par la variation continuelle de la force solvante* qu'il exerce sur ces molécules, variation qui suit celle de la température de l'air ambiant, les molécules intégrantes des corps du règne minéral admettent successivement,

---

* Voyez mon traité complet de la chaux carbonatée, page 130 de l'introduction, et une partie de celles qui précèdent.

à chaque élévation de cette température, une dose plus ou moins considérable de calorique, qui les écartent plus ou moins de l'extrémité du rayon de leur sphère d'attraction. Si, au moment où la température baisse, le calorique, cause de l'écartement des molécules, en se retirant alors de l'intervalle qu'il avoit occupé entre elles, dans la même proportion suivant laquelle il y étoit entré, délivroit complettement ces molécules de la force qui, après les avoir écartées, les tenoit à distance, cédant de nouveau alors à leur attraction réciproque, elles se rapprocheroient, en se replacant à la situation qui leur étoit propre avant l'introduction du calorique. Il ne résulteroit alors d'autre action de ce fluide sur les substances minérales sur lesquelles il agit, qu'une augmentation et une diminution successive de volume, et cela, sans aucun changement ou altération quelconque dans leur substance.

Mais, pour l'ordinaire, cette action du calorique agit, sur les substances minérales, collectivement avec celle de l'eau, autre solvant général de ces substances, et dont l'action se porte de même aussi sur leurs molécules intégrantes*. Il est très-ordinaire que l'élévation de la température soit accompagnée d'un accroissement d'humidité; dans ce cas, le calorique ne s'introduit pas seul entre les molécules intégrantes des substances minérales, le fluide aqueux l'y accompagne, à raison de l'affinité habituelle qui existe entre lui et ces mêmes molécules. Lorsqu'ensuite la température vient à baisser, il ne s'en retire pas complettement, ainsi que le

* Voyez mon traité complet de la chaux carbonatée, vol. 2 p. 164 et suivantes, ainsi que p. 164 et suivantes, et p. 185 et suivantes.

fait le calorique, il en reste toujours une portion qui y est fixée par son attraction, ce qui maintient ces molécules à une distance plus grande que celle qui leur appartenoit avant son introduction. Par là l'action de la force d'attraction de ces molécules les unes envers les autres est diminuée, sans que cependant elle soit annullée, et la désintégration des molécules intégrantes commencée: leur cohésion entre elles est moins forte; mais elle n'est pas détruite.

A chaque nouvelle introduction du calorique, et par suite de la même cause, les molécules intégrantes s'écartent davantage les unes des autres, la force attractive qu'elles exercent l'une sur l'autre diminue en proportion, et l'instant arrive où l'action solvante de l'eau sur elles est assez forte, pour que dans le contact immédiat de ce liquide, amené si fréquemment par la chute des pluies, surtout à l'époque où les eaux étoient encore à une grande hauteur sur la terre et leur évaporation très-considérable, pour que ce liquide, dis-je, achève de désintégrer complettement la partie de la surface des roches qui, par l'opération première, avoit été préparée à cet effet. L'eau se charge alors, par solution, des molécules désintégrées, et les entraînant avec elle jusque dans les lieux où leur cours se trouve ralenti, elles les laisse ensuite se rapprocher et se précipiter, soit confusément, soit à l'état de cristallisation, si les circonstances propres à ce dernier effet peuvent se présenter, soit même de l'une et de l'autre de ces deux manières à la fois. Quelquefois, et cela doit même arriver plus souvent que peut-être on ne l'imagine, dans un très-haut degré d'élévation de la température, le calorique seul peut suffire à l'achèvement de la désintégration complette de la partie de la surface des roches, préparée par les moyens dont il vient d'être parlé. Dans ce cas, les molécules intégrantes de cette surface, étant prises successivement par lui à l'état de solution, s'évaporent sur ses ailes sans se laisser en aucune manière apercevoir à nos yeux qui, ainsi qu'on le sait, sont bien éloignés de pouvoir saisir, quoiqu'armés des plus forts grossissements artificiels, les mêmes molécules lorsqu'elles sont à l'état de solution dans les eaux.

Il faut soigneusement distinguer les molécules d'eau, ainsi fixées entre celles intégrantes des substances minérales, et travaillant, peu-à-peu, à leur désintégration, d'avec les parties du même fluide qui pénètrent dans les corps par la simple attraction des tubes capillaires, et vont remplir les fentes, les fissures et autres petites cavités qui peuvent s'y rencontrer. Elles rempliroient cependant une partie du même effet, si un premier écartement des molécules intégrantes des corps, dans lesquels elles pénètrent, avoit déjà préparé leur désintégration.

L'action solvante du calorique et de l'eau, est donc continuellement exercée sur les roches; mais son résultat n'est pas toujours aussi parfait qu'il vient d'être représenté, et peut-être même l'est-il rarement. Une des causes principales qui peut rendre cette désintégration des molécules intégrantes très-imparfaite, en la changeant en grande partie en une désintégration par petites masses, est l'hétérogénité des roches, ainsi que bien souvent celle des différentes parties même dont elles sont composées. Cette hétérogénité fait que la désintégration ayant plus complettement et plus promptement lieu sur quelques-unes de leurs parties que sur les autres, il en résulte, dans la masse, des défauts de contiguité, qui en occasionnent la destruction par petites parties plus ou moins atténuées. Ces petites parties sont de même entraînées, avec les molécules résultantes d'une désintégration plus parfaite, par les eaux qui viennent balayer la surface de ces roches, et elles sont ensuite chariées et déposées de la même manière par elles. Les roches qui contiennent des parties plus ou moins considérables d'argile interposées dans leur masse, sont plus particulièrement exposées et plus généralement soumises à cette destruction par petites masses. L'argile n'y étant elle-même que le produit d'une précipitation confuse par petites masses analogues, et n'ayant entre ses parties qu'une réunion purement méchanique, est d'une texture très-lâche, remplie de petites fissures et cavités qui permettent à l'eau de s'y introduire, par le seul acte de l'infiltration capillaire; elle se gonfle alors, et tenant plus d'espace, elle presse contre les parois des petites masses, dont elle est entourrée, et les écarte davantage les unes des autres: la sécheresse la faisant ensuite se resserer sous un moindre volume, les petites masses dérangées et écartées, manquent de point d'appui, et la masse entière se détruit, en donnant naissance à un résidu sableux. C'est ce qui est fréquemment arrivé au dernier granit formé, qui avoit admis des parties d'argile interposées entre celles dont l'agrégation constitue le genre de roche auquel on a donné ce nom.

Il est nécessaire de rappeler ici, le fait démontré et assez généralement reconnu aujourd'hui, de l'existence de la terre sous les eaux, dont elle a été totalement recouverte, ainsi que de la retraite et diminution progressive de ces mêmes eaux, qui a découvert successivement, et à différentes époques, la partie solide de la terre, tandis que le reste de sa surface, sous une hauteur plus ou moins considérable, selon l'époque où elle est considérée, restoit encore ensevelie sous les eaux. Il sera alors naturel d'en conclure, qu'à mesure que les roches se découvroient, et se présentoient à nud à toutes les causes de destruction qui pouvoient agir sur elles, et cela dans un moment où elles n'étoient pas encore consolidées, elles ont dû en effet être fortement altérées par ces causes. Il ne sera pas moins naturel aussi d'en conclure, que les produits de cette altération, chariés ensuite, sur la pente des montagnes découvertes, dans la masse des eaux qui baignoient encore leurs pieds jusqu'à une hauteur plus ou moins considérable, où ils se sont ensuite déposés, ont dû jouer un rôle très-important dans la formation qui a dû suivre celle des premières roches.

Il est, sinon démontré, du moins infiniment probable, que les premiers produits pierreux qui ont été découverts par les eaux, appartenoient au granit. Il est, par conséquent, très-propable aussi que, soit la destruction de cette roche, dans ses petites masses ou grains intégrants, soit la désintégration des parties intégrantes des grains de quartz, de feldspath et de mica qui forment les petites masses intégrantes de cette roche ; soit enfin la décomposition de ces mêmes parties, ou leur réduction à leurs molécules chimiques composantes ; il est très-probable, dis-je, que tous ces produits, ont dus être chariés par l'écoulement des eaux, dues aux averses pluviales qui, à cette époque, devoient être considérables et très-souvent répétées, dans la masse des eaux environnantes. Il est enfin très-probable encore, que tous ces différents produits ont dû entrer pour beaucoup dans la formation des masses pierreuses qui ont pris naissance postérieurement à celles du granit. Les eaux continuant toujours à effectuer leur retraite ou diminution, et les mêmes causes de destruction, de désintégration et de décomposition existant toujours, et continuant de même leur action sur les nouvelles roches mises à découvert, au nombre desquelles se trouvoient, en même temps celles récemment formées, les produits de cette nouvelle destruction, &c, ont dû de même, et par suite de la même raison, entrer pour beaucoup dans la formation des roches qui ont continué à se former. On sent, en même temps, que le transport et la déposition de ces divers produits, ne pouvant mettre obstacle aux nouvelles formations qui pouvoient avoir lieu, il doit y avoir eu telles circonstances, dans lesquelles les produits ont dû se mélanger avec ceux de ces formations.

Je suis obligé de me faire violence pour me borner à ces simples considérations générales, qui déjà, vu la nature de cet ouvrage, tiennent une place considérable; mais elles suffisent pour que je sois parfaitement entendu du géologue, et, s'il les adopte, pour diriger le mode de ses observations; je les terminerai donc, en observant que, d'après elles, il me semble que la méthode la plus naturelle, ainsi que la plus utile à adopter dans l'étude des différents faits géologiques, seroit de suivre la marche tracée par la nature elle-même, en commençant les observations par celles que peut présenter la roche reconnue pour être celle la plus anciennement formée, ainsi que la plus anciennement découverte, et continuant ensuite le même examen sur les autres, en s'écartant lentement et progressivement de cette première station, et descendant, avec les formations successives, jusqu'aux plaines les plus basses qui, si je puis m'exprimer ainsi, sont placées à l'extrémité du rayon de la sphère de formation que le géologue veut embrasser dans ses observations. Ne pouvant se refuser d'admettre que, soit la retraite des eaux, soit la chute de celles qui devoient être le produit de l'évaporation très-abondante, occasionnée surtout par la grande surface que présentoit ce liquide, avant que sa retraite ait fait des progrès un peu considérables, ont dû occasionner des courants, par lesquels les produits de la destruction de la roche découverte ont dûs être chariés dans la masse des eaux adjacentes, le géologue cherchera s'il peut encore rencontrer quelque trace aujourd'hui de ces courants, s'il en découvre il se gardera bien de les quitter avant d'avoir obtenu d'eux tous les éclaircissements qu'il peut en tirer, et c'est alors que les considérations générales qui viennent d'être établies, serviront à le diriger dans les questions qu'il aura à leur faire.

Retournons à la houille en fragments prismatiques rhomboïdaux, dont cette disgression nous a fortement écarté; mais cet écart étoit nécessaire pour pouvoir revenir ensuite à ce même objet avec plus d'intérêt et de facilité.

Après avoir observé que les prismes tétraèdres rhomboïdaux que laissent apercevoir certaines houilles, n'offroient rien de régulier dans la mesure de leurs angles, et présumé, ainsi que je l'ai dit, qu'ils devoient très-probablement leur existence à l'effet d'une retraite éprouvée par le schiste dans lequel la veine de houille étoit placée, et par lequel toutes ses petites couches étoient séparées, je remarquai que, dans la plupart des morceaux de houille dont les fragments m'avoient fait apercevoir ces prismes, de petites veines de schiste alternoient en effet avec des veines de houille, mais qu'étant fortement pénétrées elles-mêmes par le bitume, il étoit souvent très-difficile de les reconnoître. J'essayai d'en faire dégager totalement le bitume, par le moyen du feu, et celui de mon simple foyer me servit à merveille pour cela : j'obtins, par ce moyen, avec autant de surprise que de satisfaction, des prismes tétraèdres rhomboïdaux de 60° et 120°, totalement décolorés et d'un blanc grisâtre, dont la forme étoit aussi parfaite que celles des prismes qui m'avoient été offerts par la houille l'étoit peu. Ce qui surtout me frappa le plus dans cette observation, fut le rapport parfait que ces mêmes prismes ont avec ceux primitifs du mica. Ainsi que dans ces derniers, leurs faces terminales sont inclinées sur l'axe, et cette inclinaison fait les mêmes angles de 98° et 102° avec les bords obtus du prisme ; mais, ce qui sert encore plus à les caractériser, ainsi que dans les prismes de mica, leurs faces terminales laissent apercevoir des joints naturels qui, partant de leurs angles obtus, tombent perpendiculairement sur les borde opposés. Cette suite renferme plusieurs de ces prismes tétraèdres rhomboïdaux parfaits, ainsi que d'autres, divisés, par un véritable clivage opéré par l'action du feu, suivant la direction que nous venons de voir être celle des molécules intégrantes.

Il me paroît, d'après cette observation fréquemment répétée, qu'il ne peut exister aucun doute sur la substance à laquelle ces prismes peuvent appartenir, et qu'on ne peut s'empêcher de les regarder comme de véritables prismes de mica : le schiste lui-même auquel il appartient, et entre les lits duquel ceux de houille sont placés, appartient donc aussi au mica. Aussi, lorsque l'on examine ce schiste avec la loupe, quoique le mica y soit très-atténué, y reconnoît-on un nombre considérable de petites paillettes brillantes, moins atténuées que les autres. Lors de la décolorisation de ce schiste, par l'action du feu, le fer du mica, dégagé et entraîné par le calorique, se dépose, à l'état d'oxyde rouge, contre les côtés des prismes, ainsi qu'on peut encore l'observer dans nombre de ceux qui existent dans cette collection, quoiqu'une grande partie de ce fer oxydé s'en soit détachée.

Une fois cette première observation faite, j'ai pu la réitérer très-souvent, le résidu de la combustion de cette même houille, dont on fait usage dans les cheminées de Londres, permettant souvent d'y observer ces mêmes prismes ou fragments prismatiques de schiste ainsi décolorés ; et toutes sont venues fortement à l'appui de l'oppinion que la première m'avoit fait adopter.

On trouvera, joint à cette suite, un prisme tétraèdre rhomboïdal court de 60° et 120°, de ce schiste, dont la forme est parfaitement régulière, et dont les bords des faces terminales ont 4 pouces de longueur. Comme ce prisme étoit fort peu imprégné de bitume, une très-légère chaleur a suffi pour l'en dégager, sans le décolorer complettement. Il offre l'aspect d'un schiste argileux micacé d'un gris foncé, et porte, sur une de ses faces larges, l'empreinte d'un grand roseau, et sur l'autre, celles d'un de ces végétaux à mamelons qu'on rap porte assez habituellement au palmier.

Cette observation qui me paroît porter avec elle un intérêt capital, tant pour la minéralogie que pour la géologie, a été d'autant plus précieuse pour moi qu'elle est venue confirmer une opinion dans laquelle j'étois depuis long-temps, et que j'avois même fait connoître à tous les minéralogistes de Londres avec lesquels j'ai été en relation, qu'une grande partie des substances connues sous le nom de schiste, ne sont que de véritables mica compactes plus ou moins mélangés, et produits par la déposition d'un mica très-atténué, et dont les parties extrêmement fines échappent aux yeux. On parvient fort souvent cependant à discerner dans ces schistes un grand nombre de paillettes de mica, avec le secours d'une forte loupe : l'ardoise, et la plupart des schistes d'une nature analogue à la sienne, sont par exemple dans ce cas. J'avoue cependant que j'étois fort éloigné alors de donner à cette opinion toute la latitude qu'elle me paroît embrasser aujourd'hui.

On sent en effet, d'après les considérations générales, placées danscet article, sur les différents effets de la destruction et de la désintégration des roches, par l'action réunie du calorique et de l'eau, que, si l'on considère le granit et les différents gneiss, ou roches feuilletées micacées, dans lesquelles le mica est bien souvent la partie intégrante dominante, soumis à ces différentes actions destructives, et qu'on se représente ensuite ces mêmes produits entraînés par des courants, et déposés dans la masse des eaux, où ces courants alloient aboutir, on concevra que les parties les plus atténuées du mica, étant restées plus long-temps suspendues dans le liquide qu'aucune autre, à raison de leur légèreté, ont pu, en se précipitant à mesure qu'elles étoient apportées, donner naissance aux différents schistes dont il est ici question. On concevra aussi, qu'elles ont pu de même donner naissance à des schistes, dans lesquels la substance du mica a pu être plus ou moins mélangée de parties simplement argileuses, de parties calcaires, &c. &c., suivant le lieu du dépôt, et suivant ce qui s'y passoit alors à d'autres égards. Il n'y existera pas plus de difficultés à concevoir aussi que les dépôts terreux qui ont recouvert les masses de végétaux accumulés par les eaux, à la suite de quelques gros temps par lesquels elles avoient pu être soulevées, sur les plages bases qui alors les bornoient, ont pu appartenir à ces produits chariés de la destruction de la roche primitive, et tantôt les recouvrir par des grès, et d'autrefois par des schistes, suivant la distance et l'état de division de ces produits.

Ce que l'observation dont nous venons de nous occuper nous apprend, en outre, c'est que dans la formation de ces schistes, le mica ne s'est pas déposé tumultuairement, et sans être soumis à aucune loi; il paroît que les petites parties atténuées de cette substance, se sont fréquemment arrangées entre elles de manière à placer leurs côtés analogues dans une même direction : de sorte que ces schistes sont alors dans le cas d'être considérés, comme étant d'énormes agrégats réguliers de cristaux infiniment petits de mica.

On trouvera dans cette suite différents morceaux de mica schisteux, *glimmer-schiffer* de M. Werner, auxquels on verra qu'une fois l'observation précédente étant faite, il est très-facile de la leur appliquer.

Je terminerai ces observations, en disant que si l'on vouloit supprimer des produits pierreux secondaires de différentes époques, ceux dont l'origine est due aux différentes altérations, désintégrations et décompositions du mica, du quartz et du feldspath, et aux nouvelles combinaisons qui peuvent avoir étée contractées par les produits de ces altérations, &c. ce qui resteroit des roches primitives secondaires, seroit, je crois, considérablement réduit.

SELS.

SULFATE D'ALUMINE *Alun.*

39 *Morceaux, dont* 34 *Cristaux isolés.*

Parmi les cristaux de cette substance, qui sont placés dans cette collection, il en existe deux très-beaux et très-parfaits, obtenus par M. Le Blanc ; l'un d'eux est un cube, et l'autre un octaèdre régulier. Il y existe en outre quatre petits cristaux qui appartiennent à une variété très-rare que j'ai obtenue moi-même, dans laquelle l'octaèdre, en outre des plans de remplacement de ses angles solides, ainsi que de ses arêtes, a à chacun de ses angles solides, ainsi remplacés, deux petits triangles isocèls, placés sur deux de ses arêtes opposées, ainsi qu'il existe dans une variété de la pyrite martiale représentée par M. l'Abbé Haüy, fig. 146, planche 76 de sa minéralogie. Il y existe aussi de fort beaux octaèdres, dont chacune des faces présente une cavitée en forme de trémie : dans un de ces octaèdres, les trémies sont remplies par nombre de petits cristaux de la même substance, parmi lesquels on peut observer plusieurs cubes parfaits, ainsi que d'autres à angles solides remplacés.

SULFATE DE POTASSE. *Tartre vitriolé.*

152 *Morceaux, dont* 139 *Cristaux isolés.*

Je crois pouvoir assurer que la suite des cristaux de ce sel, placés dans cette collection, est une des plus complette qui puisse être formée. Le nombre des cristaux non décrits y est très-considérable, et tous sont très-parfaits. Il y existe un petit groupe dont tous les cristaux, qui sont transparents, sont d'un très-beau jaune brun de topaze du Brésil.

Le cristal primitif du sulfate de potasse, que j'ai déterminé, est un dodécaèdre à plans triangulaires isocèls, dont les plans se rencontrent entre eux, au sommet, sous un angle de 66°, 15', et à la base sous un de 113°, 45'.

SUR-SULFATE DE POTASSE.

38 *Morceaux, dont* 31 *Cristaux isolés.*

Ce sel, obtenu par M. Howard de Stratford, a pour forme primitive un rhomboïde aigu, dont les angles sont de 74° et 106°, ou à infiniment peu de chose près.

SUBSULFATE DE POTASSE.

Ce sel considéré, par plusienrs chimistes, comme un subsulfate de potasse, n'est qu'un simple sulfate ; il en existe ici un très-grand nombre de petits cristaux.

PRUSSIATE DE POTASSE.

3 *Morceaux.*

Les trois morceaux qui composent la série de cette substance, contiennent de grands cristaux parfaitement déterminés et très-réguliers. Ce sont en effet des lames quarrées à bords en biseaux, ainsi qu'il a été dit par les auteurs qui ont cité leur forme ; mais ces lames n'ont nullement un octaèdre rectangulaire pour forme primitive, ainsi qu'il a été dit en même temps. Les cristaux de prussiate de potasse montrent, d'une manière très-marquée, des joints naturels parallèles aux faces d'un prisme tétraèdre rectangulaire à bases quarrées. La division parallélement aux faces terminales de ce prisme, est très-facile ; elle l'est beaucoup moins sur les autres faces, et la grande flexibilité de cette substance contribue beaucoup à cette difficulté.

Ainsi que je viens de le dire, la forme primitive de ce sel est un prisme tétraèdre rectangulaire à bases quarrées. Habituellement, dans ses cristaux, les bords des faces terminales sont remplacés par des plans qui font avec ces mêmes faces un angle, à très-peu de chose près, de 113°; et ces mêmes plans de remplacement se rencontrent entre eux, sur les côtés du prisme, sous un angle, à peu de chose près, de 134°, 30′. Si l'on vouloit considérer ces plans comme étant le produit d'un reculement le long des bords des faces terminales du cristal primitif, par une simple rangée, la hauteur du prisme rectangulaire seroit aux bords des faces terminales, dans le rapport de 5 à 2. Les plans de remplacement alors rencontreroient les faces terminales sous un angle de 112°, 48′, et ces mêmes plans se rencontreroient entre eux, sur les côtés du prisme, sous un angle de 134°, 24′; mais la rencontre habituelle de ces plans de remplacement entre eux sur les côtés du prisme, me semble indiquer, dans le prisme primitif, une hauteur considérablement moindre que ne l'indique le rapport de 5 à 2. Je crois donc que cette hauteur doit être placée parmi les sous-multiples de ce même rapport, ce qui ne changeroit rien à la mesure indiquée pour les angles d'incidence ; mais n'ayant jamais vu d'autres faces additionnelles à ces cristaux, je ne puis rien déterminer à cet égard.

La couleur du prussiate de potasse de ces morceaux, est d'un beau jaune de soufre : la flexibilité que j'ai dit que cette substance possédoit, est telle qu'on peut facilement plier, sans les casser, des cristaux qui, sous une épaisseur semblable, présenteroient plus de résistance dans ceux qui appartiennent au gypse. Ils proviennent de la manufacture de M. Mackintosh en Ecosse : j'en ai eu l'obligation à M. Léonard Horner.

SULFATE DE SOUDE, SEL DE GLAUBER.

Ce sel est renfermé dans une petite fiole de verre ; son cristal primitif, que j'ai déterminé, est un prisme tétraèdre rhomboïdal droit de 72° et 108°, ou du moins à très-peu de chose près.

GLAUBERITE.

26 Morceaux, dont 23 Cristaux.

Ce sel, qui existe tout formé dans la nature, a été observé, depuis fort peu d'années, par M. Brongniart, qui en a donné la description et l'analyse dans le 133e, n°. du journal des mines. Il vient d'Oscagna, dans la nouvelle Castille, en Espagne, où il est renfermé dans l'intérieur même de la substance du sel gemme, dont il se détache très-facilement lorsqu'on en casse les morceaux, en présentant alors des cristaux isolés. Parmi ceux qui sont dans cette collection, plusieurs laissent parfaitement apercevoir la direction de leurs plans primitifs.

M. Brongniart, après avoir observé que le glauberite n'est point un sel à double base, d'après l'analyse qu'il en a faite, dit qu'il est composé de 0,49 de chaux sulfatée et de 0,51 de soude sulfatée, toutes deux privées d'eau. Ainsi que l'observe très-bien M. l'Abbé Haüy, ne connoissant pas la forme cristalline de la soude sulfatée privée d'eau, on ne peut assurer que le glauberite n'appartient pas à ce sel mélangé de chaux sulfatée simple ou privée d'eau. Mais qu'il me soit permis de demander ici à M. Brongniart, pourquoi ce sel ne pourroit être le résultat d'une combinaison triple, entre l'acide sulfurique, la soude et la chaux? Je sais que nombre de chimistes ne croient point au combinaisons triples; mais j'avoue ne pas en concevoir facilement la raison.

SULFATE DE CUIVRE ET DE POTASSE.

31 *Cristaux isolés.*

Ce joli sel, dont la couleur est d'un bleu de ciel très-agréable, a été obtenu par M. Richard Phillips. Sa forme primitive, que j'ai déterminée, est un prisme tétraèdre rhomboïdal incliné de 106°, 54′ et 73°, 6′, ses faces terminales sont inclinées sur ses bords obtus, avec lesquels elles font des angles de 96°, 38′ et 83°, 22′. Sa hauteur est aux bords des faces terminales dans le rapport de 10°, 33′ à 23°, 13′. La suite des cristaux de cette substance placés ici, renferme un nombre assez considérable de variétés que j'ai aussi déterminées; mais que je ne place pas ici, pour ne pas augmenter trop considérablement les planches des cristaux; une très-grand partie des sels sont dans ce cas.

SULFATE DE FER MÉLANGÉ DE CUIVRE.

19 *Morceaux, dont 6 Cristaux isolés.*

Ce sel, obtenu encore par M. Phillips est, lorsqu'il vient d'être fait, d'une très-belle tranparence et d'un beau bleu tirant un peu sur le vert; mais à la longue cette couleur se ternit, et souvent le fer que ce sel renferme s'oxyde en jaune à sa surface, ce mélange, dont la seule partie qui soit le fruit d'une combinaison chimique est le sulfate de fer, donne beaucoup plus facilement le rhomboïde, cristal primitif de ce sulfate, que lorsque ce même sel est sans mélange. Cette suite renferme plusieurs morceaux, non artificiels, de ce sel; plusieurs autres sont placées avec les variétés du cuivre.

Ce sel, paroît être le même que celui que M. le Blanc avoit déjà obtenu, d'une dissolution d'un sulfate de cuivre et d'un sulfate de fer, qui lui a donné de même un sel d'un bleu verdâtre et ayant la forme du sulfate de fer.

SULFATE DE NICKEL.

Les cristaux de cette substance, qui sont en très-grand nombre, dans cette collection, sont renfermés dans 4 petites fioles. Le cristal primitif de ce joli sel, déterminé par moi, est un prisme tétraèdre rectangulaire à bases quarrées, dont la hauteur est au côté de la base dans le rapport de 5 à 6. Le nombre des variétés de formes que cette substance renferme, et qui existent dans cette collection, est assez considérable: on doit y remarquer la propriété qui existe dans quelques-unes de ces variétés de s'éfleurir, tandis que la substance est beaucoup plus fixe dans les autres.

SULFATE DE ZINC.

17 *Morceaux, dont* 15 *Cristaux isolés.*

Ces cristaux, dont plusieurs sont très-parfaits, ont été obtenus par M^r. Howard de Stratford, à l'honnêteté duquel j'en suis redevable, ainsi que d'un très-grand nombre de cristaux des sels qui sont dans cette collection. Le cristal primitif du sulfate de zinc est un prisme tétraèdre rectangulaire à bases quarrées, dont la hauteur est aux bords des faces terminales dans le rapport de 4 à 3.

MURIATE DE SOUDE, SEL MARIN.

41 *Morceaux, dont* 19 *Cristaux isolés.*

Cette suite renferme les belles variétés de sel gemme rouges, bleus, vertes et violettes. Parmi les cristaux, doivent être remarqués ceux en cubes avec les angles solides remplacés, ainsi que ceux dans lesquels les bords sont remplacés, soit par un, soit par deux plans. Parmi les morceaux, il en existe un qui renferme un noyau cylindrique d'un gris jaunâtre, d'environ 5 lignes de diamêtre, complettement à l'état de muriate de soude, et ayant un aspect analogue à celui offert par une branche de madrepore.

MURIATE DE POTASSE.

Il existe ici, dans cette substance, plusieurs morceaux, et un grand nombre de cristaux isolés.

MURIATE SUROXIGÉNÉ DE POTASSE.

35 *Cristaux isolés.*

Tout ce qui existe de ce sel, dans cette collection, est en petites lames minces, parmi lesquelles le plus grand nombre laissent apercevoir leur forme cristalline; mais les 35 cristaux cités, sont en lames beaucoup plus grandes que toutes les autres, plusieurs d'entre elles ont jusqu'à un pouce de côté. Ce sel, est en prisme droit tétraèdre rhomboïdal d'environ 80° et 100°, passant fréquemment à celui hexaèdre, par le remplacement de ses bords de 80°; il est divisible suivant la grande diagonale de ses faces terminales : ces cristaux ont été obtenus par M. Howard.

MURIATE DE BARYTE.

14 *Morceaux, dont* 12 *Cristaux isolés.*

La forme primitive de ce sel est un prisme tétraèdre rectangulaire court à bases quarrées, divisible parallélement à ses deux diagonales. Ce cristal éprouve, par le remplacement des angles, tant aigus qu'obtus de ses faces terminales, soit par deux, soit par quatre plans et même plus, des modifications analogues à celles que présente si fréquemment la baryte sulfatée ; ce sont ces plans de remplacement qui ont fait dire qu'il étoit en lames octogones. Je n'ai point déterminé les dimensions du cristal primitif, non plus que celles de sa molécule intégrante ; mais cette détermination est très-facile, au moyen des cristaux fort grands et très-parfaits qui composent cette suite.

MURIATE DE STRONTHIAN.

Ce sel est en prismes très-minces et très-allongés, qui paroissent tétraèdres rectangulaires ; ce qu'il n'est cependant pas possible de déterminer avec une parfaite certitude, à raison de la très-grande finesse de ses cristaux.

MURIATE DE SOUDE ET DE RHODIUM.

Ce superbe sel, dont la couleur est d'un rouge brun si foncé qu'il paroît presque noir, a été obtenu par le Dr. Wollaston, auquel j'ai l'obligation de la suite cristalline extrêmement intéressante placée sous cet article, et avec elle la possibilité de déterminer ce qui concerne la cristallisation de ce muriate.

Sa forme primitive, que j'ai déterminée, est un prisme tétraèdre rhomboïdal incliné de 78°, 10′, et 101°, 50′. Les faces terminales, qui sont inclinées sur les bords aigus du prisme, de manière à faire avec eux des angles de 70°, 59′ et 109°, 1′, sont des rhombes de 75° et 105°. Les bords des faces terminales de ce prisme sont à ceux longitudinaux dans le rapport de 2 à 1. Les cristaux de cette substance qui sont joints à cette suite, présentent un nombre assez considérable de variétés, dont plusieurs sont accompagnées de faits très particuliers et intéressants ; je ne les ai pas joints aux planches de ce catalogue, dans lesquelles je n'ai donné les suites cristallines d'aucun des sels, d'après les raisons que j'ai exprimés précédemment.

NITRATE DE POTASSE. NITRE ET SALPÊTRE.

80 *Cristaux isolés.*

Beaucoup de raisons m'engagent à considérer le cristal primitif de ce sel comme étant un prisme tétraèdre rhomboïdal de 60° et 120°, et non comme un octaèdre rectangulaire à faces inégalement inclinées, ainsi qu'il a été pensé jusqu'ici. Ce prisme est divisible, suivant son axe et la petite diagonale de ses faces terminales. Le grand nombre de variétés de formes cristallines, la plupart non décrites, placées dans cette collection, ainsi que la grandeur de beaucoup des cristaux qui les renferment, avoient été réunies avec l'intention de servir à son étude cristallographique, qu'ils rendent très-facile à faire.

NITRATE DE STRONTHIAN.

10 *Cristaux isolés.*

La forme primitive de cette substance paroît être l'octaèdre régulier.

NITRATE DE PLOMB.

Le cristal primitif du nitrate de plomb est un octaèdre régulier sensiblement divisible suivant son axe et sur toutes ses arêtes. Les cristaux de cette substance, qui sont en assez grand nombre, sont renfermés dans une petite fiole de verre.

NITRATE DE BISMUTH.

3 *Cristaux isolés.*

Le cristal primitif de ce sel paroît être un prisme tétraèdre rhomboïdal d'environ 73° et 107°.

CARBONATE DE POTASSE.

La forme primitive de ce sel, que j'ai déterminée, est un prisme tétraèdre rhomboïdal droit de 51°, 12', et 128°, 48', dont les bases sont des rhombes. La hauteur du prisme est aux bords des faces terminales dans le rapport de 1, 7 à 6.

Ce sel est renfermé dans des fioles de verre, et présente plusieurs variétés.

ACÉTATE DE BARYTE.

6 *Morceaux, dont* 3 *Cristaux isolés.*

Le cristal primitif de ce sel est un prisme tétraèdre rhomboïdal oblique, d'environ 65° et 115°. Sa face terminale est à la fois inclinée sur les bords aigus du prisme, de manière à faire avec eux des angles d'environ 50° et 130°, et sur ceux obtus, de manière à faire avec eux des angles d'environ 68° et 112°. Je n'ai point déterminé le rapport des côtés entre eux; mais les trois cristaux isolés, ainsi que ceux des trois groupes qui existent dans cette collection, sont assez parfaits et présentent assez de faces additionnelles, pour permettre d'essayer par eux cette détermination.

ACÉTATE DE PLOMB.

6 Morceaux.

Ce sel se présente sous la forme de prismes tétraèdres rectangulaires extrêmement minces et très-allongés, souvent terminés par un sommet dièdre, dont les plans se rencontrent entre eux sous un angle très-obtus. Les six morceaux de cet acétate de plomb, qui existent dans cette collection, renferment nombre de cristaux très-parfaits.

ACÉTATE DE CUIVRE.

6 Morceaux.

Ce sel a pour forme primitive un prime tétraèdre rhomboïdal incliné d'environ 70° et 110°. Ses faces terminales sont inclinées sur les bords aigus, de manière à faire avec eux des angles d'environ 65° et 115°.

ACÉTATE DE CUIVRE ET DE CHAUX.

32 *Morceaux, dont* 14 *Cristaux isolés.*

Ce superbe sel, qui est d'un beau bleu de lapis lazuli, a pour forme primitive un prisme tétraèdre rectangulaire, dont je n'ai pas déterminé les dimensions; mais cette détermination est facile à faire, les cristaux placés dans cette suite montrant plusieurs facettes de remplacement à leurs faces terminales. Je ne crois pas que ce sel ait encore été cité.

ACIDE DE TARTRE.

12 *Morceaux, dont 8 Cristaux isolés.*

La forme primitive de cet acide est un prisme tétraèdre rhomboïdal incliné d'environ 104° et 76°, dont les faces terminales inclinent sur les bords obtus du prisme, de manière à faire avec eux des angles d'environ 44°, 30′ et 135°, 30′. Ce prisme devient communément hexaèdre par le remplacement de ses bords de 76°. La suite des cristaux de cette substance, placés dans cette collection, présente quelques variétés de formes, avec lesquelles on pourroit essayer de déterminer le rapport des côtés du prisme entre eux.

TARTRE DU VIN. TARTRE ROUGE.

1 *Morceau.*

Le groupe placé sous cet article, offre des cristaux dont la forme est absolument la même que celle des cristaux de l'acide tartareux précédent, dans lesquels les bords de 76° ne sont pas occupés par des plans de remplacement.

TARTRATE DE POTASSE.

Le cristal primitif de cette substance, dont j'ai fait l'étude cristalline, est un prisme rectangulaire à base rectangle, dont les bords, la hauteur du prisme étant 1, sont entre eux comme 4 est à 5. Les cristaux qui appartiennent à ce sel sont renfermés dans une fiole de verre.

SUPERTARTRATE DE POTASSE. CRÊME DE TARTRE.

23 *Cristaux isolés.*

Ce sel, dans cette collection, renferme un très-grand nombre de variétés, toutes très-particulières, et extrêmement difficiles à déterminer. J'avois précédemment regardé comme étant sa forme primitive, un octaèdre rectangulaire ayant deux faces plus inclinées que les deux autres, et dans lequel les faces les plus inclinées se rencontrent au sommet sous un angle de 60°, et à la base sous un de 120°, et dont celles les moins inclinées se rencontrent de même au sommet sous un angle de 50°, et à la base sous un de 130°. C'est d'après cette opinion que M. Richard Phillips, dans son ouvrage, extrêmement intéressant, intitulé *an experimental Examination of the Pharmacopæia Londinensis, &c.*, cite cette forme comme étant celle primitive de cette substance. Mais outre qu'un travail particulier que j'ai fait depuis sur l'octaèdre, comme forme primitive de nombre des substances minérales, m'a fait voir qu'il falloit de très-grandes raisons, et y être absolument forcé par des indications non douteuses, pour prendre pour forme primitive un octaèdre irrégulier, un nouvel examen que j'ai fait de ce sel, d'après cette donnée, m'a fait changer d'opinion. Je crois aujourd'hui que le cristal primitif de cette substance est un prisme tétraèdre rhomboïdal. Mais tandis que nombres de données me conduisent à prendre pour ce cristal le prisme rhomboïdal de 60° et 120°, plusieurs autres semblent indiquer celui de 50° et 130°; je laisse en conséquence cette question encore indécise. Les cristaux qui existent dans cette collection, et qui sont en nombre très-considérable, présentant beaucoup de variétés, pourront servir à la décider : c'est même à cette intention que, ce sel étant très-difficile à obtenir en cristaux parfaits, j'en ai rassemblé un nombre considérable, dont les 23 cités ne sont qu'une très-petite partie que j'ai isolée, en les montant sur des supports de cire verte.

TARTRATE DE POTASSE ET D'ANTIMOINE.

Ce sel me paroît avoir pour cristal primitif un octaèdre, dont les plans se rencontrent au sommet sous un angle d'environ 63°, et à la base sous un d'environ 117°. Il est renfermé dans une fiole de verre, et ses cristaux offrent plusieurs variétés.

TARTRATE DE POTASSE ET DE SOUDE. SEL DE SAIGNETTE.

26 *Cristaux isolés.*

La forme primitive de ce sel est un prisme tétraèdre rhomboïdal droit d'environ 100° et 80°, à bases rhombes, divisible suivant ses deux diagonales. Plusieurs des cristaux qui composent la suite de ceux de ce sel placés dans cette collection, et qui tous sont fort grands, ayant des faces additionnelles à leurs faces terminales, peuvent conduire à la détermination du cristal primitif.

BORATE DE SOUDE. BORAX.

57 *Morceaux, dont* 50 *Cristaux isolés.*

La suite des cristaux de cette substance, dont une partie vient de l'Inde, et dont l'autre, dont les cristaux sont parfaitement purs et très-beaux, est tirée de la manufacture de M. Howard de Stratford, présente un grand nombre de cristaux non décrits, et dont les formes sont parfaitement déterminées. Elles sont très-propres à vérifier ce qui concerne la forme primitive de ce sel, qui pourroit bien ne pas être un prisme parfaitement rectangulaire, ainsi qu'il est assez généralement pensé.

ARSENIATE DE POTASSE.

4 *Cristaux isolés.*

Le cristal primitif de ce sel est un prisme tétraèdre rectangulaire à base quarrée : ce prisme est communément terminé par une pyramide, aussi tétraèdre, dont les plans sont en opposition des côtés du prisme, et peuvent faciliter la détermination des dimensions du cristal primitif.

BENZOATE DE CHAUX.

Quoique cette substance cristallise avec beaucoup de facilité contre les parois des vases qui en renferment la solution dans l'eau, et qu'on ne puisse rien voir de plus agréable que les arborisations et autres desseins qu'elle forme contre ces mêmes parois, et principalement contre leurs parties extérieures, après que la cristallisation a franchi les bords du vase, il m'a toujours été impossible d'y apercevoir aucune forme parfaitement déterminée.

ACIDE CITRIQUE.

28 *Cristaux isolés.*

Cet acide dont les variétés cristallines sont nombreuses et très-particulières, me paroît avoir pour cristal primitif un prisme tétraèdre rhomboïdal droit d'environ 68° et 112°.

ACIDE OXALIQUE.

Cet acide a pour cristal primitif un prisme tétraèdre rhomboïdal d'environ 77° et 103°, dont les faces terminales sont inclinées sur deux des côtés opposés du prisme, de manière à faire avec eux des angles de 60° et 120°. La suite des variétés renfermées dans cette collection, moins nombreuses cependant que celles de l'acide citrique, en renferme plusieurs propres à aider la détermination de son cristal primitif.

MURIATE DE MERCURE DOUX. CALOMÈLE.

24 *Morceaux, dont* 16 *Cristaux isolés.*

Le cristal primitif de ce sel paroît être un prisme tétraèdre rectangulaire. Ce prisme est souvent terminé par une pyramide aussi tétraèdre, placée sur ses bords, et dont les plans se rencontrent entre eux, au sommet, sous un angle de 45°. Quelquefois les plans du prisme manquent, et le cristal se présente alors sous la forme d'un octaèdre.

SUCRE.

6 *Morceaux, dont* 1 *Cristal isolé.*

Le cristal primitif du sucre est un prisme tétraèdre rhomboïdal incliné d'environ 100° et 80°, dont les faces terminales sont inclinées sur les bords de 80°, de manière à faire avec eux des angles d'environ 78° et 102°. Le cristal placé dans cette collection est composé de la réunion de deux cristaux très-parfaits avec des facettes, appartenant à deux modifications différentes, placées le long des bords des faces terminales ; il peut servir à faciliter la détermination du cristal primitif de cette substance.

CHARBON D'ALKOOL.

Plusieurs petits morceaux.

MÉTAUX.

OR MÉTALLIQUE NATIF.

90 *Morceaux, dont* 1 *Cristal isolé.*

Parmi les morceaux qui, dans cette collection, appartiennent à l'or natif cristallisé, il existe plusieurs petits groupes, sur lesquels l'or est, soit en cubes complets, soit en cubes avec les angles solides remplacés, chacun d'eux par trois plans, soit en cristaux à 24 facettes trapézoïdales : il existe, dans ces derniers, de très-jolis groupes, sur lesquels les cristaux sont en assez grand nombre et très-parfaits. D'autres groupes montrent des cristaux octaèdres, et quelques-uns des lames hexaèdres très-minces, ainsi que des lames rhomboïdales de 60° et 120°. Le cristal isolé, qui est cité, présente une variété très-jolie et extrêmement rare, dans laquelle l'or est cristallisé en tétraèdre régulier, ayant chacune de ses arètes remplacée par deux plans, et chacun de ses angles solides par trois : variété qui est parfaitement en rapport avec celle qui appartient au cruivre et fer sulfuré gris, représentée par M. l'Abbée Haüy, pl. 70, fig. 85, de sa minéralogie. Il existe en outre, dans cette collection, plusieurs lames sur lesquelles on observe des tétraèdres réguliers.

Parmi les autres variétés offertes par cette suite, en sont deux qui appartiennent à l'or argentifère ou électrum. L'une d'elle est très-riche en argent, et d'un blanc jaunâtre ; l'autre est plus riche en or : cette derniere vient de Sméof en Sibérie : on peut en observer, dans cette même suite, deux morceaux accompagnés d'argent muriaté. Ces deux morceaux sont extraits d'un beaucoup plus considérable, qui m'a été envoyé de St. Pétersbourg, par mon excellent ami le Dr. Crichton, premier médecin de l'empereur de Russie, et que j'ai placé dans la collection de M. Greville.

Cette suite renferme, en outre, une collection de petites pépites d'or mélangé de beaucoup de cuivre et d'un jaune rougeâtre, du Sénégal. Elle contient aussi une suite de morceaux dans lesquels l'or est dans une gangue de fer oxydé, mélangé de cuivre carbonaté vert fibreux, de Sibérie ; une suite de pyrites aurifères en décomposition, dont quelques morceaux sont très-riches ; ce même métal mis à nud par la décomposition du nadelertz ; un morceau de cuivre sulfuré gris mélangé d'or natif ; de petits morceaux de fer oligiste avec or natif, qui sont du Brésil, et que je dois à l'amitié de M. le Comte de Funchall, ambassadeur plénipotentiaire de la cour du Brésil à Londres ; et enfin plusieurs pépites, dont une assez considérable, de l'or trouvé en Irlande, ainsi que de celui trouvé en Cornwall.

PLATINE.

Cette collection renferme un petit coffret contenant du platine en grain du Pérou.

Elle renferme en outre, un autre petit coffret qui contient de même du platine en grain, mais du Brésil. Ce sable de platine est beaucoup plus riche en grains d'or, disséminés parmi les siens que celui du Pérou. Parmi ses grains, un grand nombre sont en petits mamelons, semblables à ceux de certaines hématites de l'île d'Elbe: lorsqu'ils sont un peu gros, on reconnoît que cette partie mamelonnée n'est qu'une couche très-peu épaisse et caverneuse, qui paroît avoir été en recouvrement d'un autre corps, dont elle s'est détachée: quelques-uns des mamelons ont une forme conique allongée, à la manière de certaines hématites stalactiforme, et sont de même vides ou fistuleux dans leur intérieur.

J'ai séparé de ce sable trois grains qui offrent un intérêt particulier. L'un d'eux offre une des pyramides d'un octaèdre rectangulaire, avec une petite partie de celle inférieur, Cet octaèdre, dont la mesure de l'angle solide du sommet, pris sur le milieu des faces opposées, est d'environ 50°. pl. 20, fig. 391, est totalement creux dans son intérieur, de sorte que ce cristal n'en offre en réalité que l'enveloppe. Le second de ces grains est un prisme tétraèdre rectangulaire, terminé par une pyramide tétraèdre un peu plus surbaissée, et d'environ 60° pour la mesure de l'angle solide de son sommet, et dont les plans sont en opposition des bords du prisme, fig. 392. Le troisième de ces grains est un prisme tètraédre rectangulaire à bases quarrées, fig. 393. Ces trois cristaux sont creux dans toute leur longueur. Il paroît non douteux que le platine de ces grains a été déposé, à l'origine, sur un autre corps dont il a été en suite dégagé. Mais quel a pu être ce corps ? L'or et le palladium sont les seuls métaux mélangés avec le platine dans ce sable : les formes qui viennent d'être décrites n'appartiennent pas à l'or, appartiendroient-elles au palladium,ou cette cristallisation seroit-elle en effet celle du platine ? La solution de cette question n'est pas facile.

Il est joint à cette collection une petite feuille de platine laminée, et une petite cuillère, d'usage pour le chalumeau.

PALLADIUM.

Quelques petits grains de palladium extraits du sable de platine précédent. Il y est joint une petite feuille laminée.

RHODIUM.

Un petit bouton de rhodium à l'état de régule, auquel est joint une petite feuille laminée, très-mince, obtenus l'un et l'autre, ainsi que la feuille de palladium laminée précédente, par le Dr. Wollaston.

UNION DE L'IRIDIUM ET DE L'OSMIUM A L'ÉTAT MÉTALLIQUE.

6 *Cristaux isolés.*

La connoissance de ces deux métaux, contenus dans le platine, est due à M. Tenant ; mais celle de leur réunion formant de petits grains, disséminés dans le sable même qui contient le platine, est due au Dr. Wollaston, qui l'a cité pour la première fois, dans les Transactions Philosophiques de 1805. Il a le premier distingué ces grains de ceux qui appartiennent au platine, et les en a séparés. C'est à lui que j'ai l'obligation des six cristaux qui composent cette suite, ainsi que d'un assez grand nombre d'autres grains de la même substance, tous à l'état de cristallisation ; mais beaucoup moins prononcés que les six que j'en ai séparés et isolés.

Cette substance étant en grains comme le platine, et à-peu-près de la même couleur, il a fallu un coup-d'œil pénétrant pour les en distinguer ; mais cette distinction une fois faite, on reconnoît ensuite assez facilement par ces grains, leurs caractères particuliers. La dureté de cette substance est plus considérable que celle du platine, elle approche de celle du fer forgé.

Sa pesanteur spécifique est aussi plus grande, celle du platine en grain, dans son plus grand état de pureté ne passe pas 177,00, tandis que les grains de cette substance pèse 195,00.

Elle cristallise d'une manière parfaitement déterminée, et cela, à ce qu'il paroît, très-facilement. Sa forme primitive est un prisme hexaèdre régulier, fig. 77, pl. 4, dont la hauteur est aux bords des faces terminales, dans le rapport de 5 à 4. Ce prisme est divisible, avec beaucoup de facilité, parallélement à ses faces terminales, et le plan de division a beaucoup d'éclat ; mais je n'ai pu le diviser parallélement à ses autres pans. Ce cristal primitif ne m'a laissé observer que deux modifications, et toutes les deux ont lieu le long des bords des faces terminales.

Par la première de ces modifications, les bords des faces terminales sont remplacés par un plan qui fait avec elles un angle de 124°, 42′, fig. 78, et est le résultat d'un reculement par une simple rangée.

Par la seconde, ces mêmes bords sont remplacés par un plan qui fait avec les faces terminales un angle de 114°, 47′, et est le résultat d'un reculement par deux rangées en largeur sur trois lames de hauteur, fig. 79.

Toutes les variétés qui sont représentées dans la planche, existent dans cette collection.

Cette substance ayant été dite ne jouir d'aucune malléabilité, et désirant m'en assurer par moi-même, j'en ai placé plusieurs grains sur un petit quarré d'acier, et leur ai fait ensuite éprouver une forte percussion avec un marteau ; ils n'ont point été brisés par le choc, qui au contraire les a applatis et étendus, et ce qui est très-particulier, ils ont, par ce moyen, contracté avec l'acier une adhérence si forte qu'il n'est plus possible de les en séparer. Ce morceau d'acier, garni de ces grains, est placé dans cette collection, à la suite de cette substance.

ARGENT.

ARGENT MÉTALLIQUE NATIF.

121 *Morceaux.*

La suite que présente cette substance, dans cette collection, est très-riche, tant à l'égard des différentes variétés qu'elle renferme, dont plusieurs sont très-rares, qu'à raison de la perfection de la plupart des morceaux. Je citerai particulièrement plusieurs petits morceaux de Kongsberg, en Norwège, dont toutes les ramifications d'argent natif sont des agrégations de petits cubes, ainsi que d'autres, dans lesquels ces cubes ont jusqu'à deux lignes de côté; trois petits groupes d'argent natif en octaèdres assez grands et parfaitement réguliers ; plusieurs petites masses ramuleuses isolées, séparées de leur gangue, qui, dans les morceaux qui viennent du Pérou, imitent de petites feuilles de fougères, et dont les octaèdres, auxquels ces petites masses ramuleuses sont dues, sont assez grands pour être facilement apperçus, avec la vue simple : il y est joint plusieurs morceaux, dans lesquels cette variété, en feuille de fougère, est accompagnée et renfermée dans le quartz qui lui sert de gangue.

Dans un morceau de chaux carbonatée de Kongsberg, placé dans cette collection, on peut observer l'argent natif en grandes lames hexaèdres.

Parmi les variétés filamenteuses et capillaires, il y en a plusieurs fort belles de Kongsberg, du Pérou et du Mexique.

Je citerai encore trois morceaux appartenant à une variété très-rare, dans laquelle l'argent natif est une masse informe et légère, d'un grain cristallin, mais extrêmement lâche, et si tendre que l'ongle peut facilement l'entamer ; un de ces morceaux montre quelques ébauches de cubes à sa surface. Cette variété, qui n'a point été citée, peut être désignée sous le nom *d'argent natif spongieux* : un des trois morceaux qui lui appartiennent a été roulé par le frottement.

Je terminerai enfin cette énumération des variétés d'argent métallique natif, qui est déjà très-longue, par l'argent natif aurifère de Kongsberg.

ARGENT ANTIMONIAL.

1 *Morceau.*

Ce morceau d'argent antimonial est une plaque polie de chaux carbonatée mélangée de baryte sulfatée et d'argent antimonial ; il contient en outre quelques parties de galène sulfurée. On observe, sur le bord de cette plaque, plusieurs cristaux d'argent antimonial en prismes allongés, parmi lesquels il en existe de tétraèdres parfaitement rectangulaires, ainsi que le représente la fig. 81, pl. 4. D'autres sont hexaèdres ; mais il m'a toujours semblé, et l'on peut facilement l'apercevoir ici, que ces prismes hexaèdres ne sont pas réguliers ; mais ont 4 angles de 135°, et 2 de 90°, fig. 82 ; ils sont produits par le remplacement, par un plan, de deux bords opposés du prisme tétraèdre rectangulaire. J'ai vu, dans quelques morceaux de cette substance, ces mêmes prismes devenus octogones, et comme ils sont fréquemment fort petits, ils paroissent alors, bien souvent, comme des prismes hexaèdres déformés par des stries. On peut observer aussi, sur le bords de cette même plaque, des prismes hexaèdres irréguliers, ainsi que le représente la fig. 83, et ayant deux angles de 90°, un de 135°, et un de 45° ; ce qui achève de démontrer que le cristal primitif est en effet un prisme tétraèdre rectangulaire. J'ai dû à M. Mohr, marchand de minéraux d'Allemagne, auquel j'ai eu l'obligation de plusieurs morceaux très-beaux de cette collection, un morceau de cette substance renfermant plusieurs cristaux en octaèdres réguliers, que j'ai donné à la collection de M. Greville, dans laquelle il doit encore exister.

Ces observations me font regarder le cube comme étant la forme primitive de ce minérai, et sa substance comme n'étant autre que de l'argent métallique mélangé, et non combiné, avec l'antimoine aussi à l'état métallique.

La plaque que j'ai citée précédemment, a sa surface polie chatoyante, et ce chatoyement sessemble beaucoup, par son effet, à celui du feldspath, dit adulaire et pierre de lune. Cet effet provient probablement du mélange de la chaux carbonatée avec la baryte sulfatée. Il est joint à cette plaque, dans cette collection, un petit fragment qui offre aussi quelques cristaux.

ARGENT ANTIMONIAL ET ARSENICAL.

1 *Morceau.*

Le morceau de ce minérai, renfermé dans cette collection, est très-beau. Il est à très-petites facettes, mélangées de quelques parties de galène et de baryte sulfatée. En examinant, avec la loupe, les facettes de ce morceau, on en observe plusieurs qui indiquent une forme tétraèdre rectangulaire. Je considère cette substance comme ne différant de l'argent antimonial que par l'introduction, dans le mélange, de l'arsenic et du fer, et il paroît par les diverses analyses qui en ont été faites, que ce mélange varie en faisant varier, en même-temps, l'aspect extérieur de cette substance.

ARGENT SULFURÉ.

80 *Morceaux, dont* 23 *Cristaux isolés.*

La partie cristalline de cette substance est très-riche, dans cette collection, et renferme un grand nombre de variétés cristallines non décrites, dont plusieurs sont d'une très-grande rareté. Parmi les cubes il y en a un isolés, imparfait à un de ses angles; mais complet partout ailleurs, et qui a 6 lignes de côté : ce cristal vient du Mexique. Il y en a en outre un autre, en partie engagé dans la gangue, qui a 4 lignes de côté, et a tous ses bords légèrement remplacés par un plan linéaire.

Parmi les autres variétés d'argent sulfuré, je citerai celles filiformes et à grandes lames ayant fort peu d'épaisseur, ainsi que plusieurs petits rameaux isolés d'argent natif, ayant tous pour base un morceau plus ou moins grand d'argent sulfuré.

ARGENT ROUGE.

148 *Morceaux, dont 66 Cristaux isolés.*

La série des cristaux de cette substance, que renferme cette collection, est bien certainement unique, soit par le nombre extrêmement considérable de variétés de formes qu'elle contient, et dont le beaucoup plus grand nombre n'ont pas été décrites, soit par la perfection de presque tous les cristaux auxquels appartiennent ces variétés. N'ayant point terminé l'étude cristalline pour laquelle ces cristaux ont été rassemblés, je me contenterai de dire ici que la forme primitive de l'argent rouge, étant un rhomboïde très-voisin de celui de la chaux carbonatée, mais un peu plus obtus, les modifications de celui qui appartient à cette substance, sont parfaitement en rapport avec celles du rhomboïde de la chaux carbonatée, et donnent en conséquence une grande partie des variétés analogues à celles, de cette substance. J'ajouterai, à raison de la separation qui a été faite, comme sous-espèce, par quelques auteurs, de la variété pyramidale, de celle prismatique, sous la phrase, *argent d'un rouge claire*, qu'on trouvera dans cette série un groupe et un cristal isolé, dont les cristaux parfaitement transparents sont, pour le premier, d'un rouge claire et de forme prismatique hexaèdre, terminé par les plans du rhomboïde primitif ; et pour le second, d'un rouge plus claire encore, et dont la forme est un prisme hexaèdre terminé par les plans du rhomboïde lenticulaire, dûs au remplacement des arêtes pyramidales du rhomboïde primitif; ces derniers plans sont, ainsi que dans la chaux carbonatée, striés parallélement à leur petite diagonale, et ont, ainsi que dans la variété analogue dans la chaux carbonatée, des ébauches d'une pyramide hexaèdre obtuse. J'ajouterai encore, qu'on trouvera dans cette série, des groupes dont les cristaux fort petits, sont en prismes hexaèdres terminés par une pyramide hexaèdre très-obtuse et complette, qui ont une teinte bleuâtre très-forte à leur surface.

Parmi les nombreuses variétés de forme que présente la série des cristaux de cette substance, placées dans cette collection, plusieurs sont aussi compliquées que la plupart de ceux qui le sont le plus dans la chaux carbonatée; mais comme elles sont parfaitement régulières, elles sont faciles à déterminer; quelques-uns de leurs cristaux ont jusqu'à 96 facettes et même plus.

Parmi les autres variétés, je citerai simplement un morceau d'arsenic métallique, dont les cavités sont garnies de cristaux d'argent rouge; et un morceau d'argent rouge en assez grands cristaux complettement recouverts, à leur surface, par du cuivre, appartenant à la variété connue sous le nom de bunt-kupferertz, cristallisé à l'extérieur en petits cristaux cubiques, forme qui, ainsi qu'on le verra à l'article de cette substance, est celle qui lui est propre.

ARGENT SULFURÉ FRAGILE. SPRÖDE GLASSERTZ, (*Werner.*)

28 *Morceaux, dont* 14 *Cristaux isolés.*

Cette espèce faite par M. Werner, dans l'argent, a été suprimée par tous les minéralogistes françois et considérée comme étant une simple variété de l'argent rouge altéré. Sans doute que ce minérai, qui est très-rare, ne leur a pas été connu, car très-certainement, ils l'eussent conservé parmi les espèces les plus parfaitement distinctes de ce métal. Il est vrai cependant que la plupart des minéralogistes allemands, me paroissent confondre avec les cristaux d'argent vitreux fragile, d'autres cristaux qui appartiennent bien sensiblement à l'argent rouge, et même quelquefois à l'argent sulfuré altéré, ce qui peut avoir contribué à l'erreur qui a été commise, en supprimant cette espèce du nombre de celles minérales.

La couleur la plus habituelle de l'argent vitreux est le gris d'acier ou de plomb, quelquefois cependant tirant un peu sur le noir. Son lustre, ainsi que sa cassure, sont tous les deux beaucoup plus éclatant que ne le sont ces deux caractères dans l'argent vitreux.

Ainsi que le dit très-bien M. Mohs, dans sa savante description de la superbe collection de M. Von der Null, l'expression d'aigre, (spröde) qui sert à caractériser cette substance, ne doit pas être prise à la lettre, elle seroit alors dans le cas d'induire en erreur. Ce minérai est en effet plus facile à briser, et plus aigre, sous un instrument tranchant, que l'argent sulfuré; mais il est moins fragile et plus doux que l'argent rouge.

Sa forme primitive est un prisme hexaèdre régulier, dont la hauteur est égale à l'apothème de l'exagone des faces terminales, fig. 84 pl. 5. Cette substance ne m'a laissé entrevoir aucune facilité à la division suivant aucun de ses plans.

Ce cristal primitif ne m'a laissé apercevoir, jusqu'ici, que trois modifications, et elles sont toutes trois le long des bords de ses faces terminales.

La première, remplace les bords des faces terminales, chacun d'eux par un plan qui fait avec ces mêmes faces un angle de 135°. Elle est le résultat d'un reculement, le long de ces bords, par une simple rangée.

La seconde, remplace les mêmes bords, par un plan qui fait avec les faces terminales un angle de 153°, 26'. Elle est le résultat d'un reculement, le long de ces bords, par deux rangées.

La troisième, remplace encore les mêmes bords, par un plan qui fait avec les faces terminales un angle de 123°, 41'. Elle est le résultat d'un reculement, le long de ces bords par deux rangées en largeur sur trois lames de hauteur.

Les cristaux de cette substance, que j'ai représentés dans la planche 5, sont les seules variétés que je connoisse de cette substance, elles existent toutes dans cette collection. On en a cité beaucoup d'autres, mais il paroît que c'est par suite de la confusion qui a été faite de ses cristaux avec ceux de l'argent rouge altéré.

ARGENT SULFURÉ FLEXIBLE. *(Nobis.)*

12 *Morceaux, dont* 4 *Cristaux isolés.*

Il m'est impossible de rapporter cette substance à aucune des espèces connues parmi les minérais d'argent, dont elle diffère totalement par ses caractères spécifiques. Sa couleur tire sur le noir; elle est tendre et est facilement coupée par un instrument tranchant; mais sa coupure, sans être terne, ne présente pas un lustre métallique aussi brillant que celui offert par la coupure de l'argent sulfuré.

Sa forme primitive est un prisme tétraèdre rhomboïdal de 60° et 120°, fig. 91 planche 5, divisible parallélement à ses faces terminales presqu'aussi facilement que le mica. Lorsque ses cristaux sont minces, ainsi que cela existe le plus habituellement, ils sont presqu'aussi flexibles que le peut être une lame de plomb de la même épaisseur : j'en ai plié plusieurs assez fortement que j'ai rétablis ensuite dans leur première situation, sans qu'ils se cassassent. Cette propriété seule seroit suffisante pour caractériser, dans ce sulfure d'argent, une nouvelle espèce ; c'est elle qui m'a déterminé à désigner cette substance sous l'expression d'argent sulfuré flexible, jusqu'à ce qu'il lui soit donné un autre nom.

Le caractère de flexibilité que possède cette substance, me l'a fait considérer pendant quelque temps comme pouvant appartenir au tellure gris de Naggiag ; mais l'essai qu'en a fait le Dr. Wollaston, d'après ma prière, a détruit cette opinión, en n'y trouvant que de l'argent, du soufre et quelque traces de fer.

Ainsi que je l'ai dit précédemment, le cristal primitif de cette substance est un prisme tétraèdre rhomboïdal droit à base rhombe de 60° et 120°. La hauteur de ce prisme est égale à la longueur des bords de ses faces terminales.

Les cristaux de cette substance m'ont présenté 7 modifications de ce cristal primitif.

La première, remplace les bords aigus du prisme par un plan également incliné sur ceux adjacents. Elle est le résultat d'un reculement par une rangée le long de ces bords.

La seconde, remplace les bords obtus par un plan de même également incliné sur les côtés adjacents du prisme, et est le résultat d'un reculement par une rangée le long de ces bords.

La troisième, remplace les bords des faces terminales par un plan qui fait avec elles un angle de 120°. Elle est le résultat d'un reculement, le long de ces bords, par 2 rangées en largeur sur 3 lames de hauteur.

La quatrième, remplace les angles obtus des faces terminales par un plan qui fait avec ces faces un angle de 120°, 58′, et est le résultat d'un reculement, à ces angles, par 6 rangées en largeur sur 5 lames de hauteur.

La cinquième remplace les angles aigus des faces terminales par un plan qui fait avec ces faces un angle de 120°, et est le résultat d'un reculement, à ces angles, par 2 rangées en largeur sur 3 lames de hauteur.

La sixième, a lieu le long des bords de 60° du prisme, et les remplace, chacun deux par deux plans qui font avec les côtés du prisme un angle de 153°, 26′, et sont le produit d'un reculement par deux rangées le long de ces même bords.

La septième, enfin a lieu aux angles aigus des faces terminales, et remplace chacun d'eux par deux plans qui font un angle de 120°, avec les faces terminales, et se rencontrent entre eux aussi sous un angle de 120°. Cette modification est produite par un reculement intermédiaire à ces angles aigus qui, tandis qu'il prend une molécule sur un des bords des faces terminales, en prend deux sur l'autre, et se fait par deux rangées en largeur sur trois lames de hauteur.

Les cristaux de cette substance sont en général fort petits; leur gangue, dans les morceaux qui sont placés dans cette collection, est une chaux carbonatée martiale, soit d'un gris de perle foncé, soit couleur de chair, mélangée de cuivre et fer sulfuré gris, et de chaux carbonatée en rhomboïdes lenticulaires: je les crois de Hongrie.

ARGENT ET CUIVRE SULFURÉ. (*Nobis.*)

5 *Morceaux.*

C'est encore le Dr. Wollaston qui, à ma demande, a bien voulu déterminer, par l'analyse, la nature de cette espèce de minérai d'argent, qui ne contient que de l'argent, du cuivre et du soufre, sans aucune trace de fer.

Sa couleur est un gris foncé, son lustre est éclatant, et sa surface, qui est aussi très-éclatante, est granuleuse, et partiellement conchoïdale.

Cette substance est extrêmement fragile; elle est aussi extrêmement fusible au chalumeau. Elle vient des mines de Culivan en Sibérie, et faisoit partie d'un envoi très-considérable et très-précieux, qui m'a été fait de St. Pétersbourg par mon ami le Dr. Crichton, premier médecin de l'empereur de Russie.

ARGENT MURIATÉ. ARGENT CORNÉ.

50 *Morceaux.*

Cette suite très-considérable, contient beaucoup de morceaux fort petits; mais tous parfaitement caractérisés et intéressants. Parmi les morceaux qui appartiennent à la variété cristallisée en cubes, 7 proviennent des mines d'argent, soit du Mexique, soit du Pérou.

Les autres morceaux, dans lesquels l'argent corné est cristallisé d'une manière régulière, appartiennent au Cornwall, et offrent bien certainement les variétés les plus intéressantes. L'argent corné y est en fort petits cristaux d'un vert pâle qui, à l'exception de quelques parties de fer oxydé mélangées avec eux, constitue en entier leur substance.

Il existe, dans cette suite, plusieurs morceaux dans lesquels le cube a ses angles solides remplacés par un plan plus ou moins grand, fig. 105, pl. 6. Dans d'autres on peut observer des octaèdres réguliers, fig. 106. Ces deux dernières variétés sont extrêmement rares, et n'ont point encore été citées.

L'argent muriaté de Cornwall présente une autre variété qu'on peut nommer *argent muriaté martial :* cette variété, qui n'a pas encore été citée, est intéressante. Elle se présente, ainsi que l'argent muriaté simple du même canton, sous la forme d'une agrégation de petits cubes; mais leur couleur est d'un brun noirâtre, ou d'un jaune rougeâtre, qu'on prendroit facilement, sans une grande attention, pour appartenir à un fer spathique, en petits rhomboïdes primitifs en décomposition. Ces cubes se coupent avec autant de facilité que le fait l'argent muriaté ordinaire, et la coupure, qui a un lustre brillant, laisse apercevoir plusieurs taches dues à des parties d'oxide de fer renfermées dans l'intérieur de leur substance. Sous l'action du chalumeau, l'argent se sépare sous la forme de petits globules qui recouvrent la surface du fer, qui se montre alors sous la forme d'une scorie. La série qui appartient à cette variété est trés-nombreuse, parce qu'elle montre cette substance sous ses divers aspects, et sous ses différents degrés de décomposition. Non altérée, elle est d'un brun noirâtre; l'altération lui donne une couleur d'un jaune rougeâtre; et lorsque cette décomposition est très avancée, les cubes se montrent remplis de grandes cavité, et quelquefois même leur surface extérieure ne montre plus qu'une espèce de carcasse: cependant on n'observe aucune trace d'argent natif sur ces morceaux, et l'esprit a de la peine à se représenter ce que ce métal peut être devenu.

Parmi les autres variétés, je citerai celle en lames minces interposées dans la chaux carbonatée du Pérou; celle en masse compacte d'un grain fin, d'un gris tirant un peu sur le violet, aussi du Pérou, et dont il existe, dans cette collection, une série intéressante; un morceau de l'argent métallique natif du Pérou, dit en feuille de fougère, sur une partie duquel il existe de l'argent corné en petits cubes d'un gris de perle, entremêlés de petits mamelons d'hématite, et de petits cristaux de fer oligiste, appartenant à la variété dans laquelle le rhomboïde a ses deux angles solides, pris pour sommets, remplacés par un plan très-large qui laisse fort peu de chose des plans du rhomboïde primitif; et enfin un petit morceau d'hématite de fer coloré en un jaune cuivreux, comme certaines hématites de l'isle d'Elbe, et dont la surface laisse apercevoir plusieurs petits cubes d'argent corné, d'un brun foncé, ayant beaucoup de rapport avec l'argent corné martial cité précédemment; j'en ignore la localité.

ARGENT NOIR.

12 *Morceaux.*

Je ne place ici ces morceaux, sous ce nom qui lui a été donné par les minéralogistes allemands, que pour mettre dans le cas de pouvoir les comparer avec la substance à laquelle on a donné cette dénomination. Je doute que le minerai qu'on désigne par elle, soit véritablement une espèce, et doive tenir, comme telle, une place parmi celles qui appartiennent à l'argent. Cependant, n'en ayant jamais vu aucun morceau sortant, soit des mains de M. Werner, soit venant de quelques-uns de ses écoliers, je ne puis prononcer déterminément à son égard. D'un autre côté, à en juger par la description seule que ce célèbre professeur en donne, je serois porté à considérer l'argent noir comme une simple variété de l'argent sulfuré, soit impure, soit en décomposition. La plupart des morceaux que j'ai vus jusqu'ici venant d'Allemagne, n'étoient autre chose que des mélanges, très-confus, d'argent sulfatés ou d'argent rouge en décomposition, de blende, de cuivre gris tenant argent, et de galêne aussi argentifère : telle est la nature des morceaux qui sont placés ici.

MERCURE.

MERCURE MÉTALLIQUE NATIF.

14 *Morceaux.*

Une partie des morceaux de cette collection, avec mercure natif, sont accompagnés de mercure muriaté, ou mercure corné.

MERCURE ARGENTAL. AMALGAME NATIF.

2 *Morceaux, dont un Cristal isolés.*

MERCURE SULFURÉ. CINABRE.

131 *Morceaux, dont* 40 *Cristaux isolés.*

Parmi les cristaux isolés de cette substance, qui

existent dans cette collection, est une série très-belle de grands cristaux de cinabre du Japon. Cette série est extrêmement intéressante et elle est très propre à ajouter considérablement à l'étude cristalline de cette substance, dont les variétés de forme sont très-nombreuses, et leur étude très-difficile, d'après les modifications très-particulières, et dont aucune autre substance ne montre l'exemple, qu'éprouve son cristal primitif, dont la forme est le prisme hexaèdre régulier.

Parmi les autres variétés de cette substance, est une série des variétés fibreuses et pulvérulentes, d'un rouge si beau et si éclatant, de Volfstein dans le Palatinat.

Je citerai particulièrement, dans cette série, une variété en petites masses lamelleuses, disséminées dans une hématite de fer compacte ; ainsi qu'une autre fibreuse, disséminée dans une pyrite martiale fibreuse aussi, dont les fibres sont de petits prismes rectangulaires allongés, entre lesquels sont interposées des parties de quartz et de mercure sulfuré.

Le mercure sulfuré bitumineux, n'étant qu'une légère variété du mercure sulfuré, a été réuni à lui.

MERCURE MURIATÉ. MERCURE CORNÉ.

16 *Morceaux.*

La plupart des morceaux de cette substance, qui sont renfermés dans cette collection, sont accompagnés de mercure natif. Un grand nombre présentent le mercure muriaté en cristaux très-sensibles ; mais ces cristaux sont pour la plupart, soit indéterminés, soit très-difficiles à déterminer.

Un petit morceau de cette suite contient un groupe de trois cristaux en cubes parfaits, avec les bords remplacés par un plan linéaire, fig. 107, pl. 6 : ils sont d'un jaune citron. Sur un autre morceau plus grand, le cube a chacun de ses bords remplacé de même par un plan, mais d'une grandeur si considérable qu'il reste très-peu de chose des plans primitifs du cube, fig. 108 : ce cristal est donc presque dodécaèdre ; il est d'un gris de perle. On observe enfin sur d'autres morceaux, des cubes ayant leurs angles solides remplacés, fig. 109.

Le cristal primitif de cette substance me paroît être le cube, et les variétés que je viens de dire exister en cristaux fort petits, mais parfaitement déterminés, dans cette collection, expliquent les deux cristaux donnés par M. l'Abbé Haüy : l'un, qui est le dodécaèdre à plans rhombes, est cité dans la minéralogie de ce savant ; et l'autre, qui est un prisme tétraèdre, avec une pyramide tétraèdre aussi, dont les plans sont en oposition des bords du prisme, est cité dans son *tableau comparatif*, &c. Cette dernière variété ne me paroître être autre chose, que le cube allongé, et dont les angles solides sont remplacés, chacund'eux, par un plan très-considérable, qui fait disparoître les deux faces terminales du cube, devenu prismatique.

CUIVRE.

CUIVRE METALLIQUE NATIF.

239 *Morceaux, dont* 82 *cristaux isolés.*

Je crois pouvoir assurer que la suite qui, dans cette collection, appartient au cuivre métallique natif, est une des plus complettes qui puisse être formée. La plus grande partie des morceaux dont elle est composée, sont à l'état de cristallisation, et dans le plus grand nombre, une partie des cristaux qu'ils renferment sont parfaitement cristallisés. Aussi la série des formes cristallines y est-elle immense, et comme presqu'aucune d'elles n'on été décrites, cette collection avoit été principalement rassemblée pour en faire l'étude qui, je puis l'assurer d'avance, présentera un grand nombre de faits intéressants, et mérite de faire l'objet d'un travail particulier. Quelques-uns des cristaux qui composent cette série, sont très-compliqués, et semblent fortement s'éloigner de leur type primitif ; mais l'étude des autres, rendra la leur plus facile, en applanissant la plus grande partie des difficultés qu'elle présente.

Un grand nombre des cristaux cités comme cristaux isolés, ne répondent pas exactement à cette expression, et sont de petites groupes ; mais étant eux-mêmes isolés, et les cristaux qu'ils renferment étant en très-petit nombre, ils remplissent la fonction des cristaux isolés, en rendant ceux qu'ils contiennent plus distincts, et leur détermination plus facile.

Parmi les autres variétés qui composent cette suite, il y en a plusieurs de très-rares. Je citerai principalement, parmi elles, un morceau en ramifications très-délicates, auquel on pourroit donner le nom de cuivre natif en feuilles de fougère, imitant parfaitement la variété d'argent métallique natif connue sous cette dénomination. Un autre morceau extrémement rare, qu'on pourroit nommer foliacé, sa masse n'étant composée que de la réunion, très-lâche, de lames assez grandes et ayant très-peu d'épaisseur ; elles ont toutes une tendance à la forme héxaèdre, et sont réunies entre elles par petits systèmes particuliers parfaitement distincts les uns des autres, quoiqu'adhérants tous entre eux : ce morceau est de Cornwall. Une série des variétés filiformes et capillaires du même canton, parmi lesquelles en est une qu'on pourroit nommer cotoneuse, par la finesse de ses fibres, la manière dont elles s'entrecroisent, et la légéreté de l'ensemble dû à cette réunion. Je citerai enfin, une série de morceaux, dans lesquels le cuivre natif, à l'état cristallisé, est légérement, à sa surface, à l'état de cuivre carbonaté vert.

CUIVRE SULFURÉ. CUIVRE VITREUX.

138 *Morceaux, dont* 61 *Cristaux isolés.*

Quoique déjà il ait été imprimé, dans les Nos. 108, 109 et 110 du journal de physique et de chimie de M. Nicholson, une notice de l'opinion à laquelle ma conduit l'étude que j'ai faite des divers sulfures de cuivre, cet objet me paroît assez essentiel, tant à la minéralogie qu'à la métallurgie, pour m'engager à placer ici le résultat de mes observations à leur égard, et établir en même-temps les caractères spécifiques, propres à chacun de ces sulfures, qui sont les plus essentiels.

Le cuivre sulfuré simple et proprement dit, auquel appartient cet article, est une combinaison simple du soufre avec le cuivre, dans la proportion de 0,81 de cuivre et de 0,19 de soufre.

Lorsque cette substance est pure, elle se laisse presqu'aussi facilement couper avec un couteau que le fait l'argent sulfuré, et sa coupure présente de même le lustre métallique : cependant en la coupant elle s'égrène quelquefois, et se brise d'autant plus qu'elle est moins pure.

Le cuivre sulfuré est friable sous le marteau.

Lorsqu'il se casse, sa cassure est partiellement conchoïdale et offre un lustre brilliant.

Sa couleur est un gris de fer ou de plomb plus ou moins foncé ; mais il est fort sujet à s'oxyder à sa surface, et prend alors une teinte tirant fortement sur le noir.

Il est très-fusible et fond à l'instant même, et en bouillonnant, sous l'action du chalumeau. Le bouton qui résulte de cette fusion est gris, et lorsque sa substance n'est pas parfaitement pure, et fort souvent elle est mélangée de fer, il agit sur le barreau aimanté ; mais cette action n'existe nullement lorsque sa substance est pure.

Sa pesanteur spécifique est de 56, 43.

La forme primitive du cuivre sulfuré, est un prisme hexaèdre régulier, dont la hauteur est à l'apothème de l'exagone des faces terminales, comme 2 est à 3 : ce prisme passe à celui dodécaèdre par le remplacement de ses bords longitudinaux. Ce cristal primitif m'a jusqu'ici fait observer trois modifications différentes, qui toutes trois remplacent chacun des bords de ses faces terminales, par un plan qui fait avec ces mêmes faces, dans la première de ces modifications, un angle de 146°, 19′, dans la seconde un de 138°, 22″, et dans la troisième un de 116°, 32′. Le premier de ces plans, est le produit d'un reculement, le long des bords des faces terminales, par une simple rangée ; le second, est le produit d'un reculement le long de ces mêmes bords, par 3 rangées en largeur sur 4 lames de hauteur ; et le troisième est le produit d'un reculement semblable encore, par une rangée en largeur sur 3 lames de hauteur. Ces modifications, par la diminution successive des faces terminales, donnent naissance à autant de pyramides hexaèdres complettes ou incomplettes, qui sont, soit avec prismes intermédiaires, soit sans prismes ; et dans ce dernier cas elles produisent autant de dodécaèdres à plans triangulaires. Fréquemment aussi, les plans de ces différentes modifications sont réunis sur le même cristal : on sent facilement qu'alors, de la différente combinaison de tous ces plans entre eux, doit résulter un grand nombre de variété, ce qui existe en effet ; mais il me paroît qu'il a été attribué à cette espèce du cuivre, par différents auteurs, des formes qu'il ne présente nullement, et que même il ne peut présenter, telles que le cube et l'octaèdre.

La suite des morceaux de cette substance, renfermés dans cette collection, est je crois une des plus complette qui puisse être rassemblée. La partie cristalline est extrêmement riche.

DOUBLE SULFURE DE CUIVRE ET DE FER, A CASSURE D'UN ROUGE DE NICKEL. BUNTKUPFERERTZ. (*Werner.*)

100 *Morceaux, dont* 16 *Cristaux isolés.*

Cette espèce diffère de la précédente, en ce que ce n'est plus une combinaison simple de soufre et de cuivre, mais le résultat d'une combinaison double du soufre avec le cuivre et le fer. Ce dernier métal ne s'y trouve plus en effet simplement mélangé, ainsi que cela arrive fréquemment à l'égard du cuivre sulfuré simple, mais à l'état combiné. Il change par conséquent totalement la nature du sulfure, en en faisant une espèce particulière, dans laquelle le cuivre, le fer et le soufre, sont dosés entre eux dans un rapport voisin des trois nombres 60, 18 et 22.

La couleur que présente cette substance, lorsqu'elle n'est nullement altérée, est fort peu différente de celle de l'espèce précédente ; mais ce qui la caractérise principalement, à cet égard, est la couleur qui est montrée par sa cassure, ou même par sa coupure, qui est toujours d'un rouge cuivreux ou de nickel plus ou moins foncé ; mais par suite de l'attération à laquelle cette espèce est infiniment plus disposée encore que la précédente, elle prend souvent, à l'extérieur, cette même couleur rouge, et même fort souvent beaucoup plus foncée. Elle prend aussi, par la même cause, le rouge brun, le bleu plus ou moins foncé, et quelquefois même la couleur verte, ainsi que diverses teintes de ces couleurs : propriété de laquelle dérive le nom allemand qui lui a été donné.

Cette espèce de minérai de cuivre jouit de la même propriété que le cuivre sulfuré de se laisser couper avec un couteau, et de présenter à la coupure un lustre métallique ; mais ce lustre est moins brillant. Elle offre aussi, sous la coupure, une résistance plus considérable, et sa substance s'égrène davantage.

Sa cassure est irrégulière, et présente beaucoup moins de petites parties conchoïdales que celle du cuivre sulfuré.

A l'état cristallin et parfaitement pure, sa pesanteur spécifique m'a donné 50,33.

Le caractère de la fusibilité est, avec celui de la cristallisation, ceux les plus frappants de cette substance. Le buntkupferertz est fusible, il est vrai, sous l'action du chalumeau, mais beaucoup moins facilement que le cuivre sulfuré simple, et avec un bouillonnement beaucoup moins considérable, et le bouton qui résulte de cette fusion, agit toujours très-fortement sur le barreau aimanté.

Sa forme cristalline primitive est le cube, qui très-souvent a ses faces un peu arrondies ; ce qui donne fréquemment, à ce cristal, un faux aspect rhomboïdal. Le cube, soit complet, soit avec ses angles solides remplacés par un petit plan triangulaire équilatéral, sont les seules variétés de forme que m'ait présenté cette substance, dans laquelle les cristaux sont d'ailleurs très-rares. En outre de ceux, soit agrégés, soit isolés, que cette suite renferme, il y est joint 12 petits groupes sur la plupart desquels les cristaux sont parfaitement déterminés.

Cette suite renferme aussi une série de morceaux, dans lesquels cette substance est à l'état feuilleté. J'imagine que cette variété appartient à la sous espèce du cuivre sulfuré, faite par M. Werner : cela me paroît d'autant plus probable que, d'après l'exposition qui a été faite par les auteurs allemands des caractères propres à cette sous varété, ainsi que d'après l'analyse qui en a été donnée par M. Klaproth, elle me paroît en effet appartenir au buntkupferertz, et non au cuivre sulfuré simple.

DOUBLE SULFURE GRIS DE CUIVRE ET DE FER.

CUIVRE ET FER SULFURÉ GRIS. CUIVRE GRIS. *Fahlertz.*

106 *Morceaux, dont* 22 *Cristaux isolés.*

Avant de tracer ici mon opinion sur la véritable nature de cette substance, qu'on me permette de la faire dévancer par quelques réflexions qui développeront le mode que j'ai suivi dans la détermination des sulfures de cuivre, lorsque je m'en suis occupé, la base sur laquelle cette détermination a été fondée, et la confiance qui peut y être apportée.

J'ai toujours été persuadé, qu'autant l'analyse chimique est utile à la détermination des substances minérales, lorsque pour y parvenir elle se réunit aux autres caractères déterminants de cette science, autant elle est peu propre à cette détermination lorsqu'elle s'isole : elle devient même fort souvent, dans ce cas, la source de nombres d'erreurs, d'autant plus dangereuses que l'autorité sur laquelle alors elles s'établissent inspire de confiance.

Toutes les substances minérales, et principalement celles qui sont métalliques, sont sujettes à admettre, dans leur formation, en outre des substances composantes, ou qui seules sont combinées chimiquement entre elles, et qui déterminent l'espèce minéralogique, dautres substances qui sont étrangères à celles qui entrent dans la combinaison, dont elle n'altèrent conséquemment pas la nature, quoique en réalité elles fassent varier la masse dans laquelle elles s'interposent. Ces substances, quoique paroissant, dans nombre de circonstances, soumises, dans leur introduction, à un genre d'affinité qui ne nous est pas encore connu, mais qui diffère totalement de celle qui détermine la formation des molécules intégrantes des minéraux, et le mode de leur réunion, font en effet varier celles dans la masse desquelles elles s'interposent soit à raison de la manière dont elles se dosent, en s'interposant, soit à raison de celles qui s'introduisent avec elles dans cette même substance, tant accidentellement, que déterminées par elles. Il n'est aucun moyen assuré par lequel la chimie puisse discerner, avec confiance, celles de ces substances qui sont véritablement combinées chimiquement entre elles, de celles qui ne sont que simplement interposées. Si, ne les distinguant pas, elle forme de l'existence de ces dernières un caractère essentiel de la substance analysée, elle introduit dans la science une erreur aussi forte que celle que commetteroit le physiologiste, en classant parmi les animaux, comme espèces différentes, ceux qui dans leur dissection montreroient quelques corps étrangers, comme bézoards, ossification de quelques tendons, altération de quelque fluide, &c.

Il existe cependant, pour la chimie, un moyen, sinon de faire disparoître complettement cette cause d'erreur, du moins d'en diminuer considérablement l'action ; c'est de ne compter que très-foiblement sur le résultat d'une analyse isolée, et de ne croire être parvenu à avoir quelques données sur les véritables parties composantes des minéraux analysés, que lorsqu'elle est arrivée à un résultat probable, offert à elle par une suite d'analyses comparatives, faites sur des échantillons parfaitement choisis, et pris dans des cantons, ainsi que dans des gangues différentes. Par ce moyen, elle peut reconnoître les substances qui, variant dans leur manière d'être dosées, annoncent exister dans quelques-uns des échantillons analysés, en quantité plus grande que celle qui est nécessaire à la combinaison, et par conséquent à la formation de la substance, et elle peut s'arrêter à celle de ces analyses, dans laquelle les substances composantes paroissent, dans leur manière d'être dosées, avoir atteint un point fixe, au-delà duquel elles ne varient plus, et rejétter alors du nombre des parties vraiment composantes, celles qui se trouvent en surplus dans les autres analyses. Par-là aussi, elle peut réjetter du nombre des substances composantes, celles qui, après s'être montrées dans quelques échantillons, cessent d'exister dans les autres.

Cette opération faite, et le caractère chimique fixé aussi exactement que la science peut le permettre, le minéralogiste prend alors une connoissance complette des autres caractères spécifiques, qui appartiennent à la substance analysée, et classe à l'avenir à côté d'elle, tout ce qui est en rapport parfait avec elle.

Cette marche est exactement celle que j'ai suivie, lorsque j'ai eu l'intention de fixer mon opinion sur les différens sulfures de cuivre, et j'ai été assez heureux pour trouver alors, dans un chimiste généralement estimé, M. Chenevix, la même opinion, et le même désir d'être utile à la science. Il a eu la complaisance de faire, sur ces sulfures, 24 analyses comparatives, sur des échantillons que j'ai choisis et que je lui ai fournis moi-même : je lui dois en entier d'avoir pu sortir de l'espèce de cahos dans lequel j'étois à leur égard.

Ce cahos sera très-facilement compris, à l'égard surtout de l'espèce dont nous nous occupons, si, en mettant à part le secours que j'ai été assez heureux de pouvoir me procurer, on veut, d'après les analyses faites sur le double sulfure gris de cuivre et de fer, fixer son opinion sur la véritable nature de cette substance. J'ai dans ce moment sous les yeux 12 de ces analyses, et l'on peut facilement s'apercevoir que la plupart ont été faites sur des échantillons très-imparfaits, tels que peuvent l'être ceux pris sur des masses indéterminées de cette substance ; tandis que d'autres, ont été faites sur des morceaux qui ne lui appartenoient aucunement : telle par exemple que celle faite, par M. Klaproth, sur un échantillon d'Andreasberg, qui lui a donné 16,25 de cuivre, 16 d'antimoine, 34 de plomb et 10 de soufre, et qui bien certainement appartient à la substance que j'ai décrite dans les transactions philosophiques, et plus complettement dans les Nos. 108, 109 et 110 du journal de Nicholson, sous le nom d'endellione, et à laquelle M. Jameson, professeur de minéralogie à l'université d'Edimbourg, m'a fait l'honneur de donner le nom de Bournonite.

Au nombre des analyses comparatives faites par M. Chénevix, sur cette substance, la plupart ont donné plus ou moins d'antimoine. Une variété seule, celle en cristaux parfaitement prononcés et très-brillants, de Cornwall, n'a donné que du cuivre du fer et du soufre, dans la proportion des nombres 52, 33 et 14. Cette variété étant bien parfaitement reconnue pour être un véritable cuivre gris, cristallisant en tétraèdre régulier, fahlertz des minéralogistes allemands, il s'en suit nécessairement que les parties constituantes obligées de ce minérai, sont simplement le cuivre, le fer et le soufre, et que toutes les autres substances qu'on rencontre dans la sienne, en doses si variées, lui sont totalement étrangères. Celle la plus sujette à s'y montrer, est l'antimoine ; l'argent s'y montre aussi assez souvent, ce qui pendant quelque temps a fait donner, à ce sulfure, le nom d'argent gris ; mais il y existe cependant plus rarement, et alors il est assez commun de l'y voir uni à l'antimoine à l'état d'argent rouge : j'ai cru reconnoître que lorsque cette espèce de minérai de cuivre, étant gratté, donnoit une poudre rouge, elle étoit dans ce cas.

La pesanteur spécifique du cuivre et fer sulfuré gris est 45, 58.

Je n'entrerai dans aucun détail sur les autres caractères extérieurs de ce minérai, ils sont connus : je me contenterai d'ajouter ici que, parmi le grand nombre des modifications du tétraèdre régulier, son cristal primitif, que renferme cette collection, il y en existe un nombre assez-considérable qui n'ont pas été décrites.

DOUBLE SULFURE JAUNE DE CUIVRE ET DE FER. CUIVRE ET FER SULFURÉ JANNE. PYRITE CUIVREUSE.

86 *Morceaux, dont* 31 *Cristaux isolés.*

Ce sulfure de cuivre est extrêmement intéressant, par le grand rapport qu'il a, à beaucoup d'égard, avec le précédent, et la différence qu'il montre à plusieurs autres égards.

Sa forme primitive est, de même que celle du cuivre et fer sulfuré gris, le tétraèdre régulier et d'après les analyses, faites par M. Chénevix, sur nombre d'échantillons très-parfaits que je lui ai remis moi-même, ses parties constituantes sont les mêmes aussi, et diffèrent très-peu dans la manière d'être dosées.

Cette dernière assertion étonnera peut-être, d'après une autre analyse faite par le même chimiste éclairé, et rapportée par M. l'Abbé Haüy, dans son *tableau comparatif*, &c. qui donne, pour parties constituantes de ce sulfure, 30 de cuivre, 53 de fer, et 12 de soufre; mais j'observerai que cette dernière analyse n'appartient nullement au cuivre et fer sulfuré jaune ordinaire, celui à cassures brillantes, irrégulières et presque granuleuses, et qui cristallise en tétraèdre régulier; mais à un autre sulfure de ce même métal, en couches minces superposées l'une sur l'autre, et fréquemment mamelonné, qui n'a encore montré aucune forme cristalline, et dont la cassure présente un grain très-fin, sans aucun lustre, et est quelquefois légèrement conchoïdal. Cette analyse de M. Chénevix, placée à la suite du mémoire que j'ai donné, dans les transactions philosophiques, sur les différentes espèces d'arseniates de cuivre, dans lequel je citois ce sulfure, comme étant différent de celui qui cristallise en tétraèdre, et formant très-probablement une espèce particulière, avoit trait à cette sspèce; aussi M. l'Abbé Haüy la cite-t-il comme étant l'analyse du cuivre pyriteux mamelonné d'Angleterre.

D'un autre côté le cuivre et fer sulfuré jaune, a une pesanteur spécifique moins considérable que celle du cuivre et fer sulfuré gris. Cette pesanteur m'a donné un terme moyen de 40,57. Sa dureté est aussi moins grande.

La différence qui existe entre les couleurs de ces deux sulfures, établit aussi une forte ligne de démarcation entre eux.

Il est donc, je pense, hors de doute que ces deux substances forment deux espèces parfaitement différentes. D'un autre côté aussi, le cuivre et fer sulfuré jaune, n'est bien certainement pas non plus une pyrite martiale mélangée de cuivre, sa forme, sa dureté, sa pesanteur spécifique,et en général tous ses caractères, sont différents de ceux de la pyrite martiale : le nom de pyrite cuivreuse ne peut donc lui convenir. Ce n'est point non plus, et par suite de la même raison, un cuivre sulfuré mélangé de fer ; ce ne peut donc être que le produit de l'un et l'autre sulfure de ces deux métaux, ou celui d'une combinaison triple de soufre de cuivre et de fer, et il me paroît que cette dernière manière de le considérer est celle qui offre le plus de données pour elle.

Un fait singulièrement intéressant qu'offre cette substance, est la grande différence que présente sa couleur jaune d'avec celle grise du cuivre et fer sulfuré gris, quoique paroissant composée des mêmes principes, avec bien peu de différence dans leur manière d'être dosés. Cette différence de couleur est frappante, et elle suffiroit à elle seule, lorsqu'il est question des substances métalliques, pour déterminer à séparer l'un de l'autre ces deux sulfures. Il y a long-temps que j'ai dit, pour la première fois, que mon opinion étoit que cette différence pouvoit provenir de l'état dans lequel le fer se trouve dans chacun d'eux. Dans le cuivre et le fer sulfuré jaune, il me paroît être à l'état métallique, ainsi qu'il existe dans la pyrite martiale, tandis qu'il est à l'état d'oxyde dans le cuivre et fer sulfuré gris. Avec qu'elle satisfaction j'ai vu M. Gueniveau, venir à l'appui, et même en démonstration de cette même opinion, par ses savantes analyses des cuivre et fer sulfurés jaunes de St. Bel, près de Lyon, et du Baigorry. L'une de ces analyses lui a donné 30,2 de cuivre, 32,3 de fer à l'état métallique, et 37 de soufre, et la seconde 30,5 de cuivre, 33 de fer, à l'état métallique, et 35 de soufre.

Le fer, étant une fois reconnu se trouver à l'état métallique dans le cuivre et fer sulfuré jaune, tandis qu'il est à l'état oxydé dans le cuivre et fer sulfuré gris, les substances composantes de ces deux minérais cessent d'être les mêmes, et leur différence, comme espèces, fortement prononcée. Il reste cependant encore une difficulté offerte par eux. Pourquoi donc alors ces deux substances, si elles sont différentes, offrent-elles la même forme primitive ? Nos connoissances, en cristallographie, ne sont pas je pense suffisantes encore pour nous permettre de répondre à cette question, de manière à résoudre complettement la difficulté. Je dirai seulement, que ce n'est pas exclusivement dans la forme du cristal primitif, que réside la forme caractéristique des substances minérales ; mais en outre, et même principalement, dans celle des molécules intégrantes qui concourent à la formation de ce cristal. Plusieurs molécules intégrantes de formes différentes, peuvent concourir, par leur réunion, à la formation de formes primitives parfaitement semblables ; c'est ainsi que dans des formes plus faciles à disséquer pour nous, que le tétraèdre, telles que le cube, nous pouvons arriver à leur formation par un grand nombre de molécules de formes différentes. On a vu, à l'article du diamant, que nous somme forcément conduits à reconnoître que la véritable forme des molécules intégrantes de l'octaèdre et du tétraèdre, ne nous est pas encore connue, ce qui a conduit à admettre pour forme de la molécule intégrante de l'octaèdre, le tétraèdre, et pour celle de ce dernier, le tétraèdre lui-même. Il me paroît très-facile de démontrer, que ces deux formes ne peuvent être celles des molécules intégrantes de ces deux solides ; mais il ne l'est pas à beaucoup près autant, de parvenir à la connoissance de la véritable forme de ces molécules. Cette détermination est, je pense, un travail qui reste à faire, et jusqu'à ce qu'il soit fait nos connoissonces cristallographiques resteront incomplettes ; mais quelle est la science dont toutes les parties soient finies ? Avouons de bonne foi notre ignorance, et avec elle notre impossibilité de pouvoir répondre encore, d'une manière satisfaisante, à la question que je viens de me faire à moi-même.

Le cuivre et le fer sulfuré jaune, ne doit pas être confondu avec la pyrite martiale tenant cuivre. Dans cette dernière, ce métal est simplement interposé, et cela en doses très-variables, souvent très-foibles, et s'élévant à peine à un ou deux centièmes, mais d'autrefois en dose beaucoup plus considérable.

La série des morceaux qui, dans cette collection, appartiennent à la cristallisation de cette substance, contient plusieurs variétés de formes non décrites.

CUIVRE ET FER SULLURÉ D'UN JAUNE PALE, ET D'UN GRAIN FIN ET COMPACTE.

49 *Morceaux.*

Les caractères de ce sulfure de cuivre sont si différsnts de ceux du cuivre et fer sulfuré jaune, de l'article précédent, que je le crois d'une nature différente, et par conséquent dans le cas de constituer une espèce particulière. Je ne fais cependant qu'offrir cette opinion, et n'ai nullement la prétention de la donner comme un fait dont on ne puisse douter.

Ce minérai, qui autrefois a été trouvé en Cornwall en très-grande abondance, paroît y être devenu assez rare aujourd'hui. Sa couleur est d'un jaune peu foncé, tirant plus sur le vert que celle de l'espèce précédente; et son lustre beaucoup moins brillant.

Son grain est fin et très-serré, et sa texture est formée, le plus communément, de couches minces placées les unes sur les autres, et si étroitement réunies qu'elles échappent assez ordinairement à la vue, et cela même dans la cassure; mais une forte chaleur, ou simplement la percussion d'un marteau, les met facilement à découvert, en détachant quelques-unes d'elles. Très fréquemment aussi, cette substance se montre sous une forme mamelonnée, ainsi que le fait le fer oxydé hématite.

Le couteau l'entame facilement; mais sa substance se brise sous son tranchant. L'action de la friction lui donne un lustre métallique, ce que ne montre pas, sous les mêmes circonstances, l'espèce précédente.

Sa pesanteur spécifique et de 41,57.

Sous l'action du chalumeau, ce sulfure décrépite ainsi que le précédent, mais plus fortement encore. En lui faisant éprouver cette action avec beaucoup de précaution, il devient rouge, par le premier effet de la chaleur, et ensuite, sans presque laisser apercevoir aucun mouvement de fusion, il se change en une scorie poreuse, qui agit fortement sur le barreau aimanté, et est d'un brun noirâtre.

C'est à ce sulfure qu'appartient l'analyse faite par M. Chénevix, citée à l'espèce précédente, et qui a été rapportée par M. l'Abbé Haüy à cette même espèce, nommée par ce savant, cuivre pyriteux, en laissant cependant entrevoir beaucoup de doute sur la véritable nature du sulfure jaune de cuivre en général. Ainsi que je l'ai déjà dit, je crois que la substance, dont nous nous occupons, diffère totalement du cuivre et fer sulfuré jaune, placé à l'article précédent. Je crois que le fer y est de même, soit à l'état métallique, soit voisin de cet état, et que probablement la différence qui existe entre ces deux minérais, ne provient que de ce que ce métal y est, ou dosé différemment, ou peut-être à un léger état d'oxydation.

Je n'ai jamais rien aperçu qui pût faire soupçonner, dans cette substance, aucune forme déterminée quelconque.

La surface des morceaux qui lui appartiennent, s'altère, à ce qu'il paroît, fortement par oxydation, et passe au noir; mais très-souvent cette altération n'est pas assez considérable pour détruire totalement le lustre de cette surface, dont l'aspect est métallique. Elle en prend alors un absolument semblable à celui du bronze antique; ressemblance qui est d'autant plus parfaite, que souvent cette même surface se couvre en même temps, dans quelques-unes de ses parties, de cuivre carbonnaté vert, qui imite alors cette belle patine verte, dont le bronze antique est souvent recouvert.

Cette espèce de sulfure de cuivre éprouve aussi la même altération qui colore le cuivre et fer sulfuré jaune, de ces belles couleurs connues sous le nom de gorge de pigeon; mais, quoiqu'elles y soient au moins aussi intenses, elles n'y ont pas à beaucoup près autant d'éclat.

Cette espèce accompagne plus volontiers le cuivre sulfuré, proprement dit, que l'espèce précédente. Dans nombres des variétés qui ont été fournies par le Cornwall, ces deux espèces sont mélangées presqu'en parties égales ; mais assez volumineuses pour être distinguées avec la vue.

CUIVRE ET ANTIMOINE SULFURÉ. (*Nobis.*)

8 *Morceaux.*

Cette substance, qui vient de la mine de Bojojawlensk, près de Catherinbourg, en Sibérie, n'a, à ma connoissance, été citée encore par aucun auteur, et constitue une espèce nouvelle, soit dans les sulfures, déjà si nombreux, de cuivre, soit dans les sulfuresd'antimoine. Elle m'a été envoyée de St. Pétersbourg par mon excellent ami, le Dr. Crichton, premier médecin de l'empereur de Russie.

Sa couleur est d'un gris plus foncé que celui du cuivre et fer sulfuré gris, son grain est plus fin et plus serré, et sa cassure plus terne.

Sa dureté, quoique plus considérable que celle du cuivre et fer sulfuré gris, ne l'est cependant point assez pour rayer le verre.

Cette substance est extrêmement fusible sous l'action du chalumeau. Elle fond en bouillonnant, et se réduit, presqu'à l'instant, en une scorie noire très-poreuse.

Ce sulfure est renfermé dans une gangue de quartz, dans laquelle il est disséminé en rognons plus ou moins grands. On y observe aussi quelques parties de cuivre carbonaté et d'antimoine oxydé.

Sa nature a été déterminée, à ma prière, par le Dr. Wollaston, qui n'y a trouvé que du cuivre, de l'antimoine et du soufre. Cette substance seroit très-facilement prise pour appartenir au cuivre et fer sulfuré gris ; ce qui m'a déterminé à me servir de ce dernier, pour point de comparaison dans la description que je viens d'en donner ; mais elle en diffère essentiellement, en ce qu'elle ne contient pas la moindre trace de fer. Cette substance est fort rare.

CUIVRE CABONATÉ VERT.

120 *Morceaux, dont* 8 *Cristaux isolés.*

Les 8 cristaux isolés, placés dans la suite des morceaux de cette substance, sont, quoique fort petits, extrêmement intéressants, en ce qu'ils m'ont mis à même de déterminer les formes cristallines de cette substance, qui ne l'avoient point encore été.. On peut donc maintenant comparer ces formes avec celles qui appartiennent au cuivre bleu, et acquérir par-là une parfaite connoissance de la différence qui existe entre ces deux substances, qui très-certainement appartiennent à deux espèces différentes aussi.

La forme primitive du cuivre carbonaté vert, est un prisme tétraèdre rhomboïdal droit, d'environ 77° et 103°, divisible suivant une direction parallèle à son axe et aux petites diagonales de ses faces termitales, fig. 112, pl. 6, et fig. 113.

Les seules modifications que j'aie vues de ce prisme, sont les deux suivantes, dont les cristaux sont compris au nombre de ceux isolés que j'ai cités à la tête de cet article. Dans l'une d'elle, les angles obtus des faces terminales sont remplacées par un plan qui fait, avec ces faces, un angle d'environ 153°, et rencontrent les plans de remplacement de l'angle opposé, au dessus de ces faces terminales, sous un angles d'environ 126°

fig. 114, pl. 6*. Dans l'autre, fig. 115, les bords formés par la rencontre des côtés du prisme, sous l'angle de 103°, sont remplacés par un plan également incliné sur ceux adjacents.

La suite, qui appartient à cette substance, renferme toutes les variétés connues du cuivre carbonaté vert. Je citerai, plus particulièrement, parmi elles, une série de plusieurs groupes dans lesquels cette substance est en cristaux, pour la plupart, parfaitement distincts, et laissant parfaitement apercevoir leur forme; ils sont entremêlés de cristaux de plomb carbonaté. Plusieurs autres morceaux de cette suite, laissent de même apercevoir la forme de leur cristaux. Je citerai, en outre, une autre série de morceaux de cette même substance, à l'état de malachite, en petits cilindres stalactitiques, et de même accompagnée de cristaux de plomb carbonaté. Et enfin un petit morceau de malachite, sur la surface de laquelle sont disséminés des cristaux de cuivre arséniaté, appartenant à la variété en octaèdres obtus, ainsi qu'à celle en prisme trièdres.

Il faut bien se garder de confondre les cristaux de cuivre carbonaté vert avec ceux de cuivre bleu qui, par une altération, dont nous n'avons pas encore l'explication, sont passés à la couleur verte, ainsi qu'on en trouve un grand nombre d'exemples parmi les morceaux de cette substance qui viennent de Sibérie: ces cristaux n'ont absolument aucun rapport les uns avec les autres.

* Si ce plan étoit le produit d'un reculement par une simple rangée, la hauteur du prisme primitif seroit aux bords des faces terminales, à-peu-près dans le rapport de 9 à 19; mais je lui crois une hauteur plus considérable.

CUIVRE CARBONATÉ VERT MARTIAL.

60 *Morceaux.*

Ce cuivre n'appartient pas à une espèce proprement dite : ses caractères distinctifs sont assez marquants pour en faire une sous-espèce de celle précédente ; mais elle ne peut constituer une espèce. C'est un simple cuivre carbonaté vert à l'état compacte, mélangé de fer à différents degrés d'oxydation, qui y est souvent accompagné d'autres substances, et principalement d'argile et de quartz, et quelquefois aussi de stéatite.

Quoique ce cuivre ne soit pas une espèce, mais une simple variété, il n'en est pas moins intéressant par les différents aspects qu'il présente, et je crois avoir rassemblé ici tout ce qui peut le concerner. Plusieurs des morceaux de cette suite, sont fort rares ; elle renferme une série qui montre différentes teintes de vert brun et jaunâtre ; une autre d'un jaune de poix, à laquelle cette variété ressemble assez parfaitement par la finesse de son grain, son lustre et sa cassure ; dans une troisième série cette substance est d'un noir brillant, ressemblant à du bitume, cette variété a été citée par Gellort ; et enfin on trouve dans cette collection, une troisème série de morceaux de cette substance, dans laquelle cette variété du cuivre carbonaté vert, a une teinte brune légèrement bleuâtre. Toutes ces variétés dépendent du dégré d'oxydation du fer, ainsi que des différents mélanges, même d'autres minérais de cuivre, qui peuvent s'y être introduits, tels que le cuivre oxydé noir, le cuivre bleu, &c. Je citerai particulièrement, un morceau de cette suite, dans lequel cette substance, qui est d'un jaune de poix, tirant un peu sur le brun, est mamelonnée comme la malachite; variété très-rare.

CUIVRE BLEU. CUIVRE AZURÉ.

222 *Morceaux, dont* 103 *Cristaux isolés.*

La suite de cette substance, renfermée dans cette collection, est très-précieuse par le grand nombre de faits intéressants qu'elle renferme, ainsi que par la quantité extrêmement considérable de formes cristallines, non décrites, qu'elle présente. Ces variétés que le temps seul, et les recherches les plus constamment suivies, pouvoient permettre de rassembler, sont très-propres à faire l'étude cristalline complette de cette substance; et c'est avec cette intention que je les ai rassemblées. Cette étude est d'autant plus nécessaire à être faite, que ce qui a été dit jusqu'à présent, sur la cristallisation de cette substance, étant appuyé sur une supposition fausse, à l'égard de son cristal primitif, doit être redressé. Il seroit difficile de se procurer, pour cet objet, une suite plus complette de morceaux. Ne pouvant, dans ce moment, m'occuper de cette étude, à laquelle cependant je prends le plus grand intérêt, je vais la faciliter, autant qu'il sera en moi, en plaçant ici les faits que j'avois observés d'avance pour m'en servir moi-même.

Des les premiers instants que je considérai, avec quelqu'attention, la cristallisation du cuivre bleu, je fus frappé du peu d'accord qui existoit entre mes observations et celles de M. l'Abbé Haüy. Je ne pouvois accorder aucun des angles que j'observois, avec ceux qui devoient exister, d'après la forme primitif établie par ce celèbre minéralogiste, et dans beaucoup de circonstances je rencontrois de l'impossibilité à rapporter les formes que j'observois, à aucune des modifications qui devoient appartenir à ce cristal.

Remarquant alors, que ce savant, à l'exemple de Romé de Lisle, avoit pris pour point de comparaison, et pour base des formes cristallines de cette substance, des cristaux artificiels obtenus par M. Sage, le respect dû à l'opinion de ces deux célèbres auteurs, m'empêcha d'en adopter aucune, jusqu'à ce que je pusse avoir entre mes mains les matériaux dont ils s'étoient servis. J'écrivis alors à mon ancien ami, M. Sage, et le priai de me faire parvenir quelques-uns des cristaux de cuivre carbonaté bleu obtenus par lui. Je ne tardai pas à les recevoir. Je fus alors frappé de la grande différence qui existoit entre eux et les cristaux de cuivre bleu naturels. Rien ne me parut conduire à pouvoir considérer ces deux substance comme étant de la même nature, tandis que tout me parut, au contraire, indiquer entre elles une différence très-marquée. Au lieu de ce beau bleu de smalt que présentent les cristaux de cuivre bleu naturels, ceux artificiels sont d'un vert bleuâtre. Ces cristaux en outre s'éfleurissent à l'air, la plupart de ceux que j'ai vus tomboient en poussière à la moindre pression ; et ils sont dissolubles dans l'eau : deux propriétés absolument étrangères au cuivre bleu naturel.

Cette première observation, en m'expliquant la raison qui m'avoit empêché de me trouver d'accord, dans celles que j'avois précédemment faites, sur les cristaux de cuivre bleu avec ce qui avoit été établi à leur égard, fit disparoître l'espèce d'inquiétude que ces observations m'avoient fait naître, et rappela en même-temps toute mon attention sur elles. On trouvera, à la tête de la série des cristaux de cette substance, 16 cristaux isolés, pris parmi ceux artificiels, qui m'ont été envoyés par M. Sage. Il y en existe aussi plusieurs dans la collection de M. Greville, à laquelle je les ai donnés. On trouvera, dans ces cristaux, les formes représentées par M. l'Abbé Haüy, sous les fig. 98 et 99, pl. 72 de sa minéralogie, et qui avoient aussi été décrites, ainsi que le dit lui-même ce savant, par Romé de Lisle.

Je puis donc maintenant dire, avec plus de confiance, que la forme primitive du cuivre bleu naturel est un prisme tétraèdre rhomboïdal droit, d'environ 56° et 124°, fig. 116. Beaucoup de raisons me font croire que les faces terminales de ce prisme ne sont pas des rhombes, mais des rhomboïdes : fait qui doit être déterminé avec le reste de l'étude de cette substance. Il y a quelques années que j'avois pensé que ce prisme étoit incliné ; mais l'examen d'un plus grand nombre de cristaux, a fixé mon opinion sur le prisme droit ; toutes les variétés tendent à rappeler cette forme, et s'accordent parfaitement avec elle. Je croyois alors les faces terminales inclinées sur deux des côtés opposés de ce prisme, de manière à faire avec eux des angles de 65°, et 115°.

On est donc maintenant en état de prononcer aussi, que cette forme est totalement différente de celle qui appartient au cuivre carbonaté vert ; ce qui écarte absolument l'opinion qui voudroit réunir ces deux substances sous une seule et même espèce. Les cristaux de cuivre bleu passent, il est vrai, à la couleur verte, et souvent même d'une manière complette dans toute leur substance, et cette collection en renferme de nombreux exemples ; mais il est facile de reconnoître que c'est par altération de cette même substance. Leur surface alors est raboteuse, et paroît très-clairement avoir été exposée à une action postérieure à celle de leur formation. Je n'entreprendrai pas de déterminer sur quoi repose la différence qui existe entre cette espèce de minerai de cuivre et celui carbonaté vert ; mais à en juger par les belles expériences de M. Proust, le cuivre bleu me paroît devoir être un hydrate.

J'ai été d'autant moins retenu dans l'opinion, totalement différente de celle de M. l'Abbé Haüy, que j'ai été conduit à prendre à l'égard de tous les faits qui appartiennent à la cristallisation de cette substance, que ce savant estimable laisse apercevoir, tant dans sa minéralogie, que dans son *tableau comparatif*, le peu de confiance qu'il a lui-même dans la base qu'il a prise pour la détermination des cristaux de cette substance.

Ce qui est fait surtout pour écarter tout doute qui pourroit rester encore, sur la différence de nature qui existe entre le cuivre carbonaté, obtenu par M. Sage, et le cuivre bleu de la nature, est l'existence de la même substance que celle à laquelle appartient la première de ces espèces, parmi les produits naturels. Quelque temps après que cet ancien ami m'eut envoyé les cristaux que je lui avois demandés, j'ai trouvé à me procurer un morceau assez grand qui, autant que je puisse m'en rappeler, appartenoit à la pyrite martiale, et sur la surface duquel étoient plusieurs cristaux exactement semblables à ceux artificiels ; efflorescents comme eux, ayant les mêmes formes et les mêmes propriétés. Ce morceau ayant excité fortement le désir de M. Greville, auquel je l'avois fait voir, je lui en ai fait le sacrifice, et il doit être encore, dans ce moment, dans sa collection.

CHRYSOCOLLE. KUPFERGRUN. (*Werner.*)

30 *Morceaux.*

Cette variété du cuivre bleu, qui a été parfaitement décrite par M. Werner, n'est point connue des minéralogistes françois, qui tous la rapportent, soit au cuivre carbonaté vert superficiel et pulvérulent, soit au cuivre bleu qui est dans le même cas, soit à celles de leurs variétés dans lesquelles de petites parties de ces mêmes substances sont mélangées avec différentes terres, variétés qui pendant long-temps ont été nommées vert et bleu de montagne. Il n'étoit pas présumable que M. Werner pût avoir fait une espèce de ces trois variétés.

Je ne crois cependant pas que ce minérai de cuivre, soit une espèce proprement dite, mais bien une variété du cuivre bleu, dans laquelle cette substance est intimement mélangée, d'autres substances, qui étendent ses parties, en en diminuant le nombre, et affoiblissant d'autant l'intensité de sa couleur. Cette variété, par suite même de cette interposition, et de la diminution qu'elle occasionne dans la cohésion de ses parties, est beaucoup plus fragile que le cuivre bleu; mais communément elle est plus dure. Un grand nombre des morceaux qui lui appartiennent coupent le verre avec beaucoup de facilité; ce qui provient de ce que la substance, qui le plus généralement se mélange avec le cuivre bleu pour former cette variété, est le quartz. On trouvera, dans la suite qui lui appartient, dans cette collection, un assez grand nombre de morceaux, provenant du Chili, qui sont dans ce cas. Dans ces morceaux, le quartz est mélangé, en plus ou moins grande quantité, dans la substance du cuivre bleu ordinaire, et la couleur varie en proportion, depuis le cuivre bleu approchant de la teinte qui lui est ordinaire, jusqu'aux teintes bleu de ciel, et vert de gris, et même jusqu'à un bleu d'une couleur plus foible encore. Enfin, il existe dans cette collection, des morceaux dans lesquels on reconnoît que le quartz lui-même est simplement coloré en bleu. Tous ces échantillons rayent le verre ; mais ils exercent cette action avec d'autant plus de facilité et de force, que leur couleur à moins d'intensité.

Toute autre substance, en se mêlant, en une certaine dose, dans celle du cuivre bleu, paroît y produire le même effet, accompagné cependant de moins de dureté. Il existe des chrysocolles qui paroissent être dues à l'interposition de la chaux carbonatée, et il en est aussi qui semblent être produites par l'interposition d'une substance ayant de grands rapports avec la stéatite ; ces deux variétés sont beaucoup moins dures que celle due au mélange du quartz. La malachite met aussi dans le cas de faire, à son égard, des observations à-peu-près semblables.

CUIVRE MURIATÉ.

50 *Morceaux, dont* 24 *Cristaux isolés.*

Les cristaux isolés de cette suite, font voir que la forme primitive de cette substance, est un prisme tétraèdre rectangulaire, fig. 117. Ce prisme est divisible parallélement à son axe et l'une des diagonales de ses faces terminales. Dans quelques cristaux, il se termine par un sommet dièdre, dont les plans sont placés en opposition de deux de ses bords opposés : ces mêmes plans se rencontrent entre eux, aux sommet, sous un angle d'environ 105°, et formeroient avec les faces terminales un angle d'environ 142°, 30, fig. 118. Dans d'autres de ces cristaux, les bords du prisme qui sont opposés aux plans du sommet dièdre, sont en outre remplacés par un plan également incliné sur ceux adjacents, fig. 119. Les deux variétés citées par M. l'Abbé Haüy, qui sont l'octaèdre cunéiforme, et ce même octaèdre avec l'arête du sommet remplacée par un seul plan, sont probablement ces deux mêmes prismes terminés par un sommet dièdre que je viens de citer, dans lesquels les deux sommets sont plus rapprochés. On trouvera en outre, parmi les cristaux placés dans cette collection, la variété fig. 120, qui n'est autre chose que celle fig. 118, dans laquelle un des plans du sommet dièdre, a pris assez d'étendue pour faire disparoître l'autre ; ainsi que celle fig. 121, qui est la macle de deux moitées, placées en sens contraire, de la dernière de ces variétés.

La plupart des morceaux de cette suite sont fort petits ; cependant on en peut observer un, parmi eux, dont les cristaux sont plus grands qu'ils ne le sont ordinairement dans cette substance.

Des trois petits coffrets, dans lesquels est placée la variété pulvérulente de Lipes au Pérou, celui dans lequel les grains sont les plus gros, laisse apercevoir, avec le secours de la loupe, plusieurs petits cristaux de la variété en octaèdre cunéiforme.

Exposé au chalumeau, le cuivre muriaté fond avec

facilité, et donne un bouton qui cristallise, à sa surface, en lames rhomboïdales de 60°, et 120°, très-minces, et pour l'ordinaire allongées. Fig. 122.

CUIVRE PHOSPHATÉ.

14 *Morceaux.*

La plupart des morceaux de cette suite, sont très-beaux. On voit distinctement sur plusieurs des cristaux très-parfaits qu'ils présentent, et dont les faces sont parfaitement planes, que leur forme est, ou le cube, ou un prisme tétraèdre rectangulaire ; rien ne m'a encore mis dans la possibilité de déterminer lequel des deux doit être considéré comme son cristal primitif. Il est probable que la forme d'un rhomboïde peu obtus, que M. l'Abbé Haüy a cru apercevoir dans les cristaux de cette substance, sans cependant en être sûr, provient de la courbure qu'il dit lui-même qu'avoient les faces des cristaux qu'il a été à même d'examiner.

Au nombre des morceaux de cette substance, en sont deux très-beaux, qui viennent du Pérou, dans lesquels les cristaux, qui paroissent appartenir à une modification de celui primitif, ne peuvent être parfaitement déterminés, à raison du grand nombre de stries dont ils sont chargés. Les autres de ces morceaux, viennent, soit de Rheinbreitenbach, près de Cologne, soit de Firneberg dans la principauté de Nassau-Usingen.

DIOPTASE.

8 *Morceaux, dont 7 Cristaux isolés.*

Le morceau qui existe dans cette suite, et dont la grandeur est assez considérable, est un groupe de cristaux de calamine, sur lesquels sont placés deux fort petits cristaux très-parfaits de dioptase prismatique : morceau très-rare et qui présente une gangue nouvelle de cette substance ; la calamine y est légèrement colorée, à sa surface, par le cuivre : ce morceau est de Sibérie.

CUIVRE ARSENIATÉ.

Peu de collections peuvent être plus complette que l'est celle ci, dans tout ce qui peut concerner les différentes espèces de cuivre arseniaté. Elle est aussi une des plus propres, je pense, à dissiper le doute que M. l'Abbé Haüy a exprimé, dans un mémoire en observation sur celui que j'ai donné dans les transactions philosophiques de l'année 1801, et depuis dans son *tableau comparatif*, &c. sur la division que je croyois devoir être faite, dans les divers minerais de cuivre, qui appartiennent à la combinaison de ce métal avec l'acide arsenical, en différentes espèces particulières et distinctes.

Ce célèbre minéralogiste, trouvant quelques difficultés à admettre cinq combinaisons différentes du même métal, avec un même acide, donnant des résultats fixes, et dont les parties composantes fussent en un tel équilibre d'attraction, qu'il en résultât une fixité parfaite dans la combinaison, a essayé, dans son mémoire, inséré dans le journal des mines, No. 78, à rapporter à l'espèce en octaèdre obtus, toutes les autres ; et le calcul auquel il a soumis leur partie cristallographique, l'a fait parvenir à des résultats très-rapprochés de ceux que j'ai donnés.

Ce savant, ayant eu l'honnêteté de m'envoyer ce

mémoire, je lui fis passer, peu de temps après, ma réponse, qu'il a eu la délicatesse de faire insérer, lui-même, dans le 85e. numéro du journal des mines.

Ce ne sont pas simplement les formes qui varient dans ces cinq différentes espèces d'arséniate de cuivre ; mais aussi la couleur, caractère qui n'est pas indifférent dans les métaux, la pesanteur spécifique, ainsi que la dureté.

Quant à la possibilité de ramener la forme primitive de chacune de ces espèces à un type commun, par le calcul des reculements, (décroissements), j'observe que ces calculs, laissant la liberté du choix à l'égard des bords ou des angles où les reculements doivent se faire, ainsi que du nombre de rangées par lequel ils peuvent avoir lieu, rien ne seroit plus propre à égarer l'observateur cristallographe que la liberté de les admettre à volonté, et la facilité qu'il acquerroit par-là, de rapporter les unes aux autres les substances souvent les plus essentiellement différentes, si la science elle-même ne mettoit pas des bornes à cette faculté. Les suppositions qui peuvent avoir lieu, en cristallographie, ne peuvent être admises que lorsqu'elles sont appuyées sur les faits et indices que présentent les cristaux secondaires, tels qne fractures, stries de reculement ou d'interruption des lames, indices intérieurs de joints naturels, &c. ils peuvent quelquefois tromper ; mais alors l'excuse est à côté de l'erreur.

Dans l'examen le plus attentif qui peut être fait des différentes espèces de cuivre arseniaté, on n'aperçoit rien, absolument rien, qui puisse conduire aux suppositions faites par M. l'Abbé Haüy, pour la réunion de ces différentes espèces à un type commun ; d'où il est, je crois, naturel de conclure, que chacune de ces formes part d'un type particulier, aussi distinct que le sont leurs autres caractères.

M. l'Abbé Haüy, dans son mémoire, ayant exprimé, avec une noble franchise, la nécessité qu'il croyoit exister, à ce que les diverses espèces d'arséniates de cuivre fussent de nouveau soumises à l'observation, j'ai renouvelé moi-même, avec beaucoup de soin et d'attention, celles que j'avois déjà faites sur ces substances, et cela sur des échantillons très-parfaits ; et c'est d'après ce nouvel examen, que je persiste dans la division première que j'en avois faite en diverses espèces. Cet examen cependant m'a mis dans le cas de rectifier une des faces secondaires de la seconde modification, et le cristal primitif de la troisième.

Cet objet me paroissant important pour la science, je placerai de nouveau ici, à chacune des espèces de ces arseniates de cuivre, les caractères qui lui sont propres, en les comparant, en même temps, avec ceux de l'espèce à laquelle M. l'Abbé Haüy désireroit rapporter chacune d'elles : laissant de côté le caractère apporté par l'analyse, sur laquelle il me paroît que les chimistes ne sont pas parfaitement d'accord.

PREMIÈRE ESPÈCE.

CUIVRE ARSENIATÉ EN OCTAÈDRE OBTUS.

34 *Morceaux, dont 4 Cristaux isolés.*

La forme primitive de cette substance est un octaèdre

rectangulaire obtus, ayant, dans chaque pyramide, deux faces inclinées plus fortement que les deux autres : celles les plus inclinées se rencontrent, au sommet, sous un angle de 130°, ou à peu de chose près, et celles qui le sont le moins, sous un angle de 115°, ou de même à très-peu de chose près.

Sa pesanteur spécifique est de 28,81, et sa dureté est telle qu'elle raye la chaux carbonatée ; mais elle ne peut faire la même impression sur la chaux fluatée.

Sa cassure, faite dans le sens des lames, est légèrement lamelleuse, et dans le sens opposé, elle est irrégulière et a un aspect vitreux.

Sa couleur est un beau bleu de ciel foncé ; elle admet quelquefois, mais beaucoup plus rarement, celle d'un vert dragon ou d'un vert d'herbe.

Exposée à l'action du chalumeau, cette substance n'y éprouve aucun décrépitement, et sans montrer aucun mouvement de fusion, elle se change en une scorie noire très-friable.

Elle paroît peu sujette à la décomposition ; il est très-rare d'en rencontrer quelques morceaux dans lesquels la substance ait été altérée, dans ce cas elle prend une couleur blanchâtre.

La suite des morceaux de cette substance, placés dans cette collection, renferme toutes les variétés qui lui appartiennent. Au nombre de ces morceaux, en sont plusieurs dans lesquels les cristaux sont d'une grandeur rare. On peut observer, en outre, dans un des morceaux de cette suite, de petits mamelons, dont la substance très-fagile a une couleur d'un blanc légèrement bleuâtre, telle que celle qui appartient au cuivre arseniaté artificiel.

DEUXIÈME ESPÈCE.

CUIVRE ARSENIATÉ EN SEGMENTS HEXAÈDRES.

27 *Morceaux, dont* 18 *Cristaux isolés.*

Ainsi que je l'ai dit dans le mémoire cité ci-dessus, le cristal le plus simple que j'eusse encore observé alors, dans cette substance, étoit une lame hexaèdre fort mince, ayant ses bords alternativement inclinés en sens contraire, de manière que, de chaque côté, deux des plans inclinés fassent avec la face terminale, sur laquelle ils inclinent, un angle d'environ 135°, et le troisième angle d'environ 115°. Ces bords étant d'ailleurs habituellement striés, et même souvent fortement cannelés parallélement aux bords des faces terminales.

Ce cristal ne pouvoit pas être celui primitif de ce cuivre arseniaté, aussi ne le donnois-je pas alors comme tel ; mais rien ne pouvoit me conduire, dans tout ce que j'avois observé jusque-là, à présumer quel pouvoit être ce cristal. J'ai fait, depuis cette époque, l'acquisition d'un morceau de cette substance, dont les cristaux, quoiqu'assez frustes, laissent cependant parfaitement reconnoître des prismes hexaèdres réguliers très-courts ; et parmi les cristaux isolés de cette collection, il en existe un fort grand, très-mince et transparent, qui laisse apercevoir, dans l'intérieur de sa substance, à l'aide de sa transparence, des joints naturels, parallélement aux plans du prisme hexaèdre. Les plans inclinés de la variété citée précédemment, ne sont donc que le résultat de deux reculements différents, éprouvés par les bords alternes des faces terminales, ce qu'indiquent en effet les stries de ces plans.

Depuis cette époque aussi, j'ai été dans le cas de rectifier la mesure de l'angle d'incidence, sur les faces terminales, des plans qu'à l'origine j'avoiscru faire avec ces faces un angle d'environ 135°. Cet angle est d'environ 133°, 30'.

La grande facilité avec laquelle ces cristaux se divisent, parallélement à leurs faces terminales, et la résistance qu'ils présentent à la division sur les autres plans, écarte fortement la supposition par laquelle M. l'Abbé Haüy cherche à faire dériver les cristaux de cette espèce, de celui primitif de l'espèce précédente.

Le cristal primitif de cette espèce de cuivre arseniaté, est donc un prisme hexaèdre régulier, qui se clive très-facilement sur ses faces terminales ; mais qui résiste fortement au clivage sur les autres.

La hauteur de ce prisme me paroît être à l'apothème de l'exagone de la face terminale, dans le rapport de 11 à 20,78. Dans ce cas, des 3 plans placés le long des bords alternes des faces terminales, deux feroient avec ces faces un angle de 133°, 22', et seroient le produit d'un reculement, le long de deux des bords alternes de ces faces, par une rangée en largeur sur deux lames de hauteur. Le troisième de ces plans, feroit avec les faces terminales un angle de 115°, 17', et seroit le résultat d'un reculement par une rangée en largeur sur quatre lames de hauteur.

La pesanteur spécifique de cette substance est de 25,48. Celle de l'espèce précédente est de 28,81.

Sa dureté n'est pas assez grande pour rayer la chaux

carbonatée, qui est au contraire rayée par l'espèce précédente.

Sa cassure, faite dans un sens différent de celui des lames, est raboteuse et pour l'ordinaire striée.

Sa couleur est le plus beau vert d'émeraude. Je n'ai jamais vu cette couleur varier, ni cette substance éprouver aucune altération.

Sous l'action du chalumeau, cet arseniate se conduit d'une manière totalement différente de celle de l'espèce précédente. Du moment qu'il éprouve la chaleur, il décrépite fortement et se réduit à l'instant en poussière ; ce n'est qu'avec une précaution extrême qu'on peut parvenir à lui faire recevoir directement la flamme du chalumeau, et alors il se réduit, presqu'instantanément, en une scorie spongieuse, noire et extrêmement légère, qui ne tarde pas à fondre avec ébulition, en donnant un bouton noir d'un aspect légèrement vitreux.

Si, en soumetttant cet arseniate au chalumeau, on joint à lui une très-petite partie de suif, il s'enflamme avec une légère explosion, donne une flamme verte, et brûle en fusant comme le salpètre, ce que ne fait nullement l'espèce précédente, à laquelle je crois qu'il est très-parfaitement démontré que celle-ci ne peut en aucune manière appartenir.

TROISIÈME ESPÈCE.

CUIVRE ARSENIATÉ EN PRISME TÉTRAÈDRE RHOMBOÏDAL, DÉSIGNÉ PRÉCÉDEMMENT SOUS L'EXPRESSION DE CUIVRE ARSENIATÉ EN OCTAÈDRE AIGU.

151 *Morceaux, dont* 13 *Cristaux isolés.*

Lorsqu'en 1801 je donnai, à la Société Royale de Londres, mon mémoire sur les cuivres arseniatés, sans désigner l'octaèdre aigu, offert quelquefois par cette espèce, comme étant la forme primitive de cette substance, je l'indiquai comme la forme la plus simple à laquelle il m'étoit alors possible de rapporter ses cristaux. Cette espèce ne se soumettant pas au clivage, l'observation ne me permit pas alors d'aller plus loin. Des observations ultérieures m'ont mis dans le cas de modifier cette opinion, et de considérer les faces les moins inclinées de cet octaèdre, celles qui dans la variété regardée comme étant un octaèdre cunéiforme, forment, par leur rencontre, l'arète qui tient la place du sommet, comme étant les seuls plans primitifs ; les autres n'étant que des faces secondaires.

Le cristal primitif de cette substance, me paroît donc être aujourd'hui un prisme tétraèdre rhomboïdal droit de 96° et 84°. Ce prisme est habituellement terminé par un sommet dièdre, produit par le remplacement des angles aigus des faces terminales, et dont les plans se rencontrent entre eux au sommet, en y formant une arète, sous un angle d'environ 112°, et rencontreroient les faces terminales sous un angle d'environ 146°.

Si, ainsi que je le crois, les plans de remplacement de l'angue aigu des faces terminales sont le produit d'un reculement à ces angles par une simple rangée, la hauteur de ce prisme seroit aux bords des faces terminales dans le rapport de 1 à 2. Les plans du sommet dièdre rencontreroient alors ces mêmes faces sous un angle de 146°, 4', et ils se rencontreroient entre eux, au-dessus de ces mêmes faces, sous un angle de 112°, 8'.

Très-fréquemment, les bords du prisme tétraèdre rhomboïdal primitif, formés par la rencontre de ses côtés sous l'angle de 96°, sont remplacés par un plan parallèle à l'axe. Ce sont là les seules variétés que j'aie pu observer jusqu'ici dans cette substance.

La pesanteur spécifique de ce cuivre arseniaté est de 42,80, bien supérieure par conséquent à celle de 28,81, donnée par l'espèce en octaèdre obtus.

Sa dureté est aussi plus considérable, elle est suffisante pour rayer la chaux fluatée, et la baryte sulfatée, ce que ne peut faire l'espèce en octaèdre obtus; mais elle ne l'est pas assez pour rayer le verre.

Sa cassure est irrégulière et souvent granuleuse.

Sa couleur est le vert de bouteille qui, dans les cristaux qui n'ont aucune transparence, paroît noir et passe au vert jaunâtre, et même au jaune métallique dans les cristaux capillaires.

Cet arseniate est très-fusible sous l'action du chalumeau, il fond très-promptement en bouillonnant fortement, et il donne une scorie d'un brun foncé un peu rougeâtre, et très-dure. Par une plus longue action de la chaleur, cette substance coule et s'étend, et après le refroidissement, la surface de la partie fondue, présente le même aspect qui sera décrit à l'espèce suivante

Tous les caractères de cette troisième espèce sont donc, ainsi qu'on peut facilement l'apercevoir, totalement différents de ceux que présente l'espèce en octaèdre obtus.

Dans la suite extrêmement riche des morceaux de cette substance, est une série qui appartient aux variétés capillaires, parmi lesquelles plusieurs ont leurs fibres si fines qu'elles ressemblent presqu'à de petites masses de coton: dans quelques morceaux, ces fibres, étant très-courtes, ressemblent à du velours; dans d'autres morceaux, les cristaux parfaitement conservés, dans une partie de leur longueur, se terminent à l'état fibreux; dans plusieurs de ces morceaux, les cristaux, qui sont d'un beau vert et très-transparents, dans la plus grande partie de leur longueur, se terminent en forme de pinceau à pointe aigue, par de petites fibres capillaires blanches, ayant la finesse et la flexibilité de l'amiante.

Cette suite renferme, en outre, une série de morceaux dans lesquels cette substance est, soit à l'état compacte dont le grain est très-fin, et dont la couleur verte tire fortement sur le blanc; soit en masses de la même couleur, mais composée de fibres divergentes. Ces deux variétés sont sujettes à se décomposer; elles passent alors, en conservant leur texture compacte ou fibreuse, à l'état friable, en prenant une couleur blanche légèrement verdâtre.

Depuis l'impression du mémoire cité ci-dessus, sur les arseniates de cuivre, j'ai séparé de cette troisième espèce la variété que j'avois désignée sous le nom d'hématiforme, que j'ai cru devoir considérer comme appartenant à une espèce différente.

QUATRIÈME ESPÈCE.

CUIVRE ARSENIATÉ EN PRISME TRIÈDRE.

87 *Morceaux, dont* 5 *Cristaux isolés.*

Le cristal primitif de cette espèce est un prisme trièdre droit, dont les bases sont des triangles équilatéraux; du moins tout ce que j'ai pu observer jusqu'ici, dans cette substance, m'a-t-il toujours conduit à adopter cette opinion à l'égard de ce cristal.

Sa pesanteur spécifique est de 42,80, absolument la même que celle de l'espèce précédente; mais elle est beaucoup moins dure: c'est avec beaucoup de difficulté qu'elle raye la chaux carbonatée, tandis que l'espèce précédente raye la chaux fluatée et la baryte sulfatée.

Sa cassure, suivant la direction des plans de son cristal primitif, est lamelleuse; elle est irrégulière suivant toute autre direction.

Sa couleur est celle du vert de gris le plus agréable; mais elle la laisse rarement apercevoir, à raison de l'altération facile de sa surface, sans doute par oxydation, ce qui donne à cette substance une couleur noire; mais cette altération n'est que superficielle, et, quelque légèrement qu'on gratte cette surface, la belle couleur de cette substance se fait apercevoir.

Cette espèce est d'une fusion plus facile encore que celle précédente. Sous l'action du chalumeau, elle fond très-promptement et coule comme de l'eau. Par le refroidissement la surface du bouton, qui est d'un brun rougeâtre, cristallise en petites lames rhomboïdales, dont, à juger simplement par la vue, les angles paroissent devoir être de 60° et 120°.

Le cuivre arseniaté de l'espèce précédente, laisse apercevoir, dans le bouton qu'elle donne à la fusion, la même cristallisation. On a vu précédemment que le cuivre muriaté est dans le même cas.

Cette substance étant très-rare à l'état cristallin parfaitement déterminé, et ses cristaux étant ordinairement fort petits, et presque toujours engagés dans la gangue, il m'avoit été impossible, à l'époque où je donnai mon mémoire sur les cuivres arseniatés, de déterminer les angles d'incidence d'aucune des facettes appartenant aux cristaux secondaires, et par conséquent de fixer les dimensions de son prisme trièdre primitif. Depuis cette époque, j'ai rassemblé, dans cette collection, tous les morceaux que j'ai pu me procurer, ayant des cristaux bien déterminés, et je crois que par leur moyen il seroit possible de parvenir à cette détermination : la plupart de ces cristaux sont d'une très-belle transparence.

S'il pouvoit y avoir, parmi les espèces de cuivre arseniaté, une d'elle à laquelle celle-ci pût être rapportée, ce seroit celle précédente, et non celle en octaèdre obtus ; mais il me semble que les différences apportées, soit par la cristallisation, soit par la couleur, soit par la dureté, différences qui sont constantes dans toutes les variétés de ces deux espèces, sont assez fortement prononcées pour établir entre elles une véritable distinction d'espèce.

CINQUIÈME ESPÈCE.

CUIVRE ARSENIATÉ EN PETITES MASSES HABITUELLEMENT FIBREUSES ET MAMELONNÉES.

60 *Morceaux.*

N'ayant pu rapporter ce cuivre arseniaté à aucune des quatre espèces précédentes, j'ai été forcé d'en faire une espèce particulière. Je suis cependant obligé de convenir que cette opinion, manquant du point d'appui si précieux de la cristallisation, est loin d'avoir pour elle toutes les preuves nécessaires à son adoption.

Ainsi que l'exprime la phrase, sous laquelle je l'ai désignée, sa forme presqu'habituelle est en mamelons. Sa structure est fibreuse, à fibres très-fines et très-serrées, qui partent en divergeant d'un même centre, et qui en outre sont composées de différentes couches concentriques. Les mamelons de cette substance, qui ordinairement sont d'une grandeur peu considérable, sont communément renfermés dans des masses d'autres espèces de cuivre arseniaté, ou même de quelques autres substances, dont ils ne peuvent être facilement dégagés; ce qui jusqu'ici m'a empêché, joint à ce qu'ils sont rarement sans avoir éprouvé quelqu'altération, de pouvoir établir avec quelque certitude la pesanteur spécifique de cet arseniate: cette pesanteur me paroît cependant pouvoir être fixée entre 41,00 et 42,00.

Ce cuivre arseniaté est tendre, sa dureté étant à peine suffisante pour rayer la chaux carbonatée.

Sa couleur la plus ordinaire est un brun approchant de la couleur du bois; ce qui l'a fait nommer *wood-*

copper par les mineurs de Cornwall. Son aspect a, en général, beaucoup de rapport avec celui de l'étain hématiforme, nommé par les mêmes mineurs, *wood-tin.*

Il est fusible au chalumeau, sous l'action duquel il donne une scorie noire, cellulaire et fort dure, qui ne présente nullement le caractère de cristallisation que les deux espèces précédentes offrent dans le même cas.

Mais, ce qui caractérise le plus parfaitement cette espèce, est sa tendance à l'altération, ainsi que la manière dont elle s'altère. Cette altération commence ordinairement à la surface des mamelons, et continue progressivement jusqu'au centre, en s'arrêtant successivement à chacune des couches dont nous avons dit que ces mamelons étoient composés. Par elle, la masse éprouve une retraite qui la fait se fendiller, plus ou moins, suivant la direction de ses fibres : la partie ainsi altérée devient d'un gris blanchâtre et très-tendre.

Cette division, de cette substance, par la retraite suivant la direction de ses faces, fait que souvent la surface de ses mamelons présente un aspect cellulaire, analogue à celui offert par la surface des madrepores. Cette altération continuant de manière à arriver jusqu'au centre des mamelons, toute la substance devient du même blanc grisâtre, la retraite suivant la direction des fibres a lieu jusqu'à ce même centre, et ces fibres, se séparant alors dans toute leur longueur, admettent plus ou moins l'aspect de l'amiante, et même, dans quelques variétés, elles sont flexibles : cette substance prend même alors quelquefois l'aspect membraneux de la variété de l'amiante connue sous le nom d'amiante papiracée, ou de papier fossile.

Il me paroît hors de doute que, par cette altération, cette espèce d'arseniate de cuivre perd une partie considérable de sa substance, ce qui d'ailleurs est indiqué par la grande diminution qu'éprouve sa pesanteur spécifique. Dans l'opinion que cette perte devoit porter sur son eau de composition, je lui avois primitivement donné le nom de cuivre hydro-arseniaté; mais, d'après les analyses faites par M. Chénevix, il paroîtroit que toutes les variétés de cuivre arséniaté contiennent de l'eau en plus ou moins grande quantité, à l'exception seulement de la troisième, ou de celle en prisme tétraèdre rhomboïdal; qui cependant, si celle-ci n'étoit pas considérée comme espèce, seroit la seule à laquelle elle pût être rapportée; de sorte que du moins trois des quatre premières espèces seroient aussi des hydro-arseniates. D'un autre côté, quoique, d'après ces mêmes analyses, la troisième espèce ne contienne pas d'eau, une de ses variétés qu'on ne peut se refuser de considérer comme lui appartenant en effet, paroît en contenir aussi et même en dose assez considérable. L'eau seroit-elle étrangère aux autres arséniates, et combinée simplement avec cette cinquième espèce? Rien n'étant encore reconnu à cet égard, et la nature de cette substance, comme hydro-arseniate, n'étant pour ce moment qu'une opinion, j'ai senti qu'une dénomination qui prendroit cette opinion seule pour base, ne pourroit être admise, et je n'ai pas cru la lui devoir concerver.

CUIVRE ET FER ARSENIATÉ.

50 *Morceaux.*

Suivant l'analyse qui a été faite de cette substance

par M. Chénevix, elle coutient 27,5 de fer oxydé 22,5 de cuivre oxydé 33,5 d'acide arsenical, 12 d'eau et 3 de silice.

Les cristaux de cuivre et fer arseniaté, sont très-brillants ; mais ils sont si petits que lorsque je les ai fait connoître, pour la première fois, dans les transactions philosophiques, il ne me fut possible que de donner la forme qu'ils présentent habituellement, sans rien statuer à l'égard de la mesure des angles de ces mêmes cristaux, et encore moins à l'égard de leur forme primitive. J'ai rassemblé depuis tout ce qui m'a paru le plus propre à en faciliter l'étude, qui sera cependant toujours très-difficile à faire, à raison de la petitesse constante des cristaux. On peut observer parmi ceux qui, dans cette collection, appartiennent à cette substance, une variété très-rare, dans laquelle ce cuivre et fer arseniaté est en petits mamelons, placés sur une gangue qui paroît appartenir à la variété d'un brun noirâtre de cuivre carbonaté martial, et est mélangée de cuivre métallique natif.

CUIVRE OXYDÉ ROUGE. CUIVRE OXYDULÉ, (*Haüy.*)

197 *Morceaux, dont* 48 *Cristaux isolés.*

La série de la partie cristalline de cette substance, qui appartient à cette collection, contenoit un grand nombre de variétés cristallines non décrites, avant que M. W. Phillips ait donné, dans le premier volume des transactions de la Société Géologique de Londres, un mémoire sur le cuivre oxydé rouge, accompagné de planches parfaitement bien dessinées, dans lesquelles il donne les figures de presque toutes les variétés qui se sont montrées jusqu'ici dans cette substance. La série des cristaux placés dans cette collection, renferme les variétés données par cet auteur, jointes à quelques-unes que probablement il ne connoissoit pas, elle est conséquemment propre à fixer déterminément, par le calcul, la mesure des angles d'incidence des plans dus aux nouvelles modifications représentées par M. Phillips, qui n'a donné la mesure de ces angles que par approximation*.

---

* M. Williams Phillips, dans une note du mémoire que je viens de citer, dit qu'il se sert du mot de décroissement, (decrease) quoique sensiblement impropre, pour exprimer l'action que l'intention veut représenter, comme étant le moins défectueux, et il ajoute que celui de reculement, (retrogradation) introduit depuis peu par moi, est également impropre. Pour me mettre à même de me rectifier, et rendre sa note plus utile, M. Phillips auroit dû la completter, en établissant les raisons sur lesquelles il fonde le reproche grave qu'il fait aux deux expressions, et en la remplacant ensuite par une meilleuse. Cet auteur, qui a été l'imprimeur de mon traité complet de la chaux carbonatée, a dû facilement y voir les raisons qui m'avoient conduit à remplacer l'expression de décroissement de M. l'Abbé Haüy, par celle de reculement, et bien certainement il falloit que cette raison fût très-forte, on du moins qu'elle me semblât telle. L'expression de décroissement, qui est parfaitement juste, à raison d'une grande partie des opérations de cristallisation qu'elle veut exprimer, ne l'est pas autant à l'égard de plusieurs autres, et même devient fausse à leur sujet. Mais quelque soit celle de ces deux expressions dont on se serve, pour être parfaitement entendu avec elle, il faut l'employer dans le cas où l'opératisn qu'elle désire exprimer a lieu, et l'une ou l'autre devient deplacée, en effet, lorsqu'elle veut exprimer une opération qui n'existe pas. Nul reculement ou décroissement ne peut avoir lieu, sans donner naissance, soit à un, soit à plusieurs plans. Dans le cas cité par M. Phillips, il n'y a aucun nouveau plan de formé; bien plus, il n'y a eu aucune opération ou changement de procédé de la part de la nature, le cristal a crû, depuis son origine, par une

La suite des morceaux de cette substance que renferme cette collection, est également précieuse, soit par la beauté de la plupart des échantillons, soit par le grand nombre de faits intéressants qu'ils présentent. La série des morceaux de la variété martiale, connue sous le nom de cuivre rouge briqueté, présente plusieurs échantillons très-rares. Il y a été inséré aussi, une série de quelques petits échantillons d'ustencils de cuivre trouvés dans les ruines d'Herculanum, et changés, en grande partie en cuivre oxydé rouge.

CUIVRE OXYDÉ NOIR.

91 *Morceaux.*

La suite qui, dans cette collection, appartient au cuivre oxydé noir, est très-intéressante, et peut-être estelle unique. M. Werner, avec beaucoup de raison, a fait de cet oxyde une espèce minéralogique, et j'ignore pourquoi son exemple n'a pas été généralement suivi. M. Brochant, dans son excellente minéralogie, rédigée d'après les principes du célèbre professeur de Freyberg, place en effet cette substance au nombre des espèces qui appartiennent au cuivre; mais il me paroît que la

---

superposition continue de lames cristallines avec accroissement de rangées de molécules, avec la seule restriction, occasionnée sans doute par la position du cristal, qu'à une époque quelconque de la cristallisation, tandis que le placement des lames cristallines avoit lieu sur 6 des faces de l'octaèdre, il ne s'en faisoit aucun sur les deux autres, qui alors, pendant que les quatre premières faces s'écartoient progressivement et symétriquement du centre de gravité de l'octaèdre, restoient au contraire constamment à la même distance de ce premier centre, en prenant cependant de l'accroissement dans leurs dimensions.

description qui a été donnée, dans cet ouvrage, des caractères de cette substance, d'après M. Werner, est incomplette, ce qui m'engage à reprendre ici cette description, d'après les observations qui sont le fruit de l'étude que j'ai été à même de faire sur elle.

La couleur du cuivre oxydé noir, lorsqu'il est aussi pure qu'on peut le rencontrer, est d'un noir plus ou moins foncé, auquel l'intensité de la couleur donne même quelquefois un reflet velouté qui paroît légèrement bleuâtre. Le mélange de cet oxyde avec diverses substances étrangères, au nombre desquelles se montre plus particulièrement le fer, et quelquefois le soufre, lorsqu'il provient de la décomposition des sulfures, altère et fait varier l'intensité de cette couleur.

Cette substance se montre tantôt à l'état pulvérulent, recouvrant la surface des autres minerais de cuivre, et par fois interposée en petites masses parmi eux ; d'autre fois elle se montre en masses informes, ayant plus ou moins de consistance ; mais cependant étant toujours très-tendre et facile à entamer avec l'ongle. Quelquefois aussi, et c'est la variété la plus pure, elle est mamelonnée comme l'hématile de fer, ou la malachite, et de même que ces substances aussi, ayant une texture à couches concentriques. Il existe, dans cette suite, un petit morceau, dans lequel les mamelons de cuivre oxydé noir, quoiqu'extrêmement friables, sont non-seulement du plus beau noir à leur surface, mais cette même surface, est lisse et a le même lustre brillant que l'hématite noire.

Cette substance se coupe très-facilement, et elle offre un aspect terne sous la coupure, ainsi que sous la cassure ; mais étant frottée légèrement avec un corps dure, la partie frottée acquiert un lustre métallique. Le frottement laisse apercevoir, sous la main, une sensation molle et douce, analogue, en quelque sorte, à celle que fait éprouver, dans ce même cas, la stéatite.

Le cuivre oxydé noir est infusible sous l'action du chalumeau, et ne laisse apercevoir aucune odeur sulfureuse ; à moins que provenant de la décomposition des sulfures, il n'en renferme quelques parties non altérées : avec le borax il donne une scorie verdâtre.

Quoiqu'il paroisse que, dans nombre de circonstances, cette substance soit un produit directe de la nature, pour le plus souvent cependant elle paroît être produite par la décomposition des autres minerais de cuivre, et l'oxydation au maximum de ce métal, mis à nud par cette décomposition. On trouvera, dans la suite qui appartient à cette substance, toutes les espèces de minerai de cuivre qui ont précédées, amenées plus ou moins à cet état de décomposition, et parmi ces morceaux, il en existe plusieurs d'une très-grande rareté. Je citerai plus particulièrement un de ces morceaux dont la texture est tuberculeuse, comme certaines hématites, et dont la substance est un mélange d'oxyde de cuivre et d'oxyde de manganèse. Quoique toutes les cassures anciennes que ce morceau laisse apercevoir, soient lisses et brillantes, celles fraîches sont parfaitement ternes ; mais le moindre frottement leur fait prendre facilement l'aspect de celles anciennes, qui très-propablement doivent leur lustre, soit à la même cause, soit à l'action de l'air. Ce morceau est accompagné d'un assez grand faisceau de cuivre carbonaté vert fibreux.

CUIVRE OXYDÉ ?

6 Morceaux.

Ne pouvant rapporter la substance à laquelle appartient cette suite, à aucune des espèces connues du cuivre, j'ai prié le Dr. Wollaston de vouloir bien me rendre le service de l'essayer. Le résultat ne lui a laissé apercevoir que du cuivre et de l'oxigène. Elle seroit donc un oxyde de cuivre; mais cet oxyde est-il intermédiaire entre celui rouge et celui noir, ou est-il combiné avec une substance volatile, qui le modifie, et qui auroit échappée au Dr. Wolaston, dans l'essai qu'il en a fait sur un morceau extrêmement petit, tel qu'il m'étoit possible de le lui fournir, les cristaux qui lui appartiennent, et qui sont placés sur les morceaux qui composent cette suite, étant si petits que la loupe seule peut les faire facilement apercevoir?

Cette substance présente, dans cette suite, deux variétés très-distinctes. L'une d'elle, à laquelle appartiennent trois des morceaux, est en petites lames rectangulaires, aussi minces qu'une feuille de papier, et quelques-unes d'entre elles sont octaèdres par le remplacement de leurs angles solides. Leur couleur est un beau bleu de ciel foncé. Ces lames sont accumulées, et placées de champ, dans les cavités d'une pyrite martiale, offrant quelques cristaux en octaèdres à angles solides remplacés, et mélangés de pyrite attractive ou magnétique.

Dans l'autre variété de cette substance, les cristaux sont de même rectangulaires; mais leurs formes se rapprochent davantage du prisme rectangulaire à bases quarrées, ils ont plus d'épaisseur, et pour le plus grand nombre, ils forment des masses composées de l'agrégation d'un nombre plus ou moins considérable de cristaux, réunis par leurs faces les plus larges. Leur couleur est un beau vert de pomme, ayant souvent un reflet nacré. La gangue est un oxyde de fer, mélangé de quartz.

Des trois morceaux qui appartiennent à cette dernière variété, deux laissent en outre apercevoir quelques cristaux de cuivre bleu et de cuivre arseniaté : ils sont du Cornwall. J'ignore la localité des morceaux qui appartiennent à la première variété.

CUIVRE SULFATÉ.

23 *Morceaux, dont* 16 *Cristaux isolés.*

Les cristaux de cette substance sont artificiels ; deux d'entre eux sont fort grands et très beaux, ils appartiennent à deux variétés non décrites.

FER.

FER A L'ÉTAT MÉTALLIQUE. MÉTÉORITES.

13 *Morceaux.*

Au nombre de ces 13 morceaux, sont compris deux morceaux de fer de fonte cristallisée en octaèdres implantés les uns sur les autres et ramifiés. Parmi les météorites de fer pure, sont des échantillons de ceux tombés en Sibérie, au Sénégal, au Mexique et dans les Etats Unis d'Amérique. Parmi ceux pierreux, sont des échantillons de ceux tombés à Bénarès, dans le Yorkshire, en Bohème, dans Connecticut, province des Etats Unis d'Amérique, et à l'Aigle en France, le météorite de ce dernier endroit à sa croute extérièure noire en plus grande partie intacte.

FER OXYDULÉ. FER MAGNÉTIQUE. (*Werner.*)

107 *Merceaux, dont 37 cristaux isolés.*

La série qui appartient aux cristaux isolés de cette substance, en contient trois d'une variété peu commune. L'un deux est une macle absolument semblable à celles qu'offre si fréquemment le spinelle. Le second est un octaèdre très-allongé, et le troisième est l'octaèdre passant au rhomboïde de 60° et 120°.

Parmi les morceaux, il y existe une série intéressante, dans la quelle l'octaèdre avec les arêtes remplacées du fer oxydulé, a pour gangue du gypse compacte. Il y existe une autre série, dont les cristaux, placés en nombre considérable sur les morceaux, sont dodécaèdres. Deux de ces morceaux présentent une variété très-rare, qui s'est offerte à moi pour la première fois, c'est le dodécaèdre dans lequel tous les angles solides, répondant à ceux du cube, sont remplacés par un plan qui est un quarré. Plusieurs des morceaux qui appartiennent à cette série, dout les cristaux sont dodécaèdres, viennent des Etats Unis d'Amérique.

Je citerai, en outre, parmi les morceaux de cette suite, deux variétés fibreuses, l'une des Etats Uunis dAmérique, l'autre des Indes Orientales; ainsi qu'une variété de Suède, dans laquelle le fer oxydulé est accompagné de bitume, et a pour gangue du quartz mélangé de hornblende fibreuse verte. Je citerai aussi une variété sableuse de la Martinique, dans laquelle la loupe fait reconnoître que chacun des grains, qui est extrêmement petit, est un octaèdre très-parfait. A cette suite enfin, sont encore réunis 28 morceaux à l'état d'aimant ; ils appartiennent à diverses des variétés de cette substance.

FER OLIGISTE.

192 *Morceaux, dont* 77 *Cristaux isolés.*

La suite qui, dans cette collection, compose l'ensemble de cette substance, est extrêmement riche, tant à l'égard des modifications et variétés qu'elle présente dans ses formes cristallines, qu'à l'égard de ses autres variétés.

Quant à ce qui concerne ses formes cristallines, je me bornerai à citer plus particulièrement parmi elles 1°. Un cristal isolé en rhomboïde primitif un peu allongé de la plus grande beauté : ses bords les plus petits ont 9 lignes de longueur, et ceux les plus longs, plus d'un pouce : les faces de ce rhomboïde sont couvertes de stries qui dessinent sur elles, d'une manière parfaitement nette, les élémens rhomboïdaux de la cristallisation. 2°. Une série de fragments très-parfaits qui présentent, à l'égard de la cristallisation de cette substance, des faits très-particuliers et très-parfaitement prononcés, qui sont propres à aider à faire l'étude de la forme de la molécule intégrante ; forme qui, a en juger par eux, ne peut être le rhomboïde voisin du cube, auquel appartient le cristal primitif du fer oligiste. En outre de ces fragments, qui sont d'un très-grand intérêt à l'étude de cette substance, il existe, dans cette collection, un morceau d'une grandeur assez-considérable qui tend au même but. 3°. Une série de petits groupes de cristaux, dans lesquels le rhomboïde primitif est, soit complet, soit incomplet dans ses bords ou dans ses angles solides, qui sont remplacés par de très-petits plans, appartenant à différentes modifications. 4°. Une série de cristaux isolés, fort grands et très-éclatants, de Stromboli, appartenant au rhomboïde primitif, avec plan de remplacement très-grand de l'angle solide du sommet. 5°. Un très-beau groupe de cristaux en prismes hexaèdres applatis, dont les plans sont fortement cannelés: ils ont jusqu'à deux lignes d'épaisseur, et sont produits par une agrégation de cristaux très-minces d'une variété analogue à celle fig. 128 pl. 75 de la minéralogie de M. l'Abbé Haüy. 6°. Un très-beau groupe, dont les cristaux sont de même des prismes hexaèdres d'environ deux lignes d'épaisseur; mais dont les côtés sont parfaitement lisses, et dont les angles solides sont remplacés par un petit plan triangulaire. Et enfin, outre les variétés cristallines connues du fer oligiste de l'isle d'Elbe, plusieurs qui n'ont point été décrites, et appartiennent au fer du même endroit. Cette suite renferme aussi une série de morceaux appartenant à la variété en lames minces; variété qui jusqu'ici a été réunie improprement avec celle, lamelleuse aussi, de l'espèce suivante, sous le nom d'Eisen glimmer ou fer micacé.

FER OXYDÉ AU MAXIMUM.

107 *Morceaux, dont* 15 *Cristaux isolés.*

Il y a long-temps que j'ai fait connoître, pour la première fois, la cristallisation de cet oxyde de fer, dans un mémoire lu à la Société Royale de Londres, et inséré dans les Transactions Philosophiques de 1807. Cependant, quoique ce mémoire, ou du moins la partie de ce mémoire qui concerne cet oxyde, ait été placé directement à la suite de celle qui concerne l'arragonite et ses formes cristallines, qui a été fréquemment citée par les minéralogistes qui ont écrit depuis, on ne rencontre dans leurs ouvrages aucune citation, soit en réfutation, soit en confirmation de cette observation, qui annonçoit l'existence de cristaux cubiques appartenant à un oxyde de fer, qui n'exerçoit aucune action quelconque sur le barreau aimanté.

La seule citation d'un fer oxydé cubique qui, à ma connoissance, ait été faite, autre que le fer oligiste qui a été dit précédemment être cubique, mais est aujourd'hui parfaitement reconnu pour être un véritable rhomboïde, est celle faite, par M. l'Abbé Haüy, dans son *tableau comparatif*, &c. imprimé en 1809. Il y dit, page 274, note 144 : " J'ai observé des groupes de cristaux " cubiques d'un brun foncé, qui avoient tous les carac- " tères du fer oxydé, et ne paroissoient être ni des " épigénies originaires du fer sulfuré, ni des pseudo- " morphes. Je présume que ces cubes présentent la " forme primitive du fer oxydé tel que le produit la na- " ture, et auxquels appartiennent les mines dont la " poussière est jannâtre."

Bien certainement, ce célèbre minéralogiste ne connoissoit pas alors la partie du mémoire que je viens de citer, et dont le but étoit de faire voir qu'il existoit, parmi les oxydes de fer naturel, un oxyde cubique qui n'exerçoit aucune action sur le barreau aimanté. Cette observation, à raison surtout du contraste que présentoit la poudre rouge donnée par le cube cité par moi, et celle jaune donnée par le cube que ce savant venoit d'observer, auroit sûrement été citée par lui ; ce fait ajoutant un nouvel intérêt à celui qu'il avoit remarqué lui-même.

L'observation frappante de la grande différence qui existe entre la couleur rouge, ou d'un brun rougeâtre, donnée par quelques oxydes de fer, et celle jaune, ou d'un brun jaunâtre, donnée par d'autres, avait conduit les minéralogistes à séparer ces deux oxydes ; mais sans connoître cependant, ni établir en aucune manière, la cause à laquelle cette différence pouvoit être attribuée, et sans avoir aucun autre caractère qui pût asseoir, d'une manière satisfaisante, la classification à laquelle cette division devoit donner lieu. Aussi, tandis que M. Werner faisoit, sous le nom de *roth eisenstein* une espèce particulière du fer oxydé au maximum, donnant une poudre rouge sous la trituration, laissoit-il parmi *l'eisenglimmer*, dont il avait fait une sous-espèce de *l'eisenglanz* (fer oligiste), une partie de ce même fer oxydé, et ajoutoit-il sous le nom *d'eisenrham* brun, à une autre espèce, une autre partie de ce même fer oxydé. Aussi, M. l'Abbé Haüy, après avoir fait, dans son traité de minéralogie, une espèce particulière du fer oxydé non attractif, dans la quelle celui donnant par la trituration une poudre rouge, est réuni avec celui qui donne, de la même manière, une poudre jaune, ainsi qu'avec l'eisenrham rouge, sépare-t-il, dans son *tableau comparatif*, ces deux oxydes l'un de l'autre. Il rapporte en même temps au fer oligiste, l'oxyde non attractif à poudre rouge, et il annule par-là, à l'égard de ce dernier, un des caractères essentiels entre les différentes modifications du fer par l'oxygène, celui d'agir ou de ne pas agir sur l'aimant, caractère dont on voit diminuer ou augmenter la force, suivant le plus ou moins d'augmentation dans l'oxygène qui fait partie de la combinaison. Ces variations sont inévitables lorsque des catactères certains ne viennent pas fixer déterminément les espèces.

L'excellent mémoire de M. Daubuisson, inséré dans le 168° numéro du Journal des Mines, en nous apprenant que tous les fers oxydés bruns, dont la poudre donnée par la trituration est jaunâtre, sont de véritables hydrates de fer oxydé, a porté un jour extrêmement précieux sur la partie des oxydes de ce métal, en en facilitant, en même-temps, considérablement la classification. Ainsi l'oxyde cubique observé par M. l'Abbé Haüy, et dont la poudre donnée par la trituration est jaune, est un hydrate de fer oxydé, et non un simple fer oxydé au maximum ; et l'on verra, à l'article de cet hydrate, qui suivra celui-ci, qu'en effet le cube, mais passant à des modifications différentes, est aussi sa forme primitive.

Ayant porté une attention particulière sur ces deux différents minerais de fer, le désir d'être utile, autant qu'il est en moi, à la minéralogie, m'engage à donner ici leur étude, d'une manière aussi succincte qu'il me sera possible. Je m'y détermine d'autant plus facilement, qu'ayant rassemblé, dans cette collection, les suites qui les concernent, avec le projet de les employer à cette étude, peut-être trouveroit-on difficilement un rassemblement aussi propre à faciliter ce travail, par les diverses séries qu'il présente, et le nombre de morceaux rares qu'il renferme.

J'observerai cependant encore auparavant, qu'en disant que les divers fers oxydés qui, ne jouissant d'aucune action sur le barreau aimanté, donnent une poudre rouge par la trituration, appartiennent à l'oxydation de ce métal au maximum, il faut entendre et appliquer cette observation, aux simples combinaisons de fer et d'oxygène, connues sous le nom d'oxydes de ce métal, sans aucune autre cause intermédiaire de modification, et de variation : la suite de ce catalogue fera voir qu'il existe d'autres espèces dans ce métal, qui donnent une poudre rouge sous la trituration, sans appartenir à l'oxyde de fer au maximum dont nous nous occupons.

La forme primitive du fer oxydé au maximum, est le cube parfait, fig. 124. Je parlerai dans la suite des diverses modifications que présente ce cube, à mesure que je citerai les variétés de cette substance auxquelles elles appartiennent.

Sa cassure est conchoïdale.

Sous la trituration, cette substance donne une poudre d'un rouge plus déterminé et plus foncé que l'espèce précédente du fer oligiste.

Sa dureté est aussi légèrement inférieure à celle du fer oligiste ; elle raye le verre avec un peu moins de facilité : cette dureté varie considérablement dans les masses qui appartiennent à ses différentes variétés, à raison du plus ou moins de cohésion entre leurs parties.

Sa pesanteur spécifique, prise sur les cristaux cubiques qui seront cités plus bas, m'a donné 39, 61 ; mais, par la même raison que je viens de donner, cette pesanteur spécifique éprouve différentes variations, souvent même considérables, suivant ses diverses variétés, et principalement suivant le degré de cohésion de leurs parties entre elles.

Sa couleur propre est, à ce qu'il paroît, le rouge

brun plus ou moins foncé, mais suivant le degré de cohésion plus ou moins fort qui existe entre ses parties, sa couleur rouge devient plus sombre, et passe enfin au gris d'acier, dont elle offre en même temps le lustre, lors surtout que cette cohésion est au maximum. Ce fer oxydé est en effet d'autant moins dur, qu'il passe à une couleur rouge plus foncée; celles de ses variétés qui sont pulvérulentes, sont pour l'ordinaire celles dans lesquelles cette couleur rouge a le plus d'intensité.

Cette substance, dans son état de pureté, n'exerce aucune action sur le barreau aimanté; mais il arrive assez souvent qu'elle est mélangée de quelques parties des espèces oxydées à un degré inférieur, alors elle exerce plus ou moins d'action sur lui; mais toujours, cependant, à un degré beaucoup plus foible que celui qui appartient aux espèces moins oxydées. Le minéralogiste un peu exercé, a toujours la facilité de reconnoître et apprécier la véritable nature de ces variétés lorsqu'il les rencontre. Il existe, par exemple, parmi les minerais de fer de Gellivara, dans la Laponie suédoise, une variété qui souvent se présente en masses considérables, et qui est ainsi mélangée de fer oxydulé.

Les cristaux qui m'ont servi à déterminer la forme primitive de ce fer oxydé, sont des cubes parfaits, fig. 124, qui ont jusqu'à 3 lignes de côté et même plus, et qui sous aucun rapport ne peuvent être rapportés au rhomboïde cuboïde primitif du fer oligiste. Les uns ont un quartz cristallisé pour gangue, d'autres sont isolés. Parmi ces derniers, il en existe un dans lequel les bords longitudinaux du prisme sont remplacés, chacun d'eux, par un plan très-étroit: on observe aussi la même variété parmi ceux en groupes. La surface de ces cristaux est parfaitement lisse, et a la couleur et une partie du lustre de l'acier poli. Outre les cubes que je viens de citer, il en existe, dans cette collection, deux autres fort grands, qui paroissent avoir éprouvé de l'altération ; mais dont les plans ont cependant conservé une partie du lustre gris d'acier, qui est propre aux cristaux de ce fer oxydé.

A cette espèce appartient une partie du minerai de fer nommé par M. Werner *eisenglimmer* (fer micacé), celle qui n'exerce aucune action sur le barreau aimanté, car il existe un autre fer micacé, qui exerce une action très-sensible sur l'aimant, et qui appartient au fer oligiste. Cette variété micacée du fer oxydé est souvent en petites lames ou écailles, groupées confusément les unes avec les autres, et pour l'ordinaire de formes indéterminées : j'y ai cependant aperçu quelquefois de petits cristaux analogues à ceux de la variété rouge dont je parlerai dans un instant ; deux petits morceaux de cette collection sont dans ce cas. D'autres fois, cette même variété est en lames très-minces et de même irrégulières, placées en recouvrement les unes sur les autre, et affectant même, dans cette manière d'être, beaucoup d'irrégularité. Enfin, elle se montre aussi à l'état granuleux, soit à grain grossier, soit à grain fin, et dans ce cas elle forme souvent différentes couches placées en recouvrement les unes sur les autres, comme le fait l'hématite. Toutes ces variétés existent dans cette collection. J'en citerai une autre, extrêmement rare, dont il y existe aussi plusieurs petits morceaux ; elle est en masse fibreuse, à fibres très-fines et parallèles ; mais n'ayant entre elles qu'une adhésion très-foible qu'il est très-facile de détruire : ces petites fibres se brisent sous le plus léger effort, et la loupe fait voir que leurs fragments sont de petits parallélipipèdes rectangulaires.

Une autre des variétés de cette espèce, est formée par *l'eisenrahm* rouge de M. Werner, ou mine de fer micacé rouge, et ses formes cristallines, lorsqu'elle les laisse apercevoir, ce qui est très-rare, viennent parfaitement à l'appui de sa réunion sous une même espèce avec la variété précédente. Il existe, dans cette collection, un fort beau morceau, dans lequel de petites lames de fer micacé rouge recouvrent presqu'en entier une de ses faces. Ces petites lames sont d'une belle couleur rouge de sang et fortement translucides. Elles sont extrêmement minces, ce qui rend en grande partie raison, et de leur couleur rouge, et du degré de leur transparence. Toutes ces lames sont autant de cristaux qui, pour un très-grand nombre d'entre eux, sont parfaitement déterminés et très-réguliers. Les uns se présentent sous la forme d'une lame quarrée, fig. 125. D'autres, sous celle d'une lame octaèdre, fig. 126, produite, par la lame quarrée précédente qui, étant considérée comme un prisme, a ses bords longitudinaux remplacés par un plan qui fait avec ceux adjacents, d'un côté un angle d'environ 168°, et de l'autre un d'environ 102°. Les mêmes lames tétraèdres rectangulaires deviennent hexaèdres, soit par la réunion entre eux des plans de remplacement au dessus des côtés du prisme avec lesquels ils font l'angle de 168°, et alors la lame hexaèdre a deux angles très-obtus d'environ 156°, et quatre d'environ 102°, fig. 127, soit par la réunion des mêmes plans de remplacement au dessus des côtés du prismes avec lesquels ils font l'angle de 102°, alors la lame hexaèdre a deux angles très-aigus d'environ 24°, et 4 d'environ 168°. On sent que, vû la petitesse des cristaux, ainsi que leur très-foible épaisseur, ces angles ne doivent être considérés que comme approximatifs, et demandent à être vérifiés, lorsque les circonstances pourront faciliter davantage leur mesure. Les cristaux qui font l'objet de cette description sont placés sur une gangue de fer hydro-oxydé.

Une observation qui me paroît mériter quelque intérêt, à raison de ce que j'ai dit précédemment concernant les deux couleurs, rouge et gris d'acier, que montre cette espèce de minerai de fer, c'est que si, en se servant d'une loupe d'un grossissement un peu considérable, on regarde ces lames sur leur épaisseur, elles cessent de laisser apercevoir la moindre transparence, et réfléchissent un gris d'acier. Il est très-facile en outre de reconnoître que la variété d'un gris d'acier de *l'eisenglimmer*, qui n'a aucune action sur le barreau aimanté, appartient à cette espèce, et diffère fort peu de la variété rouge. Un très-grand nombre des morceaux appartenant à cette variété grise, étant examinés avec la loupe, laissent apercevoir, sur leur surface, et souvent même en très-grande quantité, de petites parties d'un rouge très-vif, et qui paroissent en même temps translucides ; aspect qui n'est dû qu'à ce que, dans ces endroits, cette partie très-mince de la lame étant soulevée, a perdu son adhérence avec la partie inférieure, et permet à une partie de la lumière de traverser sa très-foible épaisseur.

Dans la suite des morceaux qui appartiennent à

cette variété, je citerai principalement une série de morceaux très-rares ; ce sont des laves poreuses du Vésuve, parsemées de petites paillettes des variétés grises et rouges, et dans lesquelles on peut observer des couches qui ont jusqu'à 4 lignes d'épaisseur, et qui, quoique composées en totalité d'une agrégation des mêmes petites paillettes, ont un aspect strié dans leur cassure, et sont mi-partie grises et mi-partie rouges : ces morceaux sont extrêmement intéressants.

Une troisième variété principale, ou sous-espèce du fer oxydé au maximum, est *l'eisenrham* brun de M. Werner. Il est facile de voir, par la description même de ses caractères, du moins par ceux donnés, d'après M. Werner, par M. Brochant, dans son excellente minéralogie, que cette variété ne peut appartenir à l'oxyde de fer brun à poudre jaune ou fer hydro-oxydé. Ce minerai de fer, qui se trouve rarement en grandes masses, est composé de la réunion de petites écailles ayant fort peu d'adhérence entre elles, ce qui constitue de petites masses très-légères et presque sans aucune consistence ; aussi ses parties s'en séparent-elles presque par le simple contact ; ce qui le rend tachant, en même temps que la grande finesse de ses parties, le poli de la surface de ces mêmes parties, qui sont autant de fort petits cristaux, et leur grande friabilité, rend cette substance douce et comme onctueuse sous la pression des doigts. Si, par une pression un peu forte, on parvient à écraser, sur un papier blanc, de petites masses des paillettes de cette substance, la tache faite par elles est d'un rouge brun ; d'ailleurs, si, après avoir froissé sur le papier ces mêmes pailletes, on les regarde avec une forte loupe, on reconnoît que toutes celles qui sont amenées à l'état de plus grande division, sont rouges et translucides, et elles sont en très-grand nombre, tandis que les autres sont d'un gris d'acier. Cette variété n'est donc exactement que celle précédente, rendue d'une couleur brune par l'accumulation confuse de ces petites paillettes, qui affoiblit la réflexion de la masse.

On trouvera, joint à cette collection, une série de ce fer oxydé au maximum, à l'état compacte, ainsi qu'une autre, à l'état d'hématite. La première de ces deux variétés est d'un grain très-fin et très-serré; sa couleur est le gris de fer, rendu souvent un peu brun par l'effet des petites parties rougeâtres dont ce fer est entremêlé; mais elle est quelquefois cependant d'un grain plus grossier et presque granuleux. La seconde, présente trois sous-variétés différentes; la première est en fibres si fines et si serrées qu'elle paroît compacte; dans la seconde, quoique toujours très-fines, ces fibres sont beaucoup plus sensibles à la vue; elles sont pour l'ordinaire divergentes, ce qui fait que lorsque cette hématite se casse, ses fragments détachés sont très-fréquemment cunéiformes: dans quelques variétés cependant la direction des fibres est ou parallèle, ou fort approchant du parallélisme: dans toutes ces hématites la texture est en outre à couches concentriques. Dans la troisième de ces sous-variétés, la substance de l'hématite est composée sensiblement de pièces séparées et distinctes, souvent d'une grandeur considérable, et formant autant de systèmes particuliers qui s'encastrent les uns dans les autres. Lorsque cette hématite se casse, c'est habituellement dans les points de réunion de ces parties séparées, et dans ce cas, la surface qui, dans ces fragments, appartenoit à leur point de contact, est lisse et a souvent un lustre assez brillant. Cette même surface, à raison de l'encastrement les unes dans les autres de ces pièces séparées, ainsi que de la texture à couches concentriques de ces mêmes hématites, est souvent polyèdre, et présente des faces, soit concaves, soit convexes. On trouvera, dans la série des morceaux qui appartiennent à ces dernières variétés, un fort beau morceau à couches concentriques, et dont chacune des couches est ainsi composée de pièces séparées, et d'un volume peu considérable, quoique très-sensible; ainsi que d'autres dans lesquels les pièces séparées sont plus considérables. Il y existe aussi un morceau très-intéressant, dans lequel les différentes couches de l'hématite, sont séparées par des veines de la variété connue sous le nom de fer micacé gris à petites écailles, mélangées de quelques-unes de celles de la variété rouge.

Toutes ces variétés approchent d'autant plus de la couleur grise de l'acier, que leur texture est plus serrée, et par conséquent leur dureté et leur pesanteur plus considérables, et lorsqu'au contraire ces deux qualités ont un moindre degré d'intensité, elles deviennent d'un rouge plus ou moins déterminé, et plus ou moins foncé. On peut observer, dans cette collection, un morceau dans lequel de petites veines d'hématite fibreuse parfaitement rouges, ont leur texture si lâche qu'elles peuvent être facilement entamées avec l'ongle: les morceaux de lave poreuse du Vésuve, cités plus haut, peuvent en quelque sorte être considérés sous ce même rapport. On trouvera aussi, joints à cette suite, de petits morceaux sur lesquelles sont des cubes à l'état d'oxyde de fer rouge, analogues à ceux décrits par M. Karsten; mais qui très-visiblement sont des pseudomorphes. Quelquefois la surface de ces hématites est recouverte par une légère efflorescence d'un aspect velouté, qui appartient au fer micacé rouge dans un état de division extrême.

Une sixième variété est formée par le fer oxidé au maximum à l'état pulvérulent. Je ne considère comme appartenant à cette variété, que le fer oxydé rouge pulvérulent dont les parties très-fines, et à l'état terreux, ne laissent apercevoir, ni à la vue simple, ni même avec le secours de la loupe, une texture composée de petites écailles, quelques fines qu'elles puissent être; ce dernier fer appartenant à celui micacé rouge, comme la chlorite appartient au mica. Dans cette variété, la substance du fer oxydé est à un état de division et de trituration extrême; aussi est-ce celle dans laquelle la couleur rouge soit au plus haut degré d'intensité. On trouvera, dans cette collection, de petits morceaux de cette variété, d'un superbe rouge brun, dans l'intérieur desquels on peut observer de petites paillettes de la variété micacée grise: ils sont de l'isle d'Elbe.

Enfin la septième et dernière variété, offerte par ce fer oxydé au maximum, est celle basaltiforme, nommée aussi bacillaire et scapiforme.

Cette variété, qui probablement est aussi argileuse, a été amenée à cet état par un retrait, qui a toute l'apparence d'avoir eu l'action du feu pour cause. Ainsi que dans les basaltes, les petites colonnes dont elle est composée se montrent par leurs côtés, et ont fort peu d'adhérence entre elles: de même aussi ces petites colonnes sont tétraèdres, pentaèdres, ou exaèdres; ces dernières cependant sont celles qui s'y montrent le plus communément.

FER HYDRO-OXYDÉ.

120 *Morceaux, dont* 8 *cristaux isolés.*

Sans la citation du cube, faite par M. l'Abbé Haüy, dans son *tableau comparatif*, &c. d'après sa propre observation, je n'aurois cité que le prisme tétraèdre rectangulaire à base quarrée, fig. 128, pour forme primitive de cette substance; mais le cube cité par ce savant, donnant sous la trituration une poudre jaune, lui appartient bien certainement, et d'après son examen, qui ne peut laisser place à aucun doute, ce cube n'appartenant, ni à la classe des pseudomorphes, ni à une décomposition de pirytes, doit appartenir à une des formes propres au fer hydro-oxydé. En est-il la forme primitive? ou ce cube n'est-il qu'une simple variété d'un prisme tétraèdre rectangulaire à base quarrée? Je suis très-porté à admettre cette dernière supposition, sans avoir cependant de bases suffisantes pour l'assurer.

Il existe, dans cette collection, un petit morceau, appartenant à une hématite brune, sur la surface duquel sont groupés un grand nombre de petits prismes tétraèdres rectangulaires minces et allongés de cette substance, les uns, avec leurs bords longitudinaux remplacés par un plan également incliné sur ceux adjacents, fig. 130, les autres, ayant les mêmes bords remplacés par un plan plus fortement incliné sur un des côtés adjacents du prisme, avec lequel il fait un angle très-obtus, que sur l'autre, fig. 131. Les trois cristaux dont je viens de parler sont bruns, mais paroissent presque noirs à leur surface, à raison du lustre de leurs faces qui est très-brillant. La poudre qu'on en obtient par la trituration est jaune.

La dureté de ce minerai est un peu moindre que celle du fer oxydé au maximum ; ainssi que lui il raye le verre, mais avec un peu moins de facilité. Cette dureté varie considérablement dans les masse, dans les diverses variétés qui appartiennent à cette substance, suivant le degré de cohésion plus ou moins considérable qui existe entre leurs parties. Il en est de même de sa pesanteur spécifique, qui m'a paru être très-voisine de celle du fer oxydé au maximum, mais que je n'ai cependant pu prendre sur les cristaux, à raison de leur petitesse.

Ainsi que dans le fer oxydé au maximum, la couleur propre à cette substance me paroît être différente de celle brune, qu'elle montre dans les masses dans lesquelles le degré de cohésion est considérable. Cette couleur me paroît être celle connue sous le nom de jaune ocreux, et suivant le degré de cohésion qui existe dans l'agrégation de ses parties, cette couleur passe, soit au gris foncé un peu brun du fer métallique, soit au brun plus ou moins foncé. De même aussi que dans l'espèce précédente, la pesanteur spécifique et la dureté diminuent à mesure que cette substance s'écarte du brun pour se rappocher du jaune.

Les variétés cristallines, soit déterminées, soit même indéterminées du fer hydro-oxydé étant très-rares, et aucunes d'elles n'ayant été citées, jê vais entrer dans quelques détails à leur égard.

Le canton qui, à ma connoissance, a fourni jusqu'ici les morceaux les plus beaux, et renfermant les cristaux les mieux caractérisés de fer hydro-oxydé, est les environs de Bristol. Là se rencontrent des géodes quartzenses, dont les parois intérieures sont recouvertes de cristaux de quartz, sur lesquels quelquefois sont disséminés de fort petits cristaux parfaitement déterminés de fer hydro-oxydé, mais toujours cependant en petite quantité; souvent même ces cristaux sont renfermés dans l'intérieur même des cristaux de quartz. Quelquefois l'enveloppe de ces géodes, quoique renfermant toujours, dans leur intérieur, des cristaux de quartz, au lieu d'être quartzeuse est elle-même de fer hydro-oxydé; alors ce fer s'y montre en fibres divergentes autour d'un même centre, et forme, dans l'intérieur de la géode, de petits mamelons, à la surface desquels ces fibres s'écartent souvent assez l'une de l'autre, pour s'isoler et montrer leur forme cristalline. Les cristaux qui appartiennent à ce fer sont toujours très-petits, très-allongés et très-minces. Leurs formes paroissent toutes dériver du cube allongé ou parallélipipède rectangulaire: de sorte, qu'ainsi que nous l'avons déjà vu dans l'espèce précédente, le prisme y paroît remplir plutôt le rôle de parallélipipède rectangulaire droit, que celui de cube.

Les formes que j'ai observées dans cette substance sont, soit des parallélipipèdes allongés, fig. 128, soit ces mêmes prismes applatis, fig. 132, soit appartenant à ces derniers cristaux dont les bords sont en biseaux, fig. 133. Dans ce cas, les plans de remplacement des bords se rencontrent entre eux, au-dessus des côtés étroits du prisme, sous un angle qui m'a paru être d'environ 130°, et ceux qui sont placés le long des bords les plus longs des faces considérées comme étant celles terminales, se rencontrent, au-dessus de ces faces, sous un angle qui m'a paru être d'environ 145°. Dans d'autres cristaux, les angles solides du prisme tétraèdre rectangulaire sont remplacés par des plans qui se rencontrent entre eux sous un angle d'environ 140°, fig. 134. La variété en prisme tétraèdre rectangulaire à bords en biseaux, se montre aussi avec un plan de remplacement aux angles du prisme primitif, fig. 137, et dont il m'a été impossible de déterminer, même l'a-peu-près des angles d'incidence. Ces cristaux présentent aussi les variétés, fig. 138 et 139, à l'égard desquels il m'a de même été impossible de rien statuer. Il en est encore ainsi de petits cristaux en rhomboïdes lenticulaires, fig. 140, provenant très-probablement du remplacement de deux des angles solides opposés du parallélipipède devenu très-voisin du cube, chacun d'eux par trois plans, dont j'ai de même observé des cristaux, et dont cette collection offre plusieurs exemples: ces derniers cristaux sont les seuls que j'aie observés, dans cette substance, semblant en effet appeler le cube pour leur forme primitive.

Lorsque les cristaux prismatiques que je viens de décrire, ont un peu d'épaisseur, ils offrent le brun noirâtre foncé, et possèdent le même lustre que celui des cristaux dont j'ai donné précédemment la description. A mesure qu'ils deviennent plus minces, l'intensité de cette couleur brune diminue, et devient plus claire; très-minces, ils sont translucides, et suivant le degré de leur épaisseur, ils réfractent le brun jaunâtre, le jaune de vin, et même, lorsqu'ils ne sont plus que des fibres capillaires très-fines, le jaune de paille, quelquefois même avec un reflet doré.

On sent parfaitement que la mesure des angles que j'ai donnée pour quelques-unes de ces variétés, dans des cristaux qui n'atteignent jamais une grosseur supérieure à celle d'un camion, n'est que très-légèrement approximative. Cette collection renfermant, dans ce genre, une série très-précieuse et extrêmement difficile à former, il seroit peut-être possible, avec un peu de soin, et surtout avec l'aide du goniomètre du Dr. Wollaston, de parvenir à une détermination parfaite de la mesure de ces angles.

Dans ces jolis groupes de cristaux de quartz en géodes, qui existent dans toutes les collections, et dont les cristaux sont recouverts à l'extérieur par des fibres capillaires, soit isolées, soit en faisceaux divergents, qui prennent souvent la forme de pinceaux, ces fibres, ainsi que celles que très-souvent ces mêmes cristaux renferment dans leur intérieur, doivent être rapportées à cette variété du fer hydro-oxydé. Telles sont, par exemple, ces belles géodes apportées depuis peu de Sibérie, où elles ont été trouvées dans une isle du lac Onéga, et dont les faisceaux capillaires de fer hydro-oxydé, ont été jusqu'ici presque généralement regardés, mais très-improprement, comme appartenant au manganèse oxydé, ainsi que ceux des environs de Bristol; cependant la poudre jaune qu'ils donnent sous la trituration, ce que ne fait jamais le manganèse oxydé, étoit bien faite pour écarter absolument cette opinion.

La série des morceaux de cette variété de Sibérie, renfermée dans cette collection, est extrêmement riche, et elle est en même temps très-belle. Outre les morceaux placés ici avec le fer hydro-oxydé, il en existe un grand nombre, placés dans la partie de cette collection qui appartient au quartz. Je citerai ici un seul de ces morceaux, c'est un groupe de quartz améthisé, dont tous les cristaux renferment, dans leur intérieur, un autre cristal de la même substance ; dans l'intervalle qui existe entre la surface du cristal intérieur et celle du cristal extérieur, on aperçoit un nombre considérable de petites fibres de ce fer hydro-oxydé, dont plusieurs ont, adhérant à elles, de petits cristaux appartenant au rhomboïde lenticulaire très-obtus, que j'ai cité plus haut, et qui paroissent implantés, comme sur une pelote, sur la pyramide du cristal intérieur.

Il y a fort peu de collections, dans lesquelles il n'existe des cristaux de quartz renfermant ainsi, dans leur intérieur, de petits cristaux de fer hydro-oxydé. Ils y sont quelquefois en lames minces, qui paroissent quarrées ou rectangulaires à une de leurs extrémités, et se terminent en pointe, souvent très-aigue, soit régulière, soit irrégulière, à leur autre extrémité, ainsi que le représente la fig. 136 ; les cristaux de quartz améthiste sont ceux qui sont le plus fréquemment dans ce cas ; fort souvent on y observe, en outre de ces petites lames de fer hydro-oxydé, de petites paillettes de fer oxydé au maximum, soit rouge, soit gris d'acier.

Cette espèce, enfin, possède les mêmes variétés compactes, hématiformes et pulvérulentes, que le fer oxydé au maximum. On peut observer de même aussi, parmi elles, qu'à mesure que les parties de leur substance ont moins de cohésion entre elles, la couleur jaune devient plus intense, et qu'elle parvient enfin à son plus haut degré d'intensité dans les variétés pulvérulentes. Il y a, parmi elles, des variétés dans lesquelles la cohésion entre ces parties est telle, que leur substance paroît être d'un noir foncé: on en observera un morceau fort beau dans cette collection. On y trouvera aussi une série extrêmement intéressante, de morceaux appartenant à la variété à l'état d'hématite fibreuse à couches concentriques; cette série apporte une nouvelle preuve de la couleur qui appartient à cette substance, lorsque ses parties sont divisées. Dans cette hématite, le fer hydro-oxydé est intimement mélangé de quartz, qui en sépare et en isole, pour ainsi dire, les parties; aussi sa couleur est-elle la teinte jaunâtre du fer spathique. Sa dureté, à raison du quartz dont elle est mélangée, est assez grande pour lui permettre de rayer le quartz, mais cependant avec quelque peine.

Je citerai en outre, dans cette collection, un morceau très-beau et trés-rare, dans lequel le fer hydro-oxydé est en stalactites fibreuses, dont les fibres se dirigent de leur axe à leur surface, et dont la couleur est de même celle jaune du fer spathique, non à raison du quartz mélangé, mais à raison seulement du peu de cohésion de ses parties entre elles; aussi cette variété est-elle très-tendre et très-facile à entamer avec un instrument tranchant. La surface de cette hématite est recouverte par une couche légère de fer oxydé au maximum, appartenant à la variété ayant l'aspect métallique, et de petits cristaux en rhomboïdes lenticulaires très-obtus du même fer, sont disséminés, çà et là, sur cette même surface; la partie centrale de ce morceau est à l'état de fer hydro-oxydé en hématite brune, et la dureté de cette partie est beaucoup plus considérable que celle de la partie jaune.

Je citerai encore une autre série de petits morceaux d'hématite brune, dont la surface a une texture veloutée, ainsi que nous avons vu qu'il existe une variété du même genre dans le fer oxydé au maximum. Cette partie veloutée est d'une couleur jaune analogue à celle des variétés qui viennent d'être citées, et la loupe fait apercevoir que cette couleur est due à ce que les fibres de l'hématite, en arrivant à sa surface, se sont écartées davantage, et se sont même en partie séparées les unes des autres ; dans quelque-uns de ces morceaux, on aperçoit en outre de petits pinceaux, à fibres divergentes et très-fines, qui sont de la même couleur. Ces morceaux sont saupoudrés de petites pyrites cubiques ; sur l'un d'eux, ces pyrites présentent toutes, sur leurs faces, celle d'un autre cube intérieur, parfaitement distinct de celui dans lequel il est renfermé.

A la suite de cette espèce, sont placées les variétés de fer hydro-oxydé à l'état limoneux, en très-petit nombre cependant, n'ayant pas voulu surcharger cette collection des nombreuses variétés de ces fers qui, à raison des différents mélanges qui s'introduisent dans leur substance, varient considérablement.

Je suis entré, à l'égard de cette espèce de minerai de fer, ainsi qu'à l'égard de celle qui a précédé, dans un détail beaucoup plus considérable que ce n'avoit d'abord été mon intention. Mais quoique dans la plus grande partie de ces détails, il soit question des minerais de fer les plus abondamment répandus dans la nature, et les plus habituellement entre les mains des minéralogistes, le sujet étoit neuf. Il s'agissoit d'établir parfaitement ces deux espèces, d'indiquer l'état le plus parfait de chacune d'elles, les causes des variétés qu'elles présentent, ainsi que leurs caractères minéralogiques. Il falloit faire voir que des minerais de ce métal qui avoient été rapportés à des espèces différentes, ou dont on avoit même fait des espèces particulières, leur appartenoient. Il falloit enfin faire leur étude, et pouvant du moins en tracer quelques traits, j'ai été entraîné, et ces deux articles se sont allongés sans que je m'en sois aperçu, et presque malgré moi. J'eusse fortement désiré rendre cette étude plus complette, en déterminant d'une manière plus positive le cristal primitif de chacune de ces espèces, ainsi que les diverses loix de reculement auquel il est soumis ; mais la petitesse des cristaux que j'ai toujours été dans le cas d'examiner, dans ces deux substances, s'y est constamment opposée. Les détails dans lesquels je suis entré à leur égard, aideront à les faire reconnoître ; et peut-être qu'un jour un minéralogiste plus heureux, acquerra les moyens de completter cette partie essentielle de l'étude de cette substance.

FER OXYDÉ PICIFORME. (*Nobis.*)

30 *Morceaux, dont* 7 *Cristaux isolés.*

Je ne puis rapporter ce minerai de fer à aucune des espèces de ce métal qui ont été décrites par les auteurs. Il paroîtroit d'abord avoir quelque rapport avec celui cité par M. l'Abbé Haüy, dans son *tableau comparatif*, &c. p. 95, sous le nom d'oxyde noir vitreux ; mais il ne devient pas magnétique par l'action de la chaleur, il ne raye pas le verre, et son aspect est plus celui de la poix ou du bitume, que celui du verre. D'ailleurs, en comparant l'analyse qui a été faite, par M. Vauquelin, du fer oxydé noir vitreux de M. l'Abbé Haüy, avec les analyses, données par M. d'Aubuisson, des fers hydro-oxydés, le premier seroit un hydrate de fer oxydé parfait, d'un brun très-foncé ou noir ; tandis que, sans prononcer sur la nature de celui qui fait l'objet de cet article, je puis assurer qu'il n'est certainement pas de la même nature que celui de l'espèce précédente.

Ce minerai n'est pas non plus le fer noir de M. Werner, il n'a aucun des caractères de cette substance qui, d'après ceux donnés par les minéralogistes allemands, n'est autre que le manganèse oxydé hématiforme, qui toujours est plus ou moins mélangé de fer oxydé.

Sa forme primitive est un cube ou un parallélipide rectangulaire très-voisin du cube.

Sa couleur est d'un noir foncé, et ses faces ont un lustre éclatant.

On trouvera, dans la suite des morceaux qui, dans cette collection, appartiennent à cette espèce de minerai de fer, deux groupes de ces cubes, accompagnés de plusieurs fragments et de sept cristaux isolés. Dans un de ces morceaux, les cubes, qui ont à-peu-près une ligne de côté, sont complets, fig. 141. Dans le second, deux de leurs angles solides sont remplacés par un plan, plus ou moins grand, perpendiculaire à l'axe qui passe par ces deux angles ; ainsi que le représente les fig. 142 et 143. Ces morceaux, ainsi que les fragments qui les accompagnent, joints à des morceaux à-peu-près semblables que j'ai donnés à la collection de M. Gréville, sont les seuls que j'aie encore vus de cette substance à l'état de forme déterminée. J'ignore le lieu de leur localité : ils ont été apportés d'Allemagne par M. Fichtel, à l'obligeance duquel je les ai dus ; mais il ignoroit lui-même le lieu de leur origine.

Lorsque cette substance n'est pas cristallisée, son aspect est absolument celui de l'asphalte parfaitement noir, pour lequel elle seroit facilement prise.

Sa cassure est conchoïdale et a un lustre très-brillant, exactement semblable aussi à celui que présente la cassure de l'asphalte.

Sa couleur varie entre le noir parfait et opaque, et le brun noirâtre. Celle de la poudre, donnée par la trituration, est intermédiaire entre le rouge brun du fer oxydé, et le jaune brun du fer hydro-oxydé : c'est un jaune brun très-foncé, un peu rougeâtre.

Sa pesanteur spécifique varie suivant les échantillons, et ne s'élève pas au-dessus de 40,00 : la variété brune est la plus légère.

Sa dureté est peu considérable ; elle est facilement entamée par un instrument tranchant, et elle est très-fragile.

Sous l'action du chalumeau, elle diminue de volume, et sans laisser apercevoir aucun mouvement de fusion, elle se change en une scorie légère qui n'exerce aucune action sur le barreau aimanté. Avec le borax elle donne un verre d'un jaune sale.

A l'état non cristallin, cette substance se montre, soit en masse compacte, dont le grain très-fin ressemble parfaitement, de même que son aspect, ainsi qu'il a été dit précédemment, à celui de l'asphalte, soit à l'état mamelonné à la manière des hématites, et en couches concentriques, mais jamais striée.

On trouvera toutes ces variétés dans cette suite, et parmi elles un petit morceau formé de la réunion de petits mamelons sphéroïdaux, la plupart creux et ne présentant que des capsules.

Cette espèce de minerai de fer, et surtout les variétés noires en couches concentriques et mamelonnées, paroît être très-sujette à se décomposer; elle passe, par cette décomposition, à un état pulvérulent, soit d'un jaune brun très-foncé et rougeâtre, soit d'un jaune de paille, soit de différentes nuances intermédiaires à ces deux couleurs. La plupart des morceaux de cette suite qui appartiennent à la variété noire sont dans ce cas; plusieurs d'entre eux sont d'Angleterre: on peut, parmi eux, en remarquer un dans lequel cette substance est en couches, interposées entre des couches de chaux carbonatée.

FER HYDRO-OXYDÉ SULFATÉ.

M. Gillet de Laumont a cité, dans le 135e. numéro du Journal des Mines, une variété de cette substance d'une couleur jaune foncé, variant entre celle de l'olivine et de l'idocrase, qui est aussi celle de la variété provenant d'une mine des environs de Freyberg, qui faisoit partie de la collection qui a appartenu au célèbre Ferber. Cette substance, qui a été analysée par M. Klaproth, avoit reçu provisoirement de M. l'Abbé Haüy, *dans son tableau comparatif*, &c. où elle a été citée par lui, le nom de fer résinite. Les morceaux qui lui appartiennent, dans cette collection, offrent deux nouvelles variétés. L'une, est d'un rouge très-foncé, qui la fait presque paroître noire ; mais comme elle est translucide, elle laisse, au moyen de sa transparence, apercevoir sa couleur, qui est d'un superbe rouge brun. Ainsi que la variété citée par M. Gillet de Laumont, elle ressemble parfaitement à la cire. Elle fond assez promptement au chalumeau, en donnant une odeur sulfurique assez forte, et donne une scorie noire, à laquelle je n'ai aperçu aucune action sur le barreau aimanté. Elle est très-fragile et même friable, et donne, sous la trituration, une poudre d'un jaune paille : sa substance elle-même est mélangée de quelques parties de cette dernière couleur. Cette collection renferme plusieurs petits fragments de cette variété, qui m'ont été donnés comme ayant appartenus de même autrefois à Ferber.

La deuxième variété est encore plus fragile que la précédente. Elle est en partie d'un jaune pâle, et en partie d'un jaune de miel un peu rougeâtre, et elle a parfaitement l'aspect du pechstein infusible de Hongrie, nommé halbopal par M. Werner, dont elle a le lustre, la transparence et la cassure, et sans son peu de dureté, et sa grande friabilité, elle seroit très-facilement prise pour lui appartenir. Elle fond beaucoup plus difficilement que la précédente, ne laisse pas apercevoir la même odeur sulfurique, et donne de même une scorie noire que je n'ai pas reconnue agir sur le barreau aimanté. Avec le borax, elle donne, ainsi que la variété précédente, un verre d'un jaune sale.

Cette dernière variété paroît plus sujette à se décomposer que la précédente, et passe par cette décomposition à une substance pulvérulente d'un jaune pâle. Cette collection en renferme un morceau assez grand et plusieurs fragments. Elle est dite venir des Indes Orientales; mais je n'ai aucune certitude à cet égard.

Je me suis borné à rapporter les observations que ces deux variétés m'ont permis de faire, et je ne donne leur analogie entre elles que comme un fait très-probable. Il seroit possible aussi que le fer hydro-oxydé, quoique beaucoup plus dure, et ayant un aspect totalement différent, eût cependant quelques rapports aussi avec elles. En regardant celle des variétés de cet hydrate, qui est d'un noir foncé, avec la loupe, dans la cassure, et à une forte lumière, on y remarque quelquefois de petites esquilles minces qui laissent apercevoir de la transparence et une couleur d'un rouge brun foncé, analogue à celle qui appartient à la première de ces deux variétés. Je suis donc encore loin de regarder le travail qui peut être fait sur ces deux espèces, comme étant complettement terminé.

FER ARSENICAL. MISPIKEL.

107 *Morceaux, dont 60 Cristaux isolés.*

La partie cristalline qui, dans cette collection, appartient au mispikel est très-riche: nombre des variétés qu'elle renferme n'ont pas été décrites.

FER SULFURÉ. PYRITE.

La richesse immense de cette collection, dans le fer

sulfuré, et principalement dans les formes cristallines qui lui appartiennent, et qui, pour un très-grand nombre, n'ont pas été décrites, me détermine à diviser ce minerai de fer en six sections différentes, et peut-être la nature elle-même, en la consultant avec soin, nous conduiroit-elle à cette même division, par les faits qu'elle présente dans chacune d'elles : je ne serois même pas étonné quand elle nous forceroit un jour à reconnoître, parmi elles, comme espèces, une partie de ce que nous ne considérons dans ce moment que comme variétés.

PREMIÈRE DIVISION.

FER SULFURÉ EN CUBE LISSE.

121 *Morceaux, dont* 73 *Cristaux isolés.*

Il existe, dans la suite des cristaux qui appartiennent à cette division du fer sulfuré, un nombre considérable de variétés qui n'ont pas été décrites.

DEUXIÈME DIVISION.

FER SULFURÉ EN CUBE STRIÉ.

120 *Morceaux, dont* 80 *Cristaux isolés.*

Cette division renferme aussi plusieurs variétés de formes non décrites. La série des cristaux qui lui appartiennent est très-considérable.

Le fer sulfuré en cube strié, présente une particularité bien propre à fixer sur lui l'attention, qui est que lorsque la combinaison du fer et du soufre, à laquelle il appartient, renferme, dans sa substance, quelques-uns des métaux étrangers qui s'y rencontrent si fréquemment; tels que l'or, l'argent, et le cuivre, c'est constamment à cette deuxième division de sa forme cristalline, ou au cube strié, et principalement à celle de ses variétés qui est en dodécaèdres à plans pentagones, ou aux divers passages du cube à cette variété, que la pyrite appartient. Le métal étranger qui s'y rencontre le plus communément, quoique non le plus abondamment, est l'or: il existe même des cantons dans lesquels il est presqu'impossible de rencontrer des pyrites en dodécaèdres à plans pentagones, ou en cubes passant à ce dodécaèdre, qui ne laissent pas apercevoir du moins quelques foibles indices de ce métal. C'est très-probablement à la décomposition de ces pyrites, que doivent être attribuées la plus grande partie des paillettes d'or chariées par les rivières, dans différents pays, ainsi que celles trouvées dans les terreins d'alluvion.

TROISIÈME DIVISION.

FER SULFURÉ EN OCTAÈDRE RÉGULIER,

77 *Morceaux, dont* 45 *Cristaux isolés.*

Cette division est, de même que celles précédentes, très-riche en cristaux, parmi lesquels, de même aussi, plusieurs n'ont pas été décrits. Je ne puis résister à la tentation de représenter ici deux de ces variétés fort jolies et en même temps intéressantes. L'une d'elles, fig. 144, est parfaitement analogue à une des variétés cristallines du diamant; variété que je n'avois jusqu'ici observée dans aucune autre des substances qui prennent l'octaèdre régulier pour forme primitive : ce cristal qui est fort petit, mais très-bien caractérisé, est renfermé dans une gangue mélangée de chaux carbonatée très-argileuse et presque pulvérulente, de mica vert, et d'une autre substance bleuâtre et peu dure, qu'il ne m'a pas été possible de déterminer. La seconde, fig. 145, appartient à un cristal fort grand et isolé : cette suite en contient un autre de la même grandeur, et isolé aussi, qui présente la même variété sans avoir les plans de remplacements des arêtes de l'octaèdre.

Le fer sulfuré octaèdre régulier, doit être soigneusement distingé du double sulfure jaune de cuivre et de fer, qui se montre aussi, et même assez souvent, en octaèdre régulier, et qui appartient à une substance entièrement différente.

QUATRIÈME DIVISION.

FER SULFURÉ PRISMATIQUE RHOMBOÏDAL.

142 *Morceaux, dont* 58 *Cristaux isolés.*

Ce fer sulfuré est généralement d'un jaune moins foncé que celui d'aucune des divisions précédentes, et sa couleur tire même quelquefois sur le gris métallique. Il est aussi d'une décomposition plus facile, lorsqu'il est exposé aux injures de l'air, et sa décomposition se fait le plus communément par vitriolisation.

Les cristaux qui lui appartiennent, et dont les variétés de forme sont très-nombreuses, ne paroissent avoir absolument aucun rapport avec ceux des trois divisions du fer sulfuré qui ont précédées, et ne pouvoir, en aucune manière, dériver de la même forme primitive. Cette pyrite me semble devoir faire une espèce particulière, qui auroit pour forme primitive un prisme tétraèdre rhomboïdal droit, d'environ 145° et 35°, cristal qui existe dans la série qui appartient à cette pyrite, dans cette collection. Je suis bien loin cependant de vouloir décider ici cette question extrêmement intéressante. J'avois projeté, sur cette substance, un travail plus complet, auquel je suis forcé de renoncer, mais qu'il sera toujours possible de faire au moyen des matériaux que j'ai rassemblés dans cette collection : je ne fais donc que proposer mes doutes, à son sujet, aux minéralogistes.

Quelques-uns des cristaux qui appartiennent à ce fer sulfuré, avoient cependant déjà été aperçus par différents minéralogistes. La variété dont Romé de

Lisle fait la 34ème de la pyrite, vol. iii. p. 257, de sa cristallographie, est une des nombreuses variétés de macles offertes par ces cristaux. M. l'Abbé Haüy, cite aussi cette macle, dans son traité de minéralogie, vol. iv. p. 87 ; mais ces deux savants la disent être en octaèdre applati ; ce qui, je crois, est une erreur. Ce même savant, dans la page suivante du même ouvrage, paroît avoir aperçu aussi celle de ses variétés de forme qui se présente en octaèdre aigu et applati, dont les faces sont inégalement inclinées ; mais il ne détermine rien à son égard, et rapporte en suite toutes les autres formes qui pourroient lui appartenir, aux cristaux indéterminables du fer sulfuré. Cet octaèdre cunéiforme applati a été cité aussi, par M. Werner, comme une des variétés de sa 2ème sous-espèce, le strahlkies. Cette pyrite offre cependant un grand nombre de formes très-régulières et parfaitement déterminées ; elle renferme surtout une suite assez considérable de macles, mais qui, aucune des formes simples n'étant connues, deviennent très-difficiles, et pour quelques-unes mêmes, presqu'impossibles à reconnoître.

Cette considération me détermine à placer ici la description et les figures, non de toutes les formes simples, ainsi que de toutes les macles qui appartiennent à ce fer sulfuré, mais du moins d'un nombre assez considérable, pour faire connoître avec facilité toutes les autres.

Ainsi que je l'ai dit précédemment, la forme primitive de ce fer sulfuré, considéré comme espèce, me paroît être un prisme tétraèdre rhomboïdal droit de 145° et 35°, fig. 146, pl. 8. La hauteur de ce prisme, les bords de ses faces terminales, et la demi-diagonale de ces mêmes faces, sont entre eux dans le rapport des trois nombres 16,63, 24, et 22, 88.

Une des formes les plus simples de cette substance, après son cristal primitif, est celle représentée sous la fig. 147, dans laquelle le prisme allongé est terminé par un sommet trièdre, dont les plans marqués (1), sont le produit d'un reculement aux angles aigus des faces terminales par une simple rangée; ils se rencontrent entre eux, au-dessus des faces terminales, sous un angle de 108°, et rencontrent les faces terminales sous un angle de 144°. Dans la variété, fig. 147, le prisme est allongé; et dans celle fig. 149, les deux sommets dièdres se réunissent entre eux, ce qui change le cristal en un octaèdre applati à faces inégalement inclinées: c'est la variété qui a été citée par M. l'Abbé Haüy, comme c'est aussi celle, placée sous la fig. 148, qui a été citée par M. Werner; et c'est de la réunion de ces cristaux, en se pénétrant par les plans qui appartiennent aux sommets dièdres, que naît celle à laquelle on a donné le nom de pyrite en crêtes de coq. La variété, fig. 152, appartient à celle fig. 149, allongée parallélement aux plans primitif.

Dans les variétés représentées sous les fig. 250 et 251, les bords aigus du prisme sont remplacés, chacun d'eux, par deux plans, indiqués par le chiffre 2, qui font avec les côtés du prisme sur lesquels ils inclinent, un angle de 159°, 15′, et se rencontrent entre eux sous un angle de 76°, 30′: ils sont le résultat d'un reculement, le long de ces bords, par cinq rangées en largeur sur deux lames de hauteur. Il existe, parmi les cristaux de cette pyrite, une autre modification analogue, qui remplace ces mêmes bords par deux plans qui se rencontrent entre eux sous un angle de 50°, 38′, et rencontrent les côtés du prisme, sur lesquels ils inclinent, sous un angle de 172°, 11′ : ils sont le résultat d'un reculement, le long de ces bords, par cinq rangées.

Dans les variétés représentées sous les figures 153, 154, et 155, les bords obtus du prisme primitif sont remplacés par un plan également incliné sur ceux adjacents : il est indiqué par le chiffre 3. Dans la fig. 155 le cristal est allongé, ainsi que dans celui représentée sous la fig. 152, parallélement aux plans primitifs.

Il existe, dans cette collection, des cristaux appartenant à chacune des variétés qui viennent d'être citées. Il en existe aussi qui appartiennent à chacune des variétés qui composent la suite des macles dont nous allons nous occuper.

Si sur la variété octaèdre, fig. 149, on fait passer une section suivant le plan a b c d f g, qui passe par le centre et par le milieu de deux des plans opposés, pris parmi ceux les plus inclinés, cet octaèdre sera divisé en deux parties égales, représentées par les deux fig. 156 et 157, de manière à ce que chacune d'elles s'offre à la vue par une extrémité différente. Qu'on se représente maintenant ces deux moitiés réunies, soit par leur plan de section x, soit par le plan opposé, dû à la première modification, on aura deux macles différentes, l'une d'elles représentée par les fig. 158 et 159, et l'autre par les fig. 160 et 161 ; toutes deux offrant un aspect différent, suivant celle de ses extrémités qu'elle laisse apercevoir. Il existe, dans eette collection, plusieurs morceaux dans lesquels, soit les moitiés isolées, soit les deux macles différentes qu'elles forment par leur réunion, s'offrent à la vue suivant l'une ou l'autre de leurs deux extrémités: ces cristaux ne sont même pas très-rares.

Si par deux points, semblablement situés, pris sur les faces les plus inclinées de l'une des pyramides de l'octaèdre cunéiforme, fig. 162, on fait passer une coupe suivant les plans a b c d e, f g h d k, parallèles aux mêmes faces les plus inclinées, on en détachera un solide triangulaire, représenté sous la figure 163. La forme de ce solide bien conçue, si on se représente la réunion entre eux, par leurs plans de section, de cinq de ces solides, comme, à raison du parallélisme de ces plans avec les faces les plus inclinées de l'octaèdre, fig. 162, l'angle d'incidence de ces plans, tel que, par exemple, de celui f g h d k, sur l'arête l m, est de 54°, le pourtour du solide, formé par la réunion de ces cinq parties, sera un pentagone, dont tous les angles seront de 108°, et qui, par conséquent, sera régulier; et le solide lui-même présentera un décaèdre formé par la réunion, base à base, de deux pyramides pentaèdre, fig. 164. L'angle solide de son sommet, pris sur le milieu de deux de ses faces opposées, sera de 145°, et celui pris à la rencontre des deux bases, de 35°. Cet angle solide sera occupé par une petite pyramide pentaèdre creuse, produite par la réunion des parties qui, telles que celle y, fig. 163, appartiennent à la pyramide inférieure de l'octaèdre, et il existera, à chacun des angles du pourtour de la base pentagonale, un angle rentrant produit par les parties qui, telles que celle z, appartiennent aux faces les plus inclinées de l'octaèdre. J'ai représenté cette macle, ainsi que les trois suivantes, vues perpendiculairement à leur axe vertical, afin de laisser mieux apercevoir les détails que le dessin en perspective, tel que le représente la fig. 165, ne m'auroit pas permis de rendre.

Lorsque les petits solides retranchés appartiennent à la variété, représentée sous la fig. 151, la macle pentagonale se présente sous l'aspect indiqué par la fig. 166.

Si ces mêmes petits solides proviennent d'une section qui, en se terminant sur la base commune aux deux pyramides, anticipe cependant toujours sur les faces les plus inclinées de l'octaèdre, la macle n'ayant plus d'angle rentrant au sommet de ses pyramides, se présente sous l'aspect indiqué par la fig. 168, lorsque la section n'anticipe, ni sur la pyramide inférieure de l'octaèdre, ni sur les faces les plus inclinées.

Toutes ces macles existent, d'une manière parfaitement prononcée, dans cette collection. Plusieurs d'entre elles laissent apercevoir l'angle solide saillant ou rentrant du sommet de leurs pyramides ; ce qui est fort rare, à raison de la manière dont elles sont placées sur les groupes. La plupart de ces pyrites viennent du Cornwall et du Derbyshire ; quelques-unes sont d'Allemagne : j'ai observé aussi cette même variété provenant des masses de craie du comté de Kent ; ces dernières sont assez volontiers décomposées et passées, plus ou moins complettement, à l'état de fer oxydé.

Cette espèce de fer sulfuré offre encore une autre macle fort jolie, et assez commune dans les mines de plomb du Derbyshire : elle est représentée sous la fig. 170. Pour en concevoir la formation, que l'on se représente la variété indiquée par la fig. 151, dans laquelle on fait une coupe parallèle à deux des faces les moins inclinées, de manière à en retrancher une portion, représentée par la partie a b c d, fig. 167 : si ensuite on réunit, par le plan de section, deux parties semblables à celle la plus grande, on aura exactement la macle fig. 170. Quelquefois, mais cependant assez rarement, une troisième partie se réunit à elle, et, comme alors il est assez ordinaire qu'une grande partie de cette macle triple soit engagée, elle prend l'aspect d'un octaèdre très-surbaissé.

Ainsi qu'on peut le voir facilement, cette macle, de même que celles pentagonales précédentes, appartient à une simple irrégularité dans le reculement qui produit, sur le prisme tétraèdre rhomboïdal, l'octaèdre aplati à faces inégalement inclinées.

Je n'ai pas à beaucoup près épuisé toutes les variétés simples, ainsi que toutes les macles, qui appartiennent à cette espèce du fer sulfuré ; mais j'en ai décrit assez pour faciliter l'étude très-difficile de ses cristaux. On reconnoîtra facilement ceux que j'ai décrits, et leur reconnaissance conduira sans peine à celle de tous les autres. Il existe, par exemple, dans cette collection, plusieurs petits groupes, dont les cristaux sont des macles pentagonales, qui ne diffèrent de celles qui ont été décrites, qu'en ce que les plans, que j'ai dit remplacer les bords aigus du prisme primitif, par deux plans qui se réunissent entre eux sous un angle de 76°, 30', ont fait disparoître ceux primitif ; la macle se présente alors comme formée par la réunion de deux pyramides pentaèdres, dans lesquelles l'angle solide du sommet, pris sur le milieu de deux des faces opposées, est de 103°, 30', et celui pris à la réunion des bases, de

76°, 30′. Cette différence dans les mesures des angles, change totalement l'aspect offert par cette macle*.

---

* Au moment de livrer ce catalogue à l'impression, j'ai reçu la suite des journaux des mines qui ne nous étoient point encore parvenus. Le No. 178 m'a fait connoître un mémoire, sur ce fer sulfuré, donné par M. de Jussieu, adjoint au muséum d'histoire naturelle, d'après les dernières observations faites par M. l'Abbé Haüy, dans ses cours de minéralogie, et avec l'approbation de ce célèbre cristallographe. J'ai vu avec la plus grande satisfaction, par ce mémoire, que l'opinion de ce savant est absolument la même que celle que j'ai été conduit depuis long-temps à adopter, à l'égard de ce fer sulfuré; qu'il le regarde aussi comme formant une espèce particulière parmi les sulfures de ce métal.

Il y a déjà plusieurs années, que j'avois fait sur cette substance, ou du moins sur une partie des cristaux et des macles qui lui appartiennent, l'étude cristalline que je viens de donner, après avoir cependant embrassé successivement diverses opinions à son égard; mais jamais celle que ces cristaux pussent appartenir au fer arsenical. J'avois laissé de côté cependant tous les cristaux qui pouvoient appartenir à la variété à laquelle M. l'Abbé Haüy a donné le nom *d'équivalente*, étant incertain alors s'ils pouvoient appartenir au même fer sulfuré, et je les avois placés, dans cette collection, parmi les substances qui demandoient un nouvel examen, me contentant de collecter et de réunir à eux, tout ce qui me paroissoit pouvoir faciliter leur détermination.

Quoique l'étude que je viens de donner, à l'égard de plusieurs des variétés cristallines de cette espèce de fer sulfuré, diffère de celle qui a été faite par M. l'Abbé Haüy, tant à l'égard de la détermination de son cristal primitif, que ce savant croit être un prisme tétraèdre rhomboïdal droit de 106°, 36′ et 73°, 24′, qu'à l'égard de la formation des macles, qui je crois est beaucoup plus naturelle et plus simple, je laisse cette étude telle qu'elle est sans y rien changer. Je n'ai cependant point la prétention de vouloir que la préférence lui soit accordée, je la soumets à M. l'Abbé Haüy lui-même, ainsi qu'aux minéralogistes cristallographes: ils décideront de sa valeur. Je dois cependant observer, que j'ai été fortement avantagé dans

CINQUIÈME DIVISION.

FER SULFURÉ DE FORMES NON DÉTERMINÉES.

35 *Morceaux*.

Parmi les morceaux de cette suite, sont quelques variétés rares, telles que la pyrite en stalactites; mais

---

l'étude que j'ai faite de cette substance, par la suite considérable de ses cristaux, renfermés dans cette collection.

Après avoir lu le mémoire de M. de Jussieu, j'ai cru, le doute étant levé à l'égard du rapport des cristaux que j'ai dit avoir laissés de côté, et ceux que je viens de décrire, devoir soumettre les premiers à l'examen, pour voir s'ils pourroient en effet s'accorder avec la détermination que j'ai faite des autres. Mais avant que de donner le résultat de cet examen, il est peut-être nécessaire de le faire précéder d'une observation à l'égard de la variété décrite, dans le mémoire de M. de Jussieu, sous le nom de *bisunitaire*, et représentée sous la fig. 2 de ce mémoire. Il existe, dans cette collection, parmi les macles qui appartiennent à ce fer sulfuré, une variété que j'ai citée à la fin de la description des cristaux de cette substance, dans laquelle la macle pentagonale dérive de la variété dont les plans, indiqués par le nombre 2 dans les fig. 150 et 151, ont pris assez d'étendue pour faire disparoître ceux longitudinaux du prisme primitif. Le cristal simple doit donc se montrer sous l'aspect d'un octaèdre rectangulaire, dans lequel deux des faces opposées de chacune des pyramides, se rencontrent entre elles, au sommet, sous un angle de 76°, 30′ et à la base, sous un de 103°, 30′; les deux autres se rencontrent, au sommet, sous un angle de 72°, et à la base, sous un de 108°, fig. 377. La macle pentagonale de la variété, qui nous occupe dans ce moment, et dont la formation est analogue à celle que j'ai déjà décrite sous la fig. 167, présente l'aspect de la réunion, base à base, de deux pyramides pentaèdres, dont les plans se rencontrent entre eux au sommet sous un angle de 76°, 30′, et dont les angles solides de la base présentent de petits angles rentrants. Ces angles sont souvent si petits, que la vue simple a alors beaucoup de peine à les apercevoir, et dans ce cas, la réflexion

elle est malheureusement très-sujette à se décomposer. Parmi les corps organisés à l'état pyriteux, il y existe

---

de la lumière, qui y a lieu, les fait très-facilement prendre pour de petites faces planes, placées à ces angles, tandis qu'en même temps, les macles qui sont toutes engagées de manière à ne présenter qu'une très-petite partie de leurs contours, seroient aussi très-facilement prises pour des octaèdres. Si M. de Jussieu n'avoit pas représenté la variété *équivalente* comme octaèdre, je l'aurois à l'instant, d'après la figure qu'il en a donnée, rapportée à cette macle.

Les cristaux dont nous allons nous occuper, et qui se rencontrent, soit en Saxe, soit en Hongrie, et accompagnent quelquefois l'or natif dans ce dernier endroit, offrent des indices de plans qui, s'ils étoient proprement réunis entre eux, donneroient naissance à divers octaèdres, et dont un grand nombre se trouvent fréquemment placés sur le même cristal, dont ils changent l'aspect par leurs divers accroissements respectifs.

Parmi ces cristaux, sont un très-grand nombre de macles qu'il faut beaucoup d'attention pour reconnoître, attendu qu'elles diffèrent fort peu d'avec les cristaux dont elles dérivent; mais beaucoup aussi semblent être des cristaux simples, formés par les lois directes de la cristallisation. Ces cristaux sont extrêmement difficiles à déterminer; je crois cependant être parvenu à leur détermination. Ils me paroissent se ranger naturellement à côté de ceux que j'ai décrits précédemment, et s'accorder parfaitement avec la forme primitive que j'ai dû reconnoître aux premiers. Cependant, comme la détermination de tout ce qui concerne les formes cristallines de ce fer sulfuré, est au nombre de celles les plus difficiles que présentent les substances minérales, je ne donne celle suivante que comme un essai que je crois s'accorder parfaitement avec la nature, et verrois avec beaucoup de satisfaction cette opinion confirmée par un nouvel examen de M. l'Abbé Haüy.

Pour faciliter l'intelligence de ces cristaux, il est nécessaire de se représenter le cristal primitif qui, tel que l'indique la fig. 395, pl. 21, a les bords, soit obtus, soit aigus, de son prisme, remplacés chacun d'eux par un plan également incliné sur ceux adjacents : il est nécessaire aussi, de se représenter la forme secondaire en un madrepore dont une partie est à l'état de chaux carbonatée, et l'autre à l'état pyriteux. Il y existe

---

octaèdre aplati, indiquée par la fig. 149. Afin de rendre plus facile la comparaison de ces cristaux avec celui primitif, j'ai interposé ce dernier parmi eux, en lui donnant une position convenable à celle de leurs plans qui correspondent avec les siens.

Dans les fig. 399, 401, 402, et 403, les plans indiqués par le nombre 5, remplacent les bords aigus du prisme primitif, chacun d'eux par un plan qui fait avec les côtés du prisme un angle de 169°, 46', et se rencontreroient au sommet sous un angle de 57°, 48' : ces plans sont produits par un reculement, le long de ces bords, par 4 rangées.

Ceux indiqués par le nombre 6, remplacent les angles aigus des faces terminales par des plans qui rencontrent ces mêmes faces sous un angle de 151°, 25', et se rencontreroient entre eux, au-dessus des bords aigus du prisme primitif, sous un angle de 57°, 10' : ils sont le résultat d'un reculement, aux mêmes angles aigus, par 4 rangées en largeur sur 3 lames de hauteur.

Les plans indiqués par le nombre 7, remplacent les angles aigus des faces terminales par un plan qui fait avec ces faces un angle de 169°, 39', et se rencontretroient entre eux, au-dessus de ces faces, sous un angle de 20°, 42' : ils sont produits par un reculement, à ces angles, par 4 rangées.

Les plans indiqués par le nombre 8, remplacent les bords des faces terminales par un plan qui fait avec ces faces un angle de 132°, 50', et rencontre les côtés du prisme sous un angle de 137° 10' : ces plans sont le produit d'un reculement, le long de ces bords, par 4 rangées en largeur sur 5 lames de hauteur.

Les cristaux placés sous les figures 405, 406 et 407, sont des macles de la variété représentée sous la fig. 404. Pour concevoir la formation du plan indiquée par le nombre 9, qui seul fixe le caractère propre à faire reconnoître ces macles, il faut se représenter la variété que j'ai indiquée sous la fig. 397, que j'ai observé parmi les cristaux prismatiques de cette substance qui se sont autrefois montrés dans le Derbyshire. Dans cette variété, les angles obtus des faces terminales du cristal primitif, sont remplacés par un plan qui fait avec la face terminale un angle de 165° 29', et se rencon-

en outre une série de bois pyritisés, dans laquelle on observe de petites branches dont la forme extérieure

---

trent entre eux sous un angle de 151° 18′ : ce plan est le produit d'un reculement aux angles obtus des faces terminales par 9 rangées en largeur. Si l'on suppose ensuite, qu'un de ces plans de remplacement, à chacune des extrémités du cristal primitif, et d'une manière contraire pour chacune d'elles, prend assez d'accroissement pour faire disparoître celui qui a lieu à l'angle obtus opposé de la même extrémité, ainsi que le représente la variété, *fig.* 397, on concevra la formation de la variété, *fig.* 404, dans laquelle le plan indiqnée par le nombre 9, fait avec celui indiqué par le nombre 3, un angle de 104° 21′, et sur le plan de retour un angle de 75° 39′. Si maintenant, on imagine une section qui passe par l'axe du cristal, *fig.* 404, et par la ligne a b c d e f g h, et celle semblable sur le plan de retour opposés, et qu'on réunisse, en sens contraire, les deux moitiés, on aura la macle de cette variété telle que le représentent les *fig.* 405 et 406. Cette macle laisse apercevoir, en remplacement des faces terminales du cristal primitif, deux plans qui se réunissent entre eux, d'un côté sous un angle de 151° 18′, et de l'autre sous un angle rentrant de pareille mesure, ainsi que le représentent les deux *fig.* 405 et 406. Dans la variété représentée sous la *fig.* 407, la section qui donne les deux moitiés réunies de la macle, mord sur les plans adjacents, ce qui laisse un angle rentrant, ou une espèce de goutière, le long des lignes a b c d, et e f g h, *fig.* 404.

Dans la variété, *fig.* 408, le plan de remplacement des bords obtus du prisme, indiqué par le nombre 3, a pris un accroissement considérable ; le cristal alors prend l'aspect d'un prisme tétraèdre rectangulaire, terminé par une pyramide tétraèdre rectangulaire aussi, dont les plans sont placés sur ses bords. Le cristal placé sous la *fig.* 409, appartient à la même variété, ayant en outre trace des plans de la modification indiqué par le chiffre, 1.

La variété représentée sous la *fig.* 410 est une macle de celle placée sous la *fig.* 408 ; mais comme les deux moitiés dont elle est composée sont parfaitement semblables, la texture maclée du cristal n'est indiquée que par une simple ligne, sensible principalement, sur ceux des plans du cristal qui appartiennent aux faces termi-

du bois est parfaitement conservée. Ces morceaux ont été trouvés dans le creusement d'un puits à Tottenham près de Londres.

---

nales du cristal primitif: quelquefois cependant, les deux moitiés composantes n'étant pas très-exactes, il existe une petite goutière aux points de réunion qui entourrent le cristal. Ce genre de macle est très-fréquent aussi parmi les variétés représentées sous les fig. 399, 401, 402 et 403.

Dans les variétés représentées sous les fig. 411 et 412, un des plans de remplacement, indiqués par le nombre 9, fig. 397, a pris un accroissement en rapport avec ce qui a été dit de ce même plan dans la fig. 404; mais il a pris un plus grand accroissement encore, ainsi que ceux indiqués par le nombre 3, ce qui donne au cristal un prisme tétraèdre rhomboïdal de 104°, 21′, et 75° 39′.

Je suis très-éloigné d'avoir donné toutes les variétés qui appartiennent à cette série du fer sulfuré prismatique rhomboïdal, tant à l'égard des différentes combinaisons entre eux des plans que j'ai décrits, qu'à l'égard d'autres plans que j'y ai observés.

Je répète ici, que je n'ai pas la prétension d'opposer la détermination que je viens de faire de cette substance, à celle qui a été faite par M. l'Abbé Haüy; mais cette détermination étoit faite à l'égard de la première série que j'ai donnée de ces cristaux, et il m'a semblé que les cristaux qui appartiennent à la dernière, se rangeoient tout naturellement à côté des autres, en obéissant aux loix qui appartiennent au cristal primitif, que j'ai été conduit à reconnoître pour celui des crsistaux de cette première série. Je soumets donc, ainsi que je l'ai dit, cette détermination, tant à M. de Jussieu, qu'à M. l'Abbé Haüy, ils décideront de sa valeur. Je n'ai même fait en conséquence qu'indiquer les modifications, sans prononcer à leur égard, ainsi que je l'avois déjà fait dans la première série. Ces deux savants peuvent d'ailleurs parfaitement compter sur l'exactitude des formes représentées dans les planches 8, 9 et 21.

Je terminerai cet article, en ajoutant à la description, et aux figures que j'ai déjà données sous celles 144 et 145 pl. 8, celle d'une autre pyrite octaèdre qui n'est venue se placer que depuis très-peu de jours dans ma collection. Elle est représentée sous la fig. 413

SIXIÈME DIVISION.

FER SULFURÉ A L'ÉTAT DE DÉCOMPOSITION. PYRITE HÉPATIQUE.

50 *Morceaux, dont* 41 *Cristaux isolés.*

Il existe, dans cette suite, plusieurs des variétés de formes des divisions précédentes, en cristaux isolés. Parmi ceux isolés en cubes complets, je ne serois nullement étonné que plusieurs de ceux qui présentent une surface lisse et brillante, et ne montrent aucun caractère de décomposition, appartinsent au fer oxydé; mais comme la pyrite, en se décomposant, passe pour l'ordinaire elle-même au fer oxydé, et donne, ainsi que lui, une poudre rouge sous la trituration, il est fort difficile de décider si ces cubes appartiennent réellement ou non à une variété brune du fer oxydé. Un très-joli groupe en forme d'hérisson appartient à une

---

pl. 21 : c'est l'octaèdre régulier ayant chacun de ses angles solides occupés par 4 plans triangulaires isocèles, accolés deux à deux : ils se réunissent entre eux, sur deux des arêtes opposées de l'octaèdre, sous un angle d'environ 145°, et rencontrent ses faces sous un angle d'environ 160°. Cette variété m'a d'autant plus intéressé qu'elle en explique une autre, dont il existe de petits cristaux dans cette collection, qui est composée de 32 plans triangulaires, dont 8, qui appartiennent aux faces de l'octaèdre, sont plus ou moins complets. Il existe en outre, dans cette même collection, deux fort beaux et grands cristaux, l'un desquels présente le passage, presque complet, à la variété à 32 triangles. Dans l'autre, qui est en rapport avec celui que j'ai représenté sous la fig. 113, on observe, en même temps, les 12 plans de la variété icosaèdre. Ces deux cristaux laissent en outre très-parfaitement apercevoir une texture lamelleuse, dans laquelle la direction des lames est parallèle aux faces de l'octaèdre régulier.

des macles pentagonales de la 4ème division ; il a été trouvé dans la craie, où cette variété se montre assez souvent.

FER SULFURÉ MAGNÉTIQUE. MAGNETKIES ET LEBERKIES, (*Werner.*)

35 *Morceaux, dont* 12 *Cristaux isolés.*

En considérant le fer sulfuré magnétique, comme formant une espèce particulière parmi les minerais de fer, je réunis avec lui celui dont M. Werner a fait sa 4ème sous-espèce du fer sulfuré, sous le nom de leberkies, par ce qu'elle ne me paroît être qu'une simple variété de la pyrite magnétique.

Aucun des auteurs français n'ont fait mention de cette sous-espèce du fer sulfuré, donnée par M. Werner sous le nom de leberkies ; cependant elle n'est pas très-rare. M. Brochant, le savant rédacteur du système minéralogique du célèbre professeur de Freyberg, semble lui-même ne pas avoir connu cette substance, et être porté à croire que le leberkies de M. Werner, n'est autre chose que des cristaux d'argent rouge recouverts par de la pyrite.

Très-certainement, le leberkies existe, et il existe avec tous les caractères qui lui ont été donnés par M. Werner ; mais il me paroît, en même temps, qu'il ne peut, en aucune manière, être considéré comme appartenant à la même espèce qu'aucun des fers sulfurés qui ont précédés.

La couleur de cette pyrite est en effet d'un jaune beaucoup moins foncé que celui des autres pyrites, et souvent même cette couleur tire fortement sur le gris. Elle cristallise en prisme hexaèdre régulier, communément ayant fort peu d'épaisseur, et j'ajouterai que souvent ce prisme indique des joints naturels parallèlement à ses faces terminales, et cela même quelquefois d'une manière aussi prononcée que dans le mica. Dans la suite, ayant trait à ce minerai, placée dans cette collection, il existe un groupe assez considérable, qui vient de saxe, dans lequel les prismes hexaèdres, qui sont fort grands et très-minces, sont dans ce cas; ces prismes sont mélangés, sur ce morceau, de cristaux d'argent rouge, de quartz, de blende, de galène et de chaux carbonatée martiale. J'ajouterai, en outre, à la description de cette pyrite, donnée par M. Werner, que ceux de ses cristaux que j'ai observés, et j'en ai observé un grand nombre, avoient, pour la plus grande partie, de l'action sur le barreau aimanté. Dans quelques-uns, cette action est foible; mais dans d'autres, quoique moins forte que dans la variété suivante de cette même pyrite, elle agissoit cependant avec énergie : telle est par exemple l'action des cristaux du morceau que je viens de citer.

Le prisme hexaèdre, qui est la forme primitive de la pyrite magnétique, a une hauteur égale à la longueur des bords de ses faces terminales. Ce prisme m'a permis d'y observer trois modifications différentes.

Dans la première, ses bords longitudinaux sont remplacés par un plan également incliné sur ceux qui lui sont adjacents, ce plan est produit par un reculement, le long de ces bords, par une simple rangée.

Dans la seconde, les angles des faces terminales sont remplacés, chacun d'eux, par un plan qui fait avec ces faces un angle de 135°, et est le résultat d'un reculement, à ces angles, par une simple rangée.

Dans la troisième, les bords des faces terminales sont remplacés par un plan qui fait avec ces faces un angle de 102°, 13′, et est le résultat d'un reculement, le long de ces bords, par une rangée en largeur sur 4 lames de hauteur.

Les variétés représentées sous les fig. 171, 172, 173, 174, 175 et 176, pl. 9, existent toutes parmi les cristaux isolés de cette substance, qui appartiennent à cette collection. Trois de ces cristaux appartiennent à la variété pyramidale aigue, représentée par la fig. 176; si la pyramide étoit complette, les faces pyramidales se rencontreroient au sommet sous un angle de 24° 26′. En regardant, avec une loupe, la cassure que présente la base de ces pyramides, qui adhéroient par elle à la gangue, on observe un mélange de partie d'un grain plus fin et plus compacte et d'une couleur plus foncée, qui appartiennent à la variété de cette substance dont il sera question ci-après.

On trouvera en outre, dans cette suite, des prismes hexaèdres isolés, ayant 5 lignes et plus pour la longueur des bords de leurs faces terminales, sur une hauteur de 6 lignes et plus, et dont toute la surface est recouverte, sous une épaisseur assez considérable, des cristaux de fer sulfuré qui appartiennent au cube strié, et y sont placés d'une manière très-confuse. Ces prismes hexaèdres agissent légèrement sur le barreau aimanté.

Je citerai enfin, pour variété de forme, appartenant encore à cette substance, le prisme tétraèdre rhomboïdal droit de 60° et 120°: cette variété de forme n'existe cependant pas dans cette collection; mais j'en ai possédé autrefois un fort beau morceau, dans lequel les prismes tétraèdres, étoient entremêlés d'autres prismes hexaèdre : à la demande de M. Greville, j'en ai fait le sacrifice à sa collection, dans laquelle il doit se rencontrer aujourd'hui. Ce prisme n'est qu'une très-légère variété de celui hexaèdre, produite par l'allongement de quatre de ses côtés opposés, allongement qui fait disparoître les deux autres.

Ainsi que le dit très-bien M. Werner, la surface, et j'ajouterai aussi la cassure de cette pyrite, est quelquefois bigarrée, parceque sa substance, ainsi que nous en avons vu un exemple plus haut, est souvent mélangée de parties appartenant à la variété suivante, dont la couleur, et principalement lorsqu'elle a été exposée à l'air libre, est différente ; d'ailleurs elle renferme aussi quelquefois des parties qui appartiennent au fer sulfuré de quelques-unes des divisions précédentes.

Le fer sulfuré magnétique, ainsi que je l'ai dit au commencement de cet article, n'est, à ce qu'il me paroît qu'une simple variété dans la même espèce, avec celui désigné sous le nom de leberkies qui vient de précéder. Sa couleur tire beaucoup plus sur le rouge de cuivre que sur le jaune ; mais elle varie. Lorsqu'une de ses cassures a été pendant long-temps exposée à l'air, la substance s'altère et la couleur devient plus obscure : dans quelques variétés cependant, ces mêmes cassures, lorsqu'elles sont fraîches, tirent un peu sur le gris. Elle agit beaucoup plus fortement sur le barreau aimanté que la variété précédente.

Sa forme est de même le prisme hexaèdre régulier, et ce prisme est, de même aussi, très-facilement divisible parallèlement à ses faces terminales. Les cristaux qui, par leurs caractères, appartiennent à cette variété, sont infiniment plus rares que ceux qui appartiennent à la variété précédente : je dois ceux qui font partie de cette suite, à la générosité de mon excellent ami M. Gillet de Laumont ; ils faisoient partie du grand nombre des morceaux, composant mon ancienne collection, qu'il a reconnu chez les marchands, et que son amitié m'a fait parvenir après en avoir fait l'acquisition.

L'un d'eux, étoit un prisme hexaèdre très-grand ; mais comme il étoit légèrement altéré, il s'est brisé dans le transport. Cet accident est venu fortement ajouter à son intérêt, tous ses fragments, et ils étoient en assez grands nombre, ayant conservé la forme prismatique hexaèdre parfaite, propre au grand cristal, étoient un indice de plus conduisant à cette forme comme étant celle primitive de cette substance. Il existe, dans cette suite, plusieurs de ces fragments hexaèdres, il en existe aussi dans la collection de M. Greville, à la quelle je les ai donnés. Ce morceau provient de la Balme d'Auris, dans les Alpes dauphinoises de L'oisan, où je l'ai trouvé autrefois ; quelques-uns de ses fragments sont encore accompagnés de quelques aiguilles de thallite. Un autre morceau contient un prisme hexaèdre d'un pouce de longueur sur 4 lignes de côtés, la pyrite magnétique y est totalement décomposée, et passée à l'état de fer oxydé : ce morceau vient du même endroit que le prisme cité précédemment, et on observe de même, sur lui, quelques aiguilles de thallite.

FER PHOSPHATÉ.

16 *Morceaux.*

La suite placée ici, de cette substance, contient plusieurs fort beaux morceaux à l'état compacte et terreux, de New-Jersey dans les Etats-Unis d'Amérique : ils m'ont été envoyés par M. le professeur Bruce. Elle renferme aussi une série de morceaux de fer phosphaté à l'état cristallin, renfermés dans une lave de la Bouiche, près de Néris en Bourbonnois, au nombre desquels en est principalement un qui laisse appercevoir un groupe de grands cristaux agrégés, qui ne montrent que très-imparfaitement leur forme ; mais il existe à leur pied plusieurs cristaux dans lesquels la forme est facile à reconnoître : il est vrai que ces derniers cristaux sont fort petits, et demandent le secours de la loupe pour être facilement apperçus : plusieurs d'entre eux présentent la forme donnée par M. l'Abbé Haüy dans son *tableau comparatif*, &c. ; dans d'autres la pyramide est tétraèdre ; mais aucun d'eux ne peut servir à fixer, avec quelque certitude, la mesure des angles du prisme tétraèdre rhomboïdal droit, qui paroît devoir être leur cristal primitif, ni les angles d'incidence, sur ce prisme, des faces secondaires.

TURQUOISE.

1 *Morceaux.*

Cette turquoise, qui a 5 lignes et demie de diamètre, est du plus beau bleu de ciel, et elle jouit de la demi-transparence de l'ivoire sur ses bords.

Pendant long-temps la variété de cette substance à laquelle appartient ce morceau, a été considérée comme appartenant à des os colorés par le cuivre; mais M. Bouillon la Grange a prouvé que la matière colorante de ces os étoit un véritable phosphate de fer, et non un carbonate de cuivre.

FER CHROMATÉ.

6 *Morceaux.*

De ces six morceaux, deux sont des Etats-Unis d'Amérique.

FER ARSENIATÉ.

52 *Morceaux, dont* 12 *petits groupes isolés.*

Cette suite est très-belle et très-précieuse par le choix des morceaux. On peut y observer, à l'égard de la couleur, différentes nuances depuis le vert d'herbe foncé jusqu'au vert claire, ainsi que celui jaunâtre; et depuis le brun rougeâtre jusqu'au rouge jaunâtre de résine: au nombre de ces derniers morceaux, il en est un dans lequel tous les bords du cube, cristal primitif de cette substance, sont remplacés par un plan linéaire également incliné sur ceux adjacents; variété que je ne connoissois pas, lorsque j'ai décrit, pour la première fois, cette substance dans les transactions philosophiques de l'année 1801.

Il existe en outre, dans cette suite, une série très-intéressante de morceaux, dans lesquels les cubes de fer arseniaté se sont décomposés, sans perdre leur forme, et sont passés à l'état de fer oxydé d'un rouge brun un peu jaunâtre: cette variété est extrêmement rare.

Il y existe aussi un autre morceau, de même fort rare, dans lequel le fer arseniaté est en masse cellulaire d'un rouge brun, mélangée de petits mamelons de cuivre et fer sulfuré, et de petites parties de cuivre métallique.

FER SULFATÉ.

12 *Morceaux, dont 6 Cristaux isolés.*

Des six cristaux isolés que renferme cette collection, 5 appartiennent au rhomboïde primitif de cette substance, passé à la forme octaèdre, (Haüy pl. 79 fig. 170) et le 6me à la variété fig. 173, du même auteur, dans laquelle le rhomboïde est très-allongé : ces cristaux sont artificiels.

Il y existe en outre six groupes, sur lesquels les cristaux sont en rhomboïdes primitifs complets. Ils appartiennent au fer sulfaté mélangé de cuivre, dont il a été parlé parmi les sels ; ces derniers ne sont point artificiels. Dans deux de ces groupes, les cristaux ont conservé la couleur bleu qui leur est propre, le cuivre interposé leur servant de matière colorante ; les autres sont en grande partie en décomposition, à leur surface, qui est recouverte par un hydro-oxyde de fer d'un jaune pâle.

FER SPATHIQUE.

34 *Morceaux.*

Au nombre des morceaux qui composent la suite du fer spathique, dans cette collection, est une série qui appartient aux petits cristaux en rhomboïdes aigus transparents et d'un jaune brun, que j'ai cités page 301, vol. 1er de mon traité complet de la chaux carbonatée. Il existe, parmi ces morceaux qui sont de Cornwall, et qui sont assez rares, un groupe très-intéressant, en ce que les cristaux de fer spathique y sont groupés avec d'autres cristaux pseudomorphes de la chaux carbonatée, passés à l'état de fer oxydé rouge, en paillettes très-petites. Ces pseudomorphes appartiennent au rhomboïde primitif, dont les bords de la base sont remplacés par des plans linéaires.

Il existe en outre, dans cette suite, une autre série dont les cristaux, fort petits mais très-parfaits, appartiennent au rhomboïde aigue produit par la 13e modification de mon traité de la chaux carbonaté, dans lequel le sommet du rhomboïde est remplacé par un plan, perpendiculaire à l'axe, qui descend jusqu'à la petite diagonale des plans du rhomboïde, ainsi que le représente la fig. 390 pl. 20. Ces cristaux sont placés sur la surface mamelonnée d'un cuivre et fer sulfuré jaune, appartenant à l'espèce que j'ai désignée, dans ce catalogue, sous la phrase de cuivre et fer sulfuré d'un jaune pâle et à grain fin et compacte; ils viennent de Cornwall. Il existe encore, dans cette collection, une variété fort rare, qui est aussi de Cornwall, et qui est à l'état fibreux à fibres parallèles et courtes.

Aucun auteur n'a fait mention de l'action du fer spathique sur le barreau aimanté; cependant cette action existe, et dans plusieurs variétés elle est même assez forte. Je n'ai point essayé jusqu'ici de fer spathique, soit à grandes, soit à petites facettes, qui ne m'ait montré cette propriété, d'une manière plus ou moins sensible, lorsqu'il n'avoit éprouvé aucune altération. La variété en rhomboïde aigu que je viens de citer, ne jouit cependant pas de cette propriété; mais celle fibreuse la possède à un degré très-sensible: un grand nombre des variétés de la chaux carbonatée martiale, *braunspath* des allemands, sont dans le même cas.

Il existe, soit dans cette suite, soit dans nombre d'autres parties de cette collection, divers morceaux d'étude pour cette substance, que nous connoissons mal, qui nous cache quelque chose, et qui peut-être est une des substances minérales la plus faite pour exciter notre curiosité, et fortifier nos moyens d'étude*.

* La rédaction de ce catalogue étoit terminée, lorsque j'ai connu le mémoire du Dr. Wollaston, inséré dans les Transactions Philosophiques de cette année, par lequel ce savant, d'après des mesures prises par lui avec beaucoup de soin et avec l'exactitude qui appartient au goniomètre, dont la science lui a l'obligation, fixe les mesures des rhomboïdes du fer spathique, et de la chaux carbonatée magnésienne, quant à l'incidence mutuelle de leurs plans, pour le premier de ces rhomboïdes à 107°, et pour le second à 106°, 15' : mesures dont j'ai moi-même, et à différentes reprises, vérifié l'exactitude, et qui se font apercevoir même avec notre ancien goniomètre. Ainsi l'exacte et embarassante similitude entre les cristaux primitifs des trois substances, chaux carbonatée, chaux et manganèse carbonatée et fer carbonaté, cesse d'exister, et avec elle finit aussi la discussion interminable qui existoit à leur égard, entre le chimiste et le minéralogiste, et principalement le minéralogiste cristallographe. Ces trois substances forment donc déterminément autant d'espèces parfaitement distinctes ; mais il faut avouer que la différence qui existe entre leurs formes est bien légère, et qu'il falloit toute la sagacité de leur observateur, pour enlever le voile qui les couvroit à nos yeux. Ainsi ces trois substances, au lieu d'être l'écueil de la cristallographie, comme on les représentoient, deviennent au contraire la plus complette démonstration de la solidité de ses principes.

Une fois cette observation capitale faite, on n'est plus étonné de la différence qui existe entre ces trois substances, à l'égard de leurs autres caractères, sur lesquels je vais entrer ici dans quelques détails.

La forme primitive de la chaux et magnésie cabonatée est un rhom-

APPENDIX.

FER CARBONATÉ FIBREUX PSEUDOMORPHIQUE,

4 Morceaux.

Des quatre morceaux placés ici, deux paroissent appartenir à la substance décrite par M. Berthier, dans le N°. 162 du Journal des mines, sous le nom de fer carbonaté fibreux pseudomorphique: je leur ai joint

---

boïde dont l'incidence des plans l'un sur l'autre est de 106°, 15′ et 73°, 45′, tandis que dans la chaux carbonatée, cet angle est de 105° 5′ et 74° 55′. Ce rhomboïde se casse parallélement à ses faces; mais cependant avec un peu moins de facilité que dans la chaux carbonatée. Ainsi que dans cette dernière, on apperçoit quelquefois les mêmes apparences de joints naturels parallélement aux grands diagonales de ses faces.

Le lustre qui appartient aux faces de ce rhomboïde, ou à celles de clivage qui les remplacent, a généralement beaucoup plus d'éclat que dans la chaux carbonatée.

Sa dureté varie, généralement plus grande que dans la chaux carbonatée, il y a des variétés dans lesquelles elle est assez considérable pour surpasser de quelque chose celle de la chaux fluatée: telles sont toutes les varietés de chaux et magnésie carbonatée du Méxique; tandis que dans d'autres cette dureté est inférieure.

Sa pesanteur spécifique varie aussi, généralement plus grande que celle de la chaux carbonatée, il y a des variétés dans lesquelles cette pesanteur est très-voisine de 29,00, tandis que dans d'autres elle se rapproche beaucoup plus de 28,00.

La sensation qu'elle fait sous le tacte est beaucoup plus âpre.

Les proportions entre la chaux et la magnésie qu'elle renferme varient aussi assez considérablement: ce pourroit être à raison de ce qu'elle renfermeroit alors interposée entre ses parties, soit de la chaux, soit de la magnésie non combinée. Cette raison pourroit aussi être celle qui fait varier sa pesanteur et sa dureté: je soupçonne fortement du quartz interposé ainsi dans celle du Méxique.

deux autres morceaux qui paroissent aussi provenir du bois passé à l'état de fer; mais qui sont à l'état de fer oxydé.

Il paroît que les modifications du cristal primitif de cette substance, lui font prendre un grand nombre des formes analogues à celles qui appartiennent à la chaux carbonatée, à la différence près dans la mesure des angles ; mais qui est trop foible pour pouvoir faire aucune sensation de différence sur la vue. Cela devoit être, on a déjà vu, à l'article de l'argent rouge, que le rhomboïde obtus, cristal primitif de cette substance, présente, dans ses modifications, une partie des formes propres à la chaux carbonatée ; on peut même avancer que si les cristaux qui appartiennent à l'argent rouge, étoient incolores, leurs groupes seroient tous pris, à l'instant, pour appartenir à la chaux carbonatée.

Séparant, dans cette collection, de la chaux carbonatée, tout ce qui y appartient à la chaux et magnésie carbonatée, je crois pouvoir assurer qu'il y a peu de collections qui puissent offrir une suite plus complette dans cette substance, et en même temps plus intéressante et plus propre à en faire l'étude. Celle du Méxique y tient une place très-considérable. On y observe la même variété en agrégation de rhomboïdes à sommets remplacés, formant des masses, ou en cristaux isolés, connue sous le nom de Schifferspath, et que j'ai nommé chaux carbonatée dépressée, dans mon traité de la chaux carbonatée : elle ne diffère de cette dernière que par le grand éclat de son reflet nacré ; cette correspondance dans les variétés qui sont propres à ces deux substance, est digne de fixer l'attention sur elle.

La forme primitive du fer carbonaté ou fer spathique, est un rhomboïde dont l'incidence, l'un sur l'autre, des plans, est de 107° et 73°. Ce rhomboïde est, ainsi que dans la chaux carbonatée, divisible parallélement à ses faces, et à-peu-près avec la même facilité. Il laisse de même appercevoir aussi sur ses plans, ou sur ceux de clivage, des indices de joints naturels parallélement aux grandes diagonales de ses faces.

Son lustre, quoique plus brillant que celui de la chaux carbonatée, l'est cependant moins que celui de la chaux et magnésie carbonatée.

SCORIE DES FOURNEAUX DE RIVE EN DAUPHINÉ.

Cette scorie est très-singulière, elle est en entier composée de cristaux très-parfaits, en prismes tétraèdres rhomboïdaux à sommets dièdres, se présentant quelquefois sous l'aspect d'octaèdres. Ces cristaux sont transparents et d'un brun jaunâtre foncé. Ils agissent sur le barreau aimanté, mais très-foiblement. Ils ne sont pas assez durs pour rayer le verre; mais ils rayent avec beaucoup de facilité la chaux fluatée. Cette scorie a été fournie, il y a une trentaine d'années, par les fourneaux de la manufacture d'acier de rive en Dauphiné.

Sa dureté, lorsqu'il n'a éprouvé aucune altération, est supérieure à celle de la chaux carbonatée, mais légèrement inférieure à celle de la chaux et magnésie carbonatée. Cette substance s'altère très-facilement par l'action de l'air, et sa couleur qui, à l'état intact, est communément d'un jaune pâle un peu brun, brunit fortement; cette substance devient alors plus tendre, et se décompose totalement par la perte de l'acide carbonique et l'oxidation du fer.

Sa pesanteur spécifique, qui dans son état intacte paroît être voisine de 37,00, varie aussi assez considérablement, sa grande tendance à la décomposition paroît en être la cause. Par la même raison aussi, ainsi que par le fer qui peut y être interposé, ses parties constituantes semblent varier à l'égard de leur proportion; il me paroît qu'on pourroit fixer le rapport entre le fer et l'acide, à environ 4 parties de fer sur 3 parties d'acide.

Le fer carbonaté reconnu comme espèce, n'empêche cependant pas l'interposition, souvent très-considérable de l'oxide de ce métal dans la chaux carbonatée, soit en masse, soit cristallisé. Dans ce cas, la dissolution plus prompte dans les acides et la précipitation du fer, est un caractère propre à faire reconnoître cette interposition. Les mines de fer spathique de Thuringe, et un grand nombre d'autres, en montrent une infinité d'exemples, qui d'ailleurs sont très-communs.

ÉTAIN.

ÉTAIN MÉTALLIQUE DE FUSIORE.

13 *Morceaux, dont* 10 *Cristaux isolés.*

PENDANT long-temps, l'étain métallique a été considéré comme ne pouvant arriver à l'état de cristallisation parfaite. C'étoit l'opinion de l'Abbé Mongez (Journal de phisique, Juillet 1781) qui a beaucoup travaillé sur la cristallisation des métaux à l'état de régule. Romé de Lisle, dans sa cristallographie, dit n'avoir jamais observé l'étain métallique cristallisé, que sous la forme de dendrites ou de feuille de fougère. Il paroît cependant, que depuis cette époque on est parvenu à faire cristalliser le régule d'étain, du moins les ouvrages qui ont parus depuis quelques années, disent-ils que M. La Chenaye y est parvenu, en faisant fondre le métal à plusieurs reprises; mais il paroît que cette cristallisation est bien peu déterminée, les seuls renseignements que j'ai pu trouver à son égard, sont qu'elle est composée de prismes, ou petites aiguilles réunies par leurs côtés, et formant une masse rhomboïdal. M. Aikin, dans son dictionnaire de chimie, imprimé à Londres en 1807, dit que l'étain peut être amené à l'état de cristallisation, en en faisant fondre une masse un peu considérable, et en procurant la sortie du métal de l'intérieur de la masse, après que la surface s'est durcie par le refroidissement; mais il n'ajoute absolument rien sur la forme des cristaux qui sont obtenus par ce moyen. J'ai cru que dans cette circonstance on verroit avec plaisir cet objet enfin déterminé.

Les morceaux de régule d'étain, placé, dans cette collection, appartiennent à une matte ou scorie, fortement attractive au barreau aimanté, d'un gris cendré, d'un grain très fin, et d'une dureté assez considérable, qui me paroît devoir être un alliage de fer, de cuivre et d'étain. Grattée avec un instrument tranchant, cette matte donne une poudre noire. Ces morceaux présentent des cavités dans lesquelles l'étain à l'état métallique, est en cristaux parfaitement distincts, et la plupart isolés ; ils sont très-brillants, et on observe parmi eux toutes les formes que j'ai représentées dans la planche 10. Celle de toutes ces formes qui y domine le plus, est celle représentée sous la figure 180, qui appartient à l'octaèdre régulier très-applati et allongé. Ces cristaux, bien souvent, ont à peine l'épaisseur d'une feuille de papier, leur lustre est éclatant, et je ne puis mieux les comparer qu'aux petites lames minces du fer oligiste de Wolvic ou de Stromboli. Les figures que j'ai représenté des cristaux d'étain métallique, dans la planche 10, n'ont besoin d'aucune explication. J'observerai seulement, que le cristal, fig. 183, est le même que celui en octaèdre allongé, fig. 182, devenu prismatique hexaèdre, à raison du plan qui occupe l'arête qui tient la place de l'angle solide du sommet de l'octaèdre; mais dans lequel un des plans de l'octaèdre, qui forme le sommet dièdre de ce prisme, a pris un accroissement tel qu'il a fait complettement disparoître l'autre.

J'ignore par quelle opération cette cristallisation, extrêmement jolie de l'étain, a été obtenue, ne devant ces morceaux qu'à un de ces hasards qui font si fréquemment rencontrer chez les marchands de minéraux, lorsqu'ils y sont cherchés, des morceaux, souvent extrêmement précieux, dont ils ignorent la valeur, et pour le plus souvent aussi l'origine ou la localité.

ÉTAIN OXYDÉ.

311 *Morceaux, dont* 154 *Cristaux isolés.*

Il est difficile, je crois, de pouvoir former, dans cette substance, une collection plus complette, tant à l'égard des formes cristallines, dont un grand nombre n'ont pas été décrites, qu'à l'égard des autres variétés que cette substance présente. Parmi les cristaux isolés, un grand nombre sont très-rares, soit par leur forme, soit par leur grandeur et leur perfection. La série des macles, auxquelles appartient un grand nombre de ces cristaux isolés, est très-nombreuse et très-précieuse à l'étude de la cristallisation de cette substance, que l'on sait affecter, pour le plus souvent, une forme maclée.

Je citerai, plus particulièrement, dans cette suite, une série de morceaux et de cristaux isolés, appartenant à la variété à pyramide octaèdre aigue, connue, en Cornwall, sous le nom de *Niedeltin*, série très-rare et très-difficile à former. 2°. Une série nombreuse de macles extrêmement intéressante et parfaites de Bohème. 3°. Une série composée de plusieurs cristaux isolés et de plusieurs fragments, dans lesquels l'étain oxydé est en partie brun et en partie d'un gris blanchâtre, ressemblant beaucoup au tungstein; ainsi que plusieurs groupes dans lesquels les cristaux, qui sont très-transparents et d'un jaune pâle, tirant sur le brun, en ont parmi eux plusieurs qui sont presque incolores ou blancs. 4°. Une série de petits groupes de cristaux avec topaze cristallisée et incolore, de Cornwall. 5°.

Une autre série très-nombreuse, renfermant l'étain cristallisé avec différentes gangues; et enfin un petit morceau roulé appartenant à une variété, non encore citée, et qu'on pourroit nommer étain oxydé compacte, d'un gris de cendre, dont la cassure est terreuse.

ÉTAIN OXYDÉ HÉMATIFORME.

52 *Morceaux.*

Je ne sépare point ici cette substance de l'étain oxydé, comme formant une espèce particulière; mais à raison de l'intérêt que lui donne sa grande rareté, ainsi que son caractère tranchant de variété, et parce que la suite qui lui appartient, dans cette collection, est très-riche, difficile à former, et d'un bien véritable intérêt. Parmi les morceaux qui lui appartiennent, plusieurs sont d'une grandeur considérable, à raison de celle sous laquelle cette substance se rencontre le plus habituellement. Je citerai particulièrement, parmi ces mêmes morceaux, 1°. Une série de petits fragments d'un rouge brun. 2°. Un morceau assez grand, et un autre plus petit, d'une variété qu'on peut nommer occulée, dans laquelle l'étain oxydé hématiforme d'un brun foncé, renferme, dans sa substance, plusieurs mamelons en couches concentriques d'un jaune brun. 3°. Un autre petit morceau, dans lequel ce même étain, qui est d'un gris rougeâtre, renferme de petites parties d'un rouge brun foncé, que la loupe fait appercevoir être composées de fibres divergentes autour d'un même centre. 4°. Un petit morceau, mais qui cependant est fort grand pour cette substance, dans lequel l'étain oxydé hématiforme, nuancé de brun et de jaune, est mélangé de quartz granuleux. Je citerai encore une autre variété extrêmement rare, qui est un quartz granuleux mélangé de tourmaline noire, et dans la substance duquel sont disséminés, en nombre immense, de très-petit mamelons à fibres divergentes et à couches concentriques, d'étain oxydé hématiforme d'un brun jaunâtre à leur centre, mais d'un gris blanchâtre dans la partie voisine de leur circonférence : un des quatre petits morceaux de cette variété, que renferme cette collection, contient de petits cristaux de quartz, dans l'intérieur desquels on observe plusieurs des mêmes mamelons d'étain oxydé hématiforme. Je terminerai enfin ces citations, par celle d'un morceau, que je crois unique, soit pour sa grandeur, qui est d'un pouce 8 lignes de longueur, sur un pouce 3 lignes de largeur et 10 lignes d'épaisseur, soit pour la variété qu'il présente. Sa surface a été roulée, mais sa cassure, qui est fibreuse, joint à son extrême pesanteur, démontre qu'il appartient à la variété hématiforme de l'étain oxydé : sa couleur est d'un brun foncé. Dans quelques parties de sa cassure, on reconnoît que ses fibres, qui sont très-fines et très-serrées, deviennent plus grossières, dans quelques-unes de ses parties, en approchant de sa surface, et finissent même quelquefois par y devenir très-distinctes, et faire reconnoître parfaitement en elles la forme qui appartient à l'étain oxydé : on peut distinguer facilement, avec la loupe, ces mêmes cristaux dans diverses parties de la surface de ce morceau : il vient donc parfaitement en preuve de l'identité de nature entre l'étain oxydé et la variété hématiforme.

ÉTAIN SULFURÉ.

12 *Morceaux.*

La suite des morceaux d'étain sulfuré que renferme cette collection est très-rare et très-intéressante. En outre des 12 morceaux qui la composent, il y existe plusieurs fragments, la plupart présentant cette substance dans le plus grand état de pureté qui lui soit propre.

PLOMB.

PLOMB MÉTALLIQUE NATIF.

1 *Morceau.*

L'existence du plomb natif, n'a encore été observée d'une manière qui puisse en effet le faire considérer comme tel, que par M. Rathke dans l'île de Madère, où il est dit que ce savant Danois a trouvé, dans des morceaux de lave tendre de cette île, de petites masses contournées de plomb parfaitement à l'état métallique. Tout en admettant l'existence du plomb natif par ce fait, il porte cependant avec lui un caractère trop propre à le faire considérer comme un produit accidentel, pour que le minéralogiste ne désire pas une preuve plus incontestable encore de son existence.

Le morceau placé ici, ayant un caractère propre à écarter tout soupçon d'une origine artificielle, est fait, je pense, pour lever le doute qui pourroit rester encore à l'égard de l'existence naturelle du plomb métallique, qui n'en restera pas moins toujours, cependant, une des substances les plus rares de la minéralogie.

Ce morceau, dont le volume est à-peu-près celui d'une petite orange, sans en avoir cependant la rondeur, est une galène lamelleuse très-compacte, dont les lames, d'une grandeur médiocre, s'entrecroisent suivant différentes directions. Cette galène a l'aspect et le lustre d'une galène ordinaire, et au premier instant le plomb métallique natif n'y seroit aucunement soupçonné. Cependant, à en juger par son poids, qui est considérablement au-dessus de celui qui appartient à la galène, la dose de plomb métallique qu'elle contient doit être très-considérable. Ce plomb est renfermé dans la substance même de cette galène, en petites parties parfaitement distinctes, que la loupe fait facilement apercevoir, et qui y sont souvent si multipliées, qu'alors la partie de la galène qui les renferme peut être coupée avec un couteau, comme si elle étoit totalement à l'état de plomb métallique. Sous le choc du marteau, cette galène s'applatit presque comme le plomb métallique pur, et en examinant, avec la loupe, la partie frappée, on voit que celle de sa substance qui étoit à l'état de plomb sulfuré, a été réduite en une poudre noire, qui reste en grande partie renfermée dans la substance même du plomb applati, et en obscurcit le lustre. Ce n'est qu'avec la plus grande difficulté que l'on peut parvenir à séparer, avec le marteau, quelques fragments de ce morceau.

Cette masse de galène, mélangée de plomb métallique, augmente encore d'intérêt, en ce qu'une partie de sa surface est recouverte par de l'oxyde rouge de plomb, ou minium, sous la forme de petits mamelons qui laissent apercevoir un légère transparence sur leurs bords : quelques parties de ce même minium sont renfermées dans la substance même de la galène. L'état métallique du plomb a beaucoup contribué, je pense, à la production de cet oxyde rouge.

J'ignore d'où vient ce morceau précieux, dont je n'ai dû la possession qu'à un de ces hasards heureux, dont j'ai déjà si souvent dit que j'ai été fréquemment favorisé, et dont sera toujours favorisé de même tout minéralogiste disposé à les chercher sans relâche, et à ne pas les laisser échapper : ce morceau étoit placé parmi un nombre considérable d'autres de très-médiocre intérêt, et le marchand ignoroit aussi complettement sa localité que sa valeur ! C'est bien souvent parmi des morceaux ainsi ignorés, et fréquemment placés au rebut, que j'ai trouvé les morceaux les plus rares, et présentant le plus grand intérêt.

PLOMB SULFURÉ GALÈNE.

193 *Morceaux, dont* 65 *Cristaux isolés.*

Il existe, dans cette collection, à la tête de la suite qui appartient à cette substance, une série très-intéressante de fragments de galène, sur lesquels peut facilement se faire l'observation que j'ai citée, dans mon traité complet de la chaux carbonatée, page 393, vol. 2. Ils démontrent, qu'en outre des joints naturels de la galène parallélement aux côtés d'un cube, il en existe d'autres, d'abord suivant les diagonales des côtés de ce même cube, et ensuite se croisant sur chacun de ces côtés, de manière à former, avec leurs bords opposés, des angles de 75° et 105°, ou du moins à très-peu de choses près. On peut consulter ce que j'ai dit à cet égard, dans l'ouvrage que je viens de citer, ainsi que les figures de développement que j'ai donné à la planche 72 de ce même ouvrage, de tous ces divers joints naturels, sur lesquels les morceaux placés dans cette suite ne laisseront absolument aucun doute. Ceux de ces fragments, dont la forme est cubique, ou parfaitement rectangulaire, sont placés ici au nombre des cristaux isolés de la galène.

La suite des morceaux de cette substance renferme toutes les variétés de texture et de forme qui y sont connues, et parmi ces dernières quelques-unes qui n'ont pas été décrites. Je citerai, principalement, une série extrêmement intéressante de morceaux, qui démontrent, d'un côté, la destruction de la galène, et, de l'autre, sa régénération. Dans plusieurs de ces morceaux, les cristaux de galène, très-parfaits à leur extérieur, sont complettement vides dans leur intérieur, et laissent apercevoir les parois de leurs cavités, comme rongées par l'action d'un agent, sur la nature duquel il est bien difficile de se former une opinion dans ce moment. Dans d'autres, une partie de la cavité intérieure de ces mêmes cristaux, semble avoir été remplie, après coup, par une cristallisation irrégulière et lâche de petits groupes particuliers, appartenant au même mode de cristallisation, et laissant, cependant, apercevoir quelques cristaux réguliers. Chacun des agrégats cristallins, dont ces morceaux sont composés, ayant fort peu d'adhérence les uns aux autres, ces morceaux sont très-fragiles ; et comme la direction des lames cristallines est la même pour chacun des petits cristaux, dont une immense quantité composent ces morceaux, lorsqu'on les fait mouvoir entre les doigts, de manière à ce que la lumière soit réfléchie par toutes ces lames, leur lustre, qui sous tout autre aspect est très-mat, devient à l'instant très-brillant.

Je citerai, en outre, des morceaux dans lesquels la

galène et la blende jaunâtre, non phosphorescente, sont tellement mélangées, quoique toutes deux parfaitement distinctes, que, dans la cassure, le contraste du brillant de la galène avec l'aspect terne de la blende, fait un effet très-particulier. Je citerai enfin, une série assez nombreuse de morceaux, dans lesquels la galène à petits grains est renfermée dans une substance blanche et douée de transparence : ces morceaux sont très-phosphorescents, même sous la friction d'un cure-dent, et il est très-sensible que c'est à la substance blanche à laquelle cette phosphorescence doit être attribuée. Je n'ai encore vu cette variété de la galène, qui m'a été donnée comme venant de Sibérie, citée dans aucun ouvrage ; j'ignore qu'elle est la nature de la substance blanche, de laquelle j'avois le projet de faire l'étude ; mais cette substance est en assez grande quantité, dans cette collection, pour pouvoir être soumise, lorsqu'on le désirera, à tous les essais qu'on voudra faire sur elle.

PLOMB CARBONATÉ, PLOMB BLANC.

500 *Morceaux, dont* 345 *Cristaux isolés.*

Je crois pouvoir avancer ici, avec confiance, que la suite qui, dans cette collection, appartient au plomb carbonaté, est unique, tant à l'égard du nombre, je puis dire immense, des variétés de formes qu'elle renferme, et presque toutes non décrites, que par la beauté et la perfection des cristaux, ainsi que par la grandeur d'un très-grand nombre d'entr'eux, et par la multiplicité de faits intéressants qu'elle présente.

Ce qui m'a principalement fait porter une attention particulière sur cette substance, est le résultat différent de celui de M. l'Abbé Haüy, auquel je suis parvenu, lorsque j'ai cherché, pour la première fois, à connoître la forme qui devoit être celle de son cristal primitif. Peu satisfait de ce résultat, doutant de mes propres observations, qui ne m'inspirent jamais plus de confiance que lorsqu'elles sont parfaitement d'accord avec celles de ce célèbre minéralogiste, je me déterminai à porter une attention particulière sur cette substance, et surtout, sur ce qui pouvoit lever tout doute de ma part à son égard. Je ne tardai pas à m'apercevoir qu'il y avoit bien peu de chose de connu à l'égard de la cristalisation du plomb carbonaté, vu les richesses nouvelles qu'à chaque moment cette substance déployoit à cet égard à mes yeux. Le Derbyshire fournissoit alors abondamment le plomb carbonaté. Les marchands en étoient richement pourvus. La beauté des morceaux fixoit seule les regards et les désirs des amateurs, tandis que les cristaux, quelque fût d'ailleurs l'intérêt que pût offrir le morceau, ainsi que tout ce qui pouvoit me conduire à la connoissance cristallographique parfaite de cette intéressante substance, attachoit particulièrement les miens. J'ai dû même alors à plusieurs marchands de minéraux, tels que M. Maw, Mde. Forster, M. Fichtel, M. Mohr, &c. &c. le cadeau de plusieurs très-beaux cristaux, et dix-sept années de travail et de soins, continuellement soutenus, ont porté la suite de cette substance au haut degré d'intérêt, et de richesse, vraiment étonnante, qu'elle présente dans cette collection.

Les cristaux de plomb carbonaté qui m'ont principalement servi à assurer la forme du cristal primitif de cette substance, sont ceux en lames quarrées, souvent très-minces, et dont les bords, ou quelques-uns des bords seulement, sont en biseau. Ces cristaux viennent, soit du Derbyshire, soit du Bannat, soit de Sibérie. Ces lames quarrées, qui bien souvent ont jusqu'à trois ou quatre lignes de côtés, sont infiniment plus faciles au clivage qu'aucun autre des cristaux de cette substance. J'ai toujours eu pour résultat de ce clivage, un prisme tétraèdre rectangulaire à base quarrée, fig. 184, pl. 10.

Ce prisme se divise avec facilité parallélement à ses faces terminales : la division n'est pas aussi facile sur ses côtés ; mais dans les lames minces dont je viens de parler, on parvient avec assez de facilité, et par un mouvement prompt, à les casser suivant leurs joints naturels, et par ce moyen, on obtient des cassures nettes parallèles à l'axe, et d'un lustre éclatant. Quelques-unes de ces lames laissent même apercevoir, sur leurs faces terminales, ces mêmes joints naturels parellélement à leurs bords, ainsi que le représentent les lignes ponctuées de la fig. 184.

Je ne fixe pas ici les dimensions de ce prisme, cet objet tient à la détermination de tout ce qui est relatif aux formes cristallines de cette substance. J'avois le projet de faire ce travail, et sans le parti que les circonstances aussi singulières, et, je crois pouvoir dire, aussi inconcevables, dans lesquelles je suis placé, me forcent d'embrasser, en cherchant à me défaire le plus promptement qu'il me sera possible de cette collection, cette étude, qui est une des plus considérable de la partie cristalline des minéraux, eut été une des premières dont je me fusse occupé ; j'avoue même que c'est une de celles que je laisse en arrière avec le plus de regrets.

Je me bornerai, en conséquence, à citer ici généralement, et sans aucune détermination quelconque, quelques-uns des cristaux de cette collection les plus marquants pour la grandeur.

1°. Un prisme tétraèdre rectangulaire à bases quarrées, dont les faces terminales ont 3 lignes de côtés, et dont la hauteur est de 9 lignes, dans lequel chacun des bords longitudinaux est remplacé par un plan.

2°. Une lame rectangulaire à bords en biseaux, dont les bords les plus longs des faces terminales sont de 9 lignes, et ceux les plus courts de 6 : l'épaisseur de cette lame est de 3 lignes.

3°. Un autre lame de 10 lignes de longueur, sur 9 lignes de largeur, et 3 lignes et demie d'épaisseur.

4° Une troisième de 9 lignes de longeur, sur 7 lignes de largeur, et 3 lignes d'épaisseur, passant légèrement, par le remplacement de ses angles solides, à la variété qui donne une pyramide hexaèdre.

5°. Une autre lame semblable, parfaitement incolore et transparente, de 14 lignes de longueur, sur 8 lignes de largeur, et 3 lignes d'épaisseur.

6°. Un prisme hexaèdre, un peu applati, de 9 lignes dans son plus grand diamètre, 6 lignes dans son plus petit, et 5 lignes de hauteur, et ayant les bords de ses faces terminales remplacés par un plan linéaire.

7°. Un prisme tétraèdre rectangulaire, un peu applati, de 7 lignes de hauteur, terminé par un pyramide tétraèdre à plan rhombes, placés sur ses bords, et dont celles des arêtes qui sont en opposition des côtés les plus larges du prisme, sont remplacées par un plan linéaire.

8°. Un cristal en prisme hexaèdre court avec pyramide aussi hexaèdre ; la pyramide inférieure manquant. Ce cristal a 8 lignes de hauteur, sur 6 lignes de diamètre ; tous les plans de la pyramide sont également inclinés sur ceux du prisme.

9°. Un autre cristal, semblable pour la forme, et dont la pyramide hexaèdre est cunéiforme, par suite de l'accroissement considérable de deux de ses faces opposées. Ce cristal a 6 lignes et demi de hauteur, la pyramide inférieure manque. L'arête du sommet cunéiforme est occupée par deux plans, et la pyramide a ses plans également inclinés, ainsi que dans le cristal précédent : on va voir qu'il existe, dans cette substance, une autre pyramide hexaèdre aussi ; mais dont les plans sont inégalement inclinés. On ne peut rien voir de plus parfait que ce cristal.

10°. Un prisme hexaèdre, dont les côtés sont égaux, terminé par une pyramide hexaèdre, dont les plans sont inégalement inclinés, et dont deux des plans opposés, sont beaucoup plus grands que les quatre autres. Son sommet est occupé par deux plans placés sur ceux larges des pyramides, et qui se rencontrent entr'eux sous un angle très-obtus. Ce cristal a 8 lignes de longueur.

11°. Un cristal en prisme tétraèdre rhomboïdal très-plat, terminé par un sommet dièdre. Ce prisme a, dans son plus grand diamètre, 14 lignes, et 5 lignes dans son plus petit ; sa partie inférieure ayant été cassée, sa longueur n'est que de 11 lignes.

12°. Un cristal en table rhomboïdale, dont les mesures ne s'écartent que de peu de degrés de la baryte sulfatée en table, et dont la forme est si parfaitement analogue à une de celles de cette substance, que ce cristal seroit très-facilement pris pour lui appartenir, sans la grande différence dans la dureté, et son excès de pesanteur. Ce cristal, dont une partie est engagée dans des fragments d'autres cristaux, a un pouce dans sa plus grande longeur, et 9 lignes dans la plus petite ; son épaisseur est de 4 lignes et demi.

13°. Un cristal en dodécaèdre, formé par la réunion de deux pyramides hexaèdres très-surbaissées, et à plans triangulaires, dont deux opposés sont moins inclinés que les autres. Ce cristal, qui est de la plus grande beauté, a un pouce 8 lignes, dans son plus grand diamètre, 13 lignes dans son plus petit, et 11 lignes de hauteur. Malheureusement une partie a été cassée ; mais cette cassure n'empêche pas la forme d'être parfaitement aperçue. Il existe, dans cette même suite, un groupe de fort grands cristaux appartenant à la même variété.

Je terminerai ici la citation des cristaux isolés remarquables par leur grandeur, que la suite du plomb carbonaté de cette collection renferme, quoique ce ne soit pas à beaucoup près les seuls ; je regrette de ne pouvoir donner l'étude complette des formes de cette substance, qui, je le répète, présenteroit une des séries cristallographique les plus intéressantes de la minéralogie.

Il existe, en outre, dans cette suite, une série composée de cinq morceaux, chacun d'eux garnis de cristaux de plomb carbonaté très-transparents, et de la plus belle couleur bleue ; ils sont, à ce qu'il paroît, colorés par le cuivre, et sont de Leadhill, en Ecosse. Il y existe aussi une série de morceaux, dans lesquels les cristaux sont passés au noir, par l'altération de leur surface.

PLOMB CARBONATÉ RHOMBOÏDAL. (*Nobis.*)

24 *Morceaux, dont* 15 *Cristaux isolés.*

Cette substance appartient certainement à la combinaison du plomb avec l'acide carbonique ; mais il est impossible de la rapporter à celle à laquelle appartient l'espèce précédente, tous ses caractères extérieurs l'en écartent totalement. Elle vient de la mine de plomb de Leadhill, en Ecosse, où elle est accompagnée de fort beaux cristaux de plomb carbonaté de l'espèce précédente, et très-fréquemment de plomb phosphaté d'un beau jaune orangé : je ne l'ai jamais observé venant d'aucun autre endroit ; elle est fort rare à Leadhill même.

La couleur de cette substance, dans les cristaux petits et très-transparents, qui est l'état le plus habituel sous lequel elle se présente, est un brun jaunâtre tirant un peu sur le vert ; mais dans les cristaux un peu plus grands, cette couleur est plus pâle, et devient d'un gris sale, un peu verdâtre. Ces cristaux ont un éclat très-brillant.

Sa dureté est un peu plus considérable que celle du plomb carbonaté.

Dans l'acide nitrique, cette substance se dissout plus promptement et avec une effervescence plus forte que le plomb carbonaté de l'espèce précédente.

Elle fond aussi plus promptement sous l'action du chalumeau. En outre le plomb carbonaté de l'espèce précédente, par le premier acte de cette fusion, passe à un oxyde jaune très-brillant et cristallin, tandis que celui donné par cette substance est terne et compacte.

Sa forme primitive paroît être un rhomboïde aigu, de 60° et 120°, pour la mesure de ses angles, fig. 185. Ce rhomboïde se remplace au sommet, par un plan plus ou moins grand, fig. 186 et 187, et qui quelquefois ne laisse que très-peu de chose de ceux primitifs, fig. 188. Les angles solides de la base sont bien souvent aussi remplacés par un plan parallèle à l'axe, fig. 189 et 190, et dans ce cas, lorsque les plans de remplacement du sommet sont très-grands, et qu'il reste très-peu de chose des plans primitifs, le cristal se présente comme un prisme hexaèdre régulier à bords de la base alternativement remplacés, et en sens contraire pour chacune des extrémités, fig. 191 ; et quelquefois aussi en prisme hexaèdre régulier court, fig. 192. On observe quelquefois, entremêlés avec cette substance, des cristaux en pyramides très-alongées, dont il ne m'a pas été possible d'assurer exactement la forme ; mais qui, je crois, lui appartiennent aussi. Il existe en outre, dans cette suite, un morceau assez considérable d'un gris sale, et dont la surface est striée, qui, je crois, lui appartient de même.

PLOMB ?

5 Morceaux, dont 2 Cristaux isolés.

J'ignore si de fort petits cristaux, dont il existe ici trois morceaux, joints à deux cristaux isolés, appartiennent à l'une ou à l'autre des deux espèces précédentes. Leur cristallisation est très-particulière, c'est un prisme tétraèdre rectangulaire, terminé par une pyramide tétraèdre aigue, dont les plans, qui sont placés sur les bords du prisme, sont des triangles scalènes, ainsi que le représente la fig. 193. Leur couleur est un peu grisâtre, et ils ont la dureté et le lustre du plomb carbonaté. Les plans pyramidaux se rencontrent au sommet sous un angle qui m'a paru être de 60°. Peut-être ces cristaux ne sont-ils qu'une variété de l'espèce précédente. La gangue qui les renferme, appartient à l'espèce de roche connue sous le nom de Grauwacke, qui sert de gangue à l'or natif de Hongrie.

PLOMB PHOSPHATÉ.

185 *Morceaux, dont* 60 *Cristaux isolés.*

Cette suite du plomb phosphaté est extrêmement riche, et elle est en même temps très-précieuse, tant à raison des variétés de formes intéressantes, non décrites, qu'elle renferme, qu'à raison du grand nombre de faits importants qu'elle présente.

A l'égard de ce qui concerne sa cristallisation, qu'il me soit permis d'exprimer ici mon doute sur la forme qui a été prise pour être celle de son cristal primitif, et de le soumettre aux lumières du célèbre minéralogiste qui, d'après les données que ses observations lui ont offertes, a cru devoir l'adopter. M. l'Abbé Haüy, dans sa minéralogie, donne pour la forme de ce cristal primitif, le dodécaèdre à plans triangulaires qui se rencontrent entr'eux, au sommet, sous un angle de 98° 14', et à la base, sous un de 81° 46', dodécaèdre divisible par des sections parallèles à la base commune aux deux pyramides. La forme presqu'habituelle sous laquelle se présente cette substance, qui est le prisme hexaèdre régulier, ainsi que le mode de division auquel le dodécaèdre cité par M. l'Abbé Haüy est soumis, division qui a lieu de même sur le prisme hexaèdre, et qui, quoique très-peu facile, est cependant la seule qu'on puisse faire d'une manière nette sur cette substance, ne semble-t-il pas militer fortement en faveur du prisme hexaèdre lui-même, pour être la forme de ce cristal primitif ? J'ajouterai à cette observation, qu'il existe, dans la suite des cristaux de cette substance que cette collection renferme, des prismes hexaèdres assez grands, qui laissent facilement apercevoir, dans leur intérieur, des joints naturels parallélement à leurs bases, et d'autres qui laissent apercevoir sur leurs côtés, des stries parallèles à leurs bords longitudinaux. Bien plus, il existe, dans cette même suite, des groupes dont les cristaux, qui sont des prismes hexaèdres, offrent une belle couleur verte dans leur milieu, tandis qu'ils sont d'un jaune brun à leurs deux extrémités, de manière à partager la longueur des prismes en trois zones à-peu-près égales. Si l'accroissement du cristal avoit eu lieu par superposition de la matière cristalline, sur les faces pyramidales d'un dodécaèdre à plans triangulaires, ne devroit-on pas apercevoir, ainsi que cela arrive si fréquemment dans le cristal de roche, dont les extrémités se colorent différemment du reste, la matière colorante verte former, dans l'intérieur de la partie colorée en jaune, des traces pyramidales ? Dans ces cristaux, cette matière colorante se termine, d'une manière tranchée, parallélement aux faces terminales du prisme. J'avoue que tout ce que j'ai pû voir dans cette substance m'engage à penser que son cristal primitif est un prisme hexaèdre régulier, les cassures qu'on fait sur cette substance, n'ayant aucun caractère bien déterminé, leur grain étant fin, et leur lustre ayant quelque chose de gras qui réfléchit la lumière, ne seroit-il pas possible que quelques-unes d'elles pussent induire en erreur.

M. l'Abbé Haüy, après avoir donné le dodécaèdre à plans triangulaires isocèles, dans sa minéralogie, pour forme primitive du plomb phosphaté, donne ensuite, dans son tableau comparatif, le rhomboïde obtus de 105° 14′ et 74° 16′ pour cette forme ; cet angle est celui que forme entr'elles deux des arêtes du dodécaèdre, en en laissant une intermédiaire. Il est vrai que, dans sa minéralogie, ce savant avoit déjà dit que le dodécaèdre étant cristal primitif, il lui substituoit ce rhomboïde pour la facilité du calcul, appuyé, sans doute, sur le même principe qui l'a de même engagé à substituer, pour le calcul, le rhomboïde à l'octaèdre régulier, ou à plans rhombes ; mais j'ai déjà dit, à l'article du diamant, que cette substitution ne me paroissoit pas pouvoir avoir lieu, du moins d'une manière générale, et la cristallisation du diamant, ainsi que les seuls calculs par lesquels on puisse parvenir à la plus grande partie de ses formes, en est une forte démonstration.

Parmi les cristaux placés dans cette suite, on observera, en outre de la pyramide hexaèdre citée par M. l'Abbé Haüy, deux autres pyramides, une dont les plans se rencontrent au sommet sous un angle d'environ 60°, et une autre très-aigue, dont les plans se rencontrent au sommet sous un angle d'environ 20° ; et sur plusieurs cristaux les plans de deux de ces pyramides différentes sont réunis. Pour que le rhomboïde parvînt à ces trois différentes pyramides, il faudroit que ses trois seules modifications pyramidales fussent du nombre de celles, dont il existe peu d'exemples dans le rhomboïde, par lesquelles il résulte deux pyramides hexaèdres opposées base à base, et dont les angles de la base sont dans un même plan, cela peut être possible, mais bien peu à présumer.

Le plomb phosphaté présente, dans cette suite, une variété de couleurs étonnante. Toutes les teintes du vert, ainsi que celles du jaune, depuis le jaune paille, jusqu'au jaune orangé le plus foncé, s'y rencontrent : la variété d'un jaune orangé vient de Leadhill, en Ecosse ; il en existe dans cette suite, un petit morceau que je crois unique, à raison de la beauté et de la vivacité de cette couleur. Il y existe aussi une série très-considérable appartenant à la variété brune tirant plus ou moins fortement sur le violet, tant de zschopau en saxe que d'Huelgoët, en Basse Bretagne, trois groupes très-beaux, d'un gris un peu verdâtre, de Sibérie, et, enfin, une série de petits groupes dont les cristaux sont parfaitement incolores ; ces derniers viennent de Cornwall. Il seroit très-intéressant de chercher à pouvoir connoître, qu'elle peut être la cause de cette variété dans la couleur.

Dans la partie de cette suite qui concerne les cristaux d'Huelgoët, dont la plupart sont très-beaux, il y existe une série dans laquelle ces cristaux, sans avoir variés en aucune manière dans leur forme, sont passés à l'état complet de galène, et d'autres simplement en partie. C'est à cette altération que doit être, je pense, rapporté le plomb bleu, *blau-bleyerz*, dont M. Werner a fait une espèce, ainsi qu'il en a fait une de la variété non altérée, sous le nom de *braun-bley-erz*, et qu'il en a fait encore une troisième, sous celui de plomb noir, *schwartz-bleyerz*, d'une altération à-peu-près pareille éprouvée par le plomb carbonaté.

On trouvera en outre, dans cette suite, une série de morceaux dont les cristaux, très-transparents, sont d'un brun violet très-agréable. Ils ont été considérés, en Cornwall d'où ils viennent, comme étant un plomb arséniaté; mais je crois que c'est une erreur, et que l'acide arsenical qui s'y montre, y est simplement interposé dans leur substance. Leur gangue habituelle renferme beaucoup de mispickel: les caractères spécifiques de ces cristaux ne diffèrent d'ailleurs en rien de ceux des cristaux de plomb phosphaté. Leur cristallisation est, soit le prisme hexaèdre, soit ce même prisme terminé par la pyramide hexaèdre très-aigue complette ou incomplette, ayant même mesure que celle, aigue aussi, qui existe dans le plomb phosphaté.

Je citerai encore, parmi les cristaux de cette substance, un dodécaèdre de la variété qui appartient à celle décrite par M. l'Abbé Haüy, comme cristal primitif. Il est complet dans ses pyramides, qui sont séparées par un prisme court intermédiaire. La hauteur de ce cristal est de 4 lignes, sur à-peu-près 3 lignes et demi de diamêtre, et sa couleur est d'un beau jaune citron: il vient de Zellerfeld. Quelques-uns des prismes hexaèdres de cette suite sont aussi très-grands.

PLOMB ARSÉNIÉ.

Le seul morceau de cette substance qui existe dans cette collection, vient de St. Prix en Bourgogne. Le plomb arsénié y est à l'état fibreux capillaire d'un jaune pâle.

PLOMB MOLYBDATÉ.

246 Morceaux, dont 197 cristaux isolés.

La suite offerte, dans cette collection, par le plomb molybdaté est étonnante par la grande quantité de cristaux isolés qu'elle présente, et peut-être est elle-même unique, à raison du nombre extrêmement considérable de formes cristallines, non décrites, qu'elle renferme.

M. l'Abbé Haüy a donné, pour son cristal primitif, un octaèdre rectangulaire, dont les faces se rencontrent entr'elles au sommet sous un angle de 103°, 20′, et à la base sous un de 76°, 40′; octaèdre qui se rencontre en effet dans cette substance, où il est en même temps une des formes les plus communes; et il ajoute, qu'à une forte lumière, les joints naturels deviennent très-sensibles par leur chatoyement.

Cette substance étant au nombre de celles dans lesquelles le clivage, suivant les joints naturels, ne peut se faire d'une manière nette, et propre à satisfaire le cristallographe, il est réduit à chercher, soit sur la partie extérieure du cristal, soit dans les indications que peut lui offrir l'intérieur même de sa substance, les bases propres à asseoir son opinion sur celle de ses formes qui, à l'égard de la génération de toutes les autres, doit avoir rempli la fonction de forme primitive.

En m'occuppant de cette recherche, j'avoue qu'il m'a été impossible d'apercevoir aucun joint naturel parallélement aux faces d'un octaèdre rectangulaire; mais j'en ai reconnu d'autres très-marqués, dont je donnerai dans un moment les détails, et qui me conduisent à admettre pour forme primitive du plomb molybdaté, un prisme tétraèdre rectangulaire à bases quarrées. J'ai réuni ensemble, dans cette suite, une dixaine de petits cristaux isolés, qui m'ont offert les observations suivantes.

Le cristal représenté sous la fig. 194, est un prisme tétraèdre rectangulaire court, sur les côtés duquel un reculement fait le long de ses bords longitudinaux, ainsi que le long de ceux de ses faces terminales, a placé une petite pyramide très-obtuse. On distingue, très-clairement, dans son intérieur, avec le secours de la loupe, des joints naturels suivant les deux diagonales de ses faces terminales, et parallélement aux bords du prisme. Les plans de remplacement des bords des faces terminales font avec ces faces un angle d'environ 105°, et ceux de remplacement des bords du prisme, un d'environ 152°, 30′, avec ceux de ses côtés sur lesquels ils inclinent.

Le cristal représenté sous la fig. 195, est une lame tétraèdre rectangulaire très-mince, dont les bords des faces terminales sont occupés, chacun d'eux, par deux plans qui feroient naître, sur ces mêmes faces, une pyramide tétraèdre très-obtuse, si la cristallisation atteignoit ses limites. Les plans de remplacement sont striés parallélement aux bords des faces terminales. Cette lame est d'un jaune très-foncé: mais la partie occupée par les biseaux est d'une couleur beaucoup plus foible, et même d'un côté elle est parfaitement incolore. Ces plans de remplacement font avec les faces terminales un angle d'environ 143°, 30′.

Le cristal représenté sous la fig. 196, est un prisme tétraèdre rectangulaire court, dont les angles des faces terminales sont remplacés par un plan triangulaire qui, si la modification avoit atteint ses limites, ce qui existe sur plusieurs des cristaux de cette suite, remplaceroit les faces terminales par une pyramide tétraèdre obtuse. En regardant à travers les faces terminales de ce cristal, on distingue, dans l'intérieur de sa substance, un joint naturel, indiqué par une couleur plus brune, parallèle aux côtés du prisme, qui euxmêmes laissent apercevoir, sur leur surface, des stries parallèles à leurs bords longitudinaux. Les plans de remplacement des angles des faces terminales, font avec elles un angle d'environ 147°, 30'.

Le cristal représenté sous la fig. 197 enfin, appartient à la même variété que celui précédent ; mais avec un accroissement considérable dans les plans de remplacement des angles des faces terminales. On distingue parfaitement, sur la surface extérieure de ses côtés, par une saillie faite sur eux par la partie cristalline ajoutée sur les faces terminales, que le cristal sur lequel cette addition a été faite, étoit un prisme tétraèdre rectangulaire. Les côtés du prisme sont striés, ainsi que dans la variété précédente.

Je crois donc que le cristal primitif de cette substance, est un prisme tétraèdre rectangulaire à bases quarrées, divisible suivant les deux diagonales de ses faces terminales et son axe; et si mon opinion à cet égard étoit adoptée, ce seroit probablement les joints naturels, entre les molécules intégrantes, suivant les diagonales et l'axe, qui auroient trompé M. l'Abbé Haüy. On pourroit parvenir à la détermination des formes cristallines de cette substance par l'octaèdre adopté par ce savant, aussi exactement que par le prisme tétraèdre rectangulaire; mais outre les indications que j'ai dit être offertes à l'égard de cette dernière forme, comme primitive, il me semble que l'opération de la nature, ainsi que le calcul employé à sa détermination, est plus naturel et plus simple avec le prisme.

Je ne puis résister au désir de faire connoître ici, deux octaèdres aigus de cette substance, qui n'ont été cités par aucun auteur, quoiqu'ils ne soient pas très-rares, et qu'on les rencontre sur plusieurs des morceaux de ce plomb molybdaté, confusément mélangés avec les autres variétés. Je n'en parlerai cependant, ainsi que je l'ai fait des variétés précédentes, que par approximation : ayant préparé dans cette collection l'étude cristalline de cette substance; mais ainsi qu'on l'a vu à l'égard de beaucoup d'autres, ne l'ayant pas terminée.

Dans un de ces octaèdres, les plans se rencontrent entr'eux, au sommet, sous un angle d'environ 55°, et à la base, sous un d'environ 125°. Il est ou complet, fig. 198, ou incomplet, fig. 199, pl. 11: souvent aussi il se présente sous un aspect cunéiforme.

Il existe, dans cette collection, une série assez considérable de cristaux qui appartiennent à cette variété, et dont la plupart sont très-parfaits.

Le second de ces octaèdres est très-aigu. Ses plans se rencontrent, au sommet, sous un angle d'environ 20 degrés, et à la base, sous un d'environ 160°. Il est, de même que le pécédent, complet ou incomplet, fig. 200 et 201, et se montre souvent aussi sous l'aspect cunéiforme. Dans plusieurs des cristaux de cette suite, cet octaèdre existe soit isolé, soit combiné avec le précédent, ainsi que le représente la fig. 202.

Les cristaux qui appartiennent à ces deux octaèdres, sont quelquefois de la même couleur jaune que ceux qui appartiennent aux autres modifications de cette même substance; mais beaucoup plus communément cependant, ils ont une teinte tirant davantage sur le brun que sur le jaune, et fréquemment ils sont d'un gris sale. Le Dr. Wollaston qui, à ma prière, a bien voulu faire l'essai, de ces cristaux, pense que l'acide molybdique y est dosé différemment que dans les autres variétés. Leur forme, qui dérive facilement de celle primitive de cette substance, leur couleur, qui fréquemment est la même, ne me paroît nullement venir à l'appui de cette opinion; qui cependant mérite d'être prise en considération, dans l'étude dont le plomb molybdaté peut encore faire l'objet.

PLOMB CHROMATÉ. PLOMB ROUGE.

117 *Morceaux, dont* 91 *Cristaux isolés.*

Plus heureux que ne l'a probablement été M. l'Abbé Haüy, j'ai pu me procurer, dans cette substance, des cristanx assez parfaits pour ne me laisser aucun doute sur la forme qui appartient à son cristal primitif, et j'ai eu, à ce sujet, beaucoup d'obligations à Messieurs Fichtel et Mohr. Rien n'est en effet plus difficile que la détermination du cristal primitif du plomb chromaté, d'après les cristaux qu'il présente le plus habituellement, et ce ne peut-être que du hasard qu'on peut espérer ceux propres à cette détermination. J'ai été bien servi par lui, il est la source d'un grand nombre des observations les plus intéressantes que j'ai pu faire en minéralogie.

Le cristal primitif du plomb chromaté n'est, ni un prisme tétraèdre rectangulaire droit, ainsi que l'avoit pensé d'abord M. l'Abbé Haüy, dans sa minéralogie, ni un prisme tétraèdre rectangulaire oblique, ainsi qu'il a cru le reconnoître ensuite, dans son tableau comparatif; mais un prisme tétraèdre rhomboïdal oblique, dont les angles sont très-voisins de ceux de 85° et 95°, et dont les faces terminales sont inclinées sur les bords, formés par la rencontre des côtés du prisme sous l'angle de 95°, avec lesquels elles font des angles d'environ 108° et 72°. Ces prismes sont divisibles suivant la petite diagonale de leurs faces terminales et leur axe. Ils se clivent assez facilement, et très-régulièrement, suivant leurs faces terminales; mais je n'ai pu parvenir à opérer aucun clivage sur les autres faces.

Il existe, dans cette suite, un morceau sur lequel on peut observer plusieurs cristaux primitifs fort petits; mais très-parfaits: ce morceau est d'une très-grande rareté. Les cristaux qui m'ont mis dans le cas de déterminer le cristal primitif de cette substance, sont au nombre de 9, tous isolés et très-parfaits dans la forme de leur prisme; ils ont jusqu'à 6 lignes de longueur et 2 lignes de diamètre. Dans 4 de ces cristaux, les faces terminales, obtenues par le clivage, sont très-parfaites et très-régulières, et comme elles existent aux deux extrémités de ces cristaux, on peut apercevoir très-facilement le parallélisme exact qu'elles ont entr'elles. Un autre de ces cristaux est terminé, à une de ses extrêmités, par une de ces faces terminales qui provient du produit directe de la cristallisation.

Parmi le très-grand nombre de cristaux isolés que renferme cette suite, la prèsque totalité est parfaitement conservée. Le nombre des formes non décrites y est très-considérable, et plusieurs sont très-particulières ; mais une fois le cristal primitif fixé, cette collection mettra à même de déterminer avec beaucoup de facilité, tout ce qui peut concerner l'étude des formes cristallines de cette substance : c'est le point de vue sous lequel elle a été formée.

Parmi les groupes, il en existe un fort petit ; mais en même temps fort peu commun, en ce que les cristaux de plomb chromaté, qu'il renferme, y sont groupés avec des cristaux de quartz.

PLOMB. SULFATÉ.

357 Morceaux, dont 238 Cristaux isolés.

La partie de cette collection qui appartient à cette substance, est encore une de ces suites unique que je ne présume pas qu'aucune autre collection pût présenter. La série des cristaux est véritablement immense, ainsi que le nombre des variétés non décrites qu'ils renferment.

La série des groupes est aussi extrêmement riche, la pluspart sont chargés de cristaux qui ont un éclat très-brillant.

J'ai pensé long-temps, comme M. l'Abbé Haüy, que le cristal primitif de cette substance étoit un octaèdre rectangulaire à faces inégalement inclinées ; mais l'improbabilité qui me paroît exister que ce genre d'octaèdre puisse être placé en effet parmi les formes primitives des substances minérales, la manière d'être toujours ou presque toujours cunéiforme que présentent ces octaèdres, les modifications auxquelles les cristaux de cette substance sont soumis, et qui me semblent toutes rappeler à l'esprit la forme prismatique, toutes ces raisons m'ont déterminé à regarder le cristal primitif du plomb sulfaté, comme étant un prisme tétraèdre rhomboïdal droit, à bases rhombes d'environ 78°, 30′ et 101°, 30′. Ce sont là je l'avoue les seules raisons qui me déterminent à préférer ce prisme à l'octaèdre, pour forme primitive de cette substance, car elle est du nombre de celles sur lesquelles nulle trace de joints naturels, et nulle possibilité à être soumise à un clivage régulier, ne peut diriger l'observateur.

Il est joint, à cette suite, une série nombreuse et intéressante d'une variété de cette substance que je n'ai vu encore décrite par aucun auteur, et qui appartient au plomb sulfuré à l'état compacte, ainsi qu'à celui à l'état terreux. A l'état compacte cette substance est d'un brun grisâtre foncé, d'un grain fin et en couches concentriques. Grattée avec un couteau, elle donne une poudre blanchâtre, et cette poudre étant enlevée, la partie grattée a un léger lustre métallique. A l'état terreux, qui paroît être une altération de la variété compacte, elle est d'un gris de cendre très-tendre et souvent friable; mais, dans les morceaux les moins altérés, on observe encore des traces de sa texture à couches concentriques. Les morceaux qui appartiennent à cette série, présentent le passage de la galène à cette variété du plomb sulfaté, depuis la simple altération de sa surface, jusqu'à ce qu'on n'apercoive plus qu'un petit noyau de galène au centre de la masse, et enfin jusqu'à la disparation totale de toute trace quelconque de cette même galène : la plupart de ces morceaux laissent apercevoir, en même temps, quelques petits cristaux de ce même plomb sulfaté.

PLOMB. MURIO-CARBONATÉ.

3 *Cristaux isolés.*

Cette substance, une des plus agréable à l'œil, soit par la grandeur de ses cristaux, soit par leur simplicité élégante, ainsi que la perfection de leurs formes, est en général très-peu connue ; aussi est-elle en même temps extrêmement rare. Les seuls auteurs qui, à ma connoissance, en aient parlé, sont M. Karsten et M. Brongniart ; mais, à ce qu'il paroît, ils ne citent cette substance que d'après les détails donnés par M. Klaproth, dans la rédaction de l'analyse qu'il en a faite, d'après un morceau venant du Derbyshire. M. Brochant, à la suite du second volume de sa minéralogie, en donne aussi une légère notice, d'après cette même analyse. C'est dans le Derbyshire en effet, et même à ce qu'il paroît dans le Derbyshire seulement, que jusqu'ici cette substance s'est montrée. Elle n'y a paru qu'un instant, la mine qui l'a fournie ayant peu tardée après à être submergée. Au moment de son apparition, M. Greville a acquis tout ce qui en avoit été trouvé, à fort peu d'échantillons près, tels que les trois qui sont dans cette collection, dont l'un est assez beau et les deux autres fort petits ; ils m'ont été donnés par M. Jacob Forster. Deux ou trois autres morceaux qu'il conservoit dans sa propre collection, et un autre qui existe dans la collection de Sir Abraham Humes, sont, après la suite précieuse qui en existe dans la collection de M. Greville, renfermée au Musé Britannique, les seuls morceaux que je connoisse de cette substance.

Ayant conservé une notice exacte de tout ce qui concerne le plomb murio-carbonaté dans la collection de M. Greville, c'est avec beaucoup de satisfaction que je puis placer ici l'étude de cette substance, qu'il m'a été possible de completter, sans avoir eu besoin pour cela d'avoir recours aux morceaux même de cette collection.

Le plomb murio-carbonaté est, soit incolore, soit d'un beau jaune de paille, soit quelquefois d'un jaune pâle tirant légèrement sur le brun.

Son lustre, lorsque ses faces ne sont pas salies par l'incrustation de substances étrangères, est éclatant.

Sa dureté, est de quelque chose inférieure à celle du plomb carbonaté.

Sa pesanteur spécifique, prise sur un cristal parfait, est de 60, 65.

Sa texture est lamelleuse.

Sa cassure, dans un sens opposé à celui des lames, est raboteuse et partiellement conchoïdale, et le lustre de cette cassure est éclatant.

Lorsqu'il est pure, il est transparent, et principalement sa variété incolore.

Peu de substance invitent plus fortement l'opinion que celle-ci, à adopter le cube pour forme de son cristal primitif: une partie de ses cristaux, ainsi qu'on le verra dans la série de ceux qui lui appartiennent, sont cybiques, ou très-voisins de cette forme; et moi-même autrefois, et avant d'avoir soumis au calcul la détermination de ses formes cristallines, j'avois adopté cette opinion ; mais l'habitude de voir des cristaux, m'a accoutumé à me mettre en garde contre ce genre d'illusion, si fréquemment produite par eux.

Son cristal primitif, en effet, n'est pas le cube ; mais un prisme tétraèdre rectangulaire à bases quarrées, dans lequel les bords du prisme sont à ceux des faces terminales, dans le rapport de 6 à 10,55, fig. 203 pl. 11.

Ce prisme éprouve 4 modifications différentes. Dans la première, fig. 211 et 212, les bords des faces terminales sont remplacés par un plan qui fait avec elles un angle de 150°, 22′, et un de 119°, 38′, avec les côtés du prisme : elle est le produit d'un reculement par une rangée le long de ces mêmes bords.

Dans la seconde, les angles des faces terminales sont remplacés par un plan qui fait avec elles un angle de 121°, 52′, et avec les bords du prisme un de 148°, 8′, fig. 204. Elle est produite par un reculement par une rangée en largeur sur deux lames de hauteur.

Dans la troisième modification, les bords du prisme sont remplacés par un plan également incliné sur ceux adjacents, avec lesquels ils font un angle de 135°, fig. 207 et 208. Elle est le produit d'un reculement par une simple rangée le long de ces bords.

Dans la quatrième, les bords du prisme sont remplacés, chacun d'eux, par deux plans fig. 215, qui font avec les côtés du prisme sur lesquels ils inclinent, un angle de 161°, 34′. Ils sont produits par un reculement par 3 rangées le long de ces bords.

Ayant placé, sur chacune des faces des 16 cristaux qui, dans la 11me planche, appartiennent à cette substance, et composent la série de ses formes connues, le chiffre qui indique à laquelle des modifications elle appartient, le rapport entr'elles de ces faces est facile à saisir, et je n'entrerai dans aucun autre détail à l'égard de ces cristaux. Je me bornerai à dire, que dans les fig. 205 et 206, les plans qui appartiennent aux deux et troisième modifications ont fait disparoître, ou à-peu-près disparoître, les plans du cristal primitif, et que ceux de la pyramide se rencontrent au sommet sous un angle de 63°, 44′.

D'après l'analyse qui a été donnée du blomb muriocarbonaté, par M. Klaproth, il renferme 85,5 d'oxyde de plomb, 8,5 d'acide muriatique et 6 d'acide carbonique. M. Chenevix a fait en 1800 une autre analyse de cette même substance, qui s'accorde parfaitement avec celle de M. Klaproth : elle a été insérée dans le N°. 42, du Journal de Nicholson, avec une légère notice, donnée alors par moi, sur les caractères de cette substance.

PLOMB OXYDÉ ROUGE, (*minium natif.*)

4 Morceaux.

Dans un des quatre morceaux qui composent la suite de cette substance, le minium est disséminé en petites parties, très-multipliées, dans de la baryte sulfatée granuleuse : ce morceau est de Sibérie.

Les deux autres, sont extrêmement intéressants. Ils sont en entier composés de minium, très-rouge dans quelques parties, d'un rouge brun dans d'autres et même gris. Quoiqu'il soit très-compacte on aperçoit cependant que sa structure est lamelleuse, et on reconnoît facilement, avec la loupe, que ses lames, qui ont fort peu d'épaisseur, se cassent de manière à produire des fragments déterminés, soit quarrés, soit rectangulaires. On n'aperçoit rien, dans ces deux morceaux intéressants, qui puisse les faire soupçonner d'être artificiels ; je n'oserois cependant prononcer déterminément qu'ils sont naturels.

On a vu, à l'article du plomb métallique, un autre exemple du minium natif.

Comme il est très-rare que l'oxyde terreux gris et jaunâtre de plomb, soit privé de plomb carbonaté, j'ai laissé avec lui les morceaux qui appartiennent à ces oxydes.

ZINC.

ZINC SULFURÉ. BLENDE.

186 *Morceaux, dont* 61 *Cristaux isolés.*

La suite que présente la blende, dans cette collection, est extrêmement intéressante, tant à l'égard de sa partie cristalline, qu'à l'égard des autres faits qu'elle met à même d'observer.

La série de sa partie cristalline, renferme un grand nombre de variétés non décrites. Je citerai principalement, parmi ses cristaux, une série appartenant aux variétés de l'octaèdre régulier ; tel que le passage de l'octaèdre régulier au cube, par le remplacement de ses angles solides, qui donnent la variété qui contient 6 faces quarrées et 8 faces triangulaires équilatéraux ; ou celui plus avancé encore, dans lequel les 8 plans triangulaires deviennent des hexagones : il y existe plusieurs morceaux fort beaux de cette dernière variété. Tels aussi que divers segments de l'octaèdre, ainsi que différentes macles formées par eux, et parfaitement analogues à celles du spinelle.

Je citerai encore, une autre série dont les morceaux, la plupart très-beaux, sont en plus grande partie de Cornwall, et appartiennent au tétraèdre régulier, qui de même renferme aussi plusieurs des variétés propres à ce solide ; telle que celle dans laquelle les angles solides du tétraèdre sont remplacés par un seul plan ; celle dans laquelle ils le sont par trois plans inclinés sur les faces ; celle dans laquelle ses bords sont remplacés par un seul plan ; ainsi que celle dans laquelle ils le sont par deux, ayant pris assez d'accroissement pour élever, sur chacune de ses faces, une pyramide trièdre obtuse, &c.

Je citerai enfin, dans ce qui concerne la partie cristalline de la blende, une série de petits groupes, dont les cristaux sont des cubes parfaits : cette variété ne s'est encore montrée, à ma connoissance, qu'en Cornwall, où elle a même toujours été extrêmement rare. Sa couleur est d'un brun noirâtre foncé, et ses cristaux se clivent très-facilement sur leurs bords.

Dans la partie de cette suite qui appartient à la cristallisation non déterminée, je citerai de petits fragments dans lesquels la blende est intimement mélangée de cuivre et de fer sulfuré jaune, mélange qui, étant vu avec la loupe, fait un effet extrêmement agréable ; le cuivre s'y montre par petites parties très-multipliées, mais séparées et parfaitement distinctes l'une de l'autre. Je citerai en outre une série très-considérable et très-intéressante de la variété connue sous le nom de zinc sulfuré compacte: cette variété, qui n'a été citée que depuis très-peu de temps dans les traités de minéralogie, présente différents caractères, et mérite que nous nous arrêtions sur elle quelques instants.

Une de ces variétés, est offerte par des morceaux qui viennent de Geroldseck, dans le Brisgaw. Elle est, soit d'un brun foncé, et souvent presque noir, soit d'un brun grisâtre, et se présente sous l'aspect mamelonné de l'hématite de fer, et de même qu'elle aussi en couches concentriques, et ayant souvent une texture fibreuse. On trouvera, dans cette collection, un morceau de la variété d'un brun presque noir, et plusieurs de celles brune, ou plutôt d'un gris de cendre, ou d'un gris sale. Cette substance se montre dans ces variétés, soit en masse informe, soit en mamelons. La variété en masse informe a une texture granuleuse, ressemblant assez à celle de certaines chaux carbonatée magnésienne, dont elle a en même temps la couleur; cette ressemblance, dans quelques unes de ses parties, est d'autant plus parfaite que, comme elle, elle paroît être due à l'agrégation d'une quantité immense de fort petits cristaux. La variété mamelonnée est communément colorée en un brun beaucoup plus foncé à la surface des mamelons: il existe, dans cette suite, un fragment transversal d'une stalactite appartenant à cette variété, dans laquelle on distingue parfaitement les couches concentriques, et, dans le milieu, la cavité fistuleuse ordinaire aux stalactites: la première couche, celle dans laquelle est placée la cavité, est pyriteuse, et la dernière, celle qui forme la couche extérieure de la stalactite, est dans le même cas. On observera aussi, dans cette suite, des morceaux dans lesquels la blende compacte est entremêlée de petites parties de galène lamelleuse, dont le reflet brillant, lorsqu'on fait mouvoir ces morceaux, contraste très-agréablement avec celui mat de la blende. Il est joint à la série du zinc sulfuré compacte de Geroldseck, un petit morceau à l'état mamelonné, parmi les couches duquel on en observe quelques-unes d'un rouge brun très-foncé; il y existe aussi plusieurs fragments, venant du même endroit, et dans lesquels cette substance, qui est d'un brun foncé et d'un grain fin, analogue à celui de la variété suivante d'Henry la Chapelle, laisse de même apercevoir plusieurs parties colorées en un rouge foncé. Ces parties, auroient-elles quelque rapport avec l'espèce suivante?

Une autre variété du zinc sulfuré compacte, vient de Cornwall : elle est de même que la préceénte, mais plus généralement encore, mamelonnée. L'intérieur de ses mamelons est quelquefois d'un blanc grisâtre, d'autrefois d'un gris jaunâtre, tirent légèrement sur le rouge, et quelquefois enfin, d'un brun foncé. Il existe, dans cette collection, un morceau dans lequel l'intérieur des mamelons est d'un gris clair à la surface, et d'un brun foncé au centre. Cette dernière variété du zinc sulfuré compacte est d'un grain fin, et plus compacte que celle précédente; c'est avec difficulté qu'on en distingue les couches concentriques, et les cassures sont légèrement translucides sur leurs bords.

Une troisième variété est d'un jaune de paille clair; elle est en masse informe, d'une texture très-compacte, et d'un grain très-fin : elle est fragile, et sa cassure est parfaitement unie. Cette variété vient d'Henry la Chapelle, près d'Aix-la-Chapelle, elle paroît se décomposer avec beaucoup de facilité, et l'on trouve souvent sa surface couverte de soufre, à l'état pulvérulent, qui remplit fréquemment aussi les cavités que ces morceaux peuvent présenter.

Cette variété du zinc sulfuré à l'état compacte, mamelonnée et stalactitique, est-elle d'une nature parfaitement semblable à celle des autres variétés de cette substance connues sous le nom de blende ? Je ne serois nullement surpris, quand un jour elle seroit reconnue comme formant une espèce particulière dans le genre du zinc sulfuré. On peut observer, parmi les morceaux de cette suite qui appartiennent, soit au zinc sulfuré compacte de Geroldseck, soit à celui d'Henry la Chapelle, plusieurs d'entr'eux qui laissent apercevoir un grand nombre de cristaux de cette substance, tous extrêmements petits, mais très-brillants, les uns d'un gris clair, d'autres d'un jaune brun ; il m'a été impossible d'en déterminer les formes ; mais la plus forte loupe ne m'a rien laissé entrevoir qui pût me faire soupçonner quelqu'analogie entr'eux et les cristaux du zinc sulfuré. Il seroit fort à désirer que l'observation pût se porter sur des cristaux plus grands, et plus propres à décider la question que je viens de faire : il me paroîtroit assez probable que le soufre y fût dosé en plus grande quantité que dans le zinc sulfuré connu sous le nom de blende.

ZINC OXYDÉ.

6 *Morceaux.*

La connoissance de cet oxyde de zinc est due au Dr. Bruce, professeur de minéralogie de l'Université de New-York, qui en a donné une excellente description dans le 2e Numéro du Journal de Minéralogie Américain. C'est à lui aussi à qui je dois les morceaux que je possède de cette substance, qu'il m'a fait parvenir, il y a quelques années, et avant qu'il en eut fait la détermination. Ne soupçonnant en aucune manière que la couleur d'un rouge foncé, qui est celle montrée par elle, put appartenir au zinc oxydé, je considérai alors cette substance comme appartenant au titanium oxydé; ce à quoi me conduisit principalement les cristaux de fer oxydulé avec lesquels cette substance se rencontre ; mais qui, cependant, au lieu d'être mélangés de titanium, ainsi que je le croyois alors, le sont de manganèse, et je suis resté dans cette erreur jusqu'à ce que le Dr. Wollaston, plusieurs années avant que le Dr. Bruce, ne sachant pas à New-York ce qui s'étoit fait à Londres, en ait entrepris l'analyse, voulut bien, à ma demande en assurer la nature, qu'il détermina être un simple zinc oxydé. La couleur de cet oxyde étant le blanc ou le jaune pâle, il est probable que la couleur d'un rouge de sang très-foncé, qu'il montre dans cette variété, provient, soit du fer, soit du manganèse, dont il est mélangé.

ZINC OXYDÉ QUARTZEUX. CALAMINE.

130 *Morceaux, dont 70 Cristaux isolés.*

L'oxyde de zinc, à-peu-près pure, de l'espèce précédente, par la grande différence de tous les caractères qui lui appartiennent d'avec ceux propres à la calamine, et surtout de celui qui a trait à sa pesanteur spécifique qui, dans le zinc oxydé est de 62°, 30', tandis qu'elle n'est que de 35°, 25', dans la calamine, achève de démontrer ce que l'opinion avoit jusqu'ici fait regarder comme très-probable que, dans la calamine, le quartz, qui s'y rencontre en dose toujours très-considérable, ne s'y trouve pas simplement comme substance interposée, mais entre, très-probablement, au nombre des parties composantes de la sienne.

Parmi les cristaux isolés qui, dans cette collection, appartiennent à la calamine, plusieurs sont en réalité de petits groupes de 3 ou 4 cristaux, mais étant parfaitement distincts, ils remplissent le même but que les cristaux isolés.

Cette substance qui, dans cette collection, est très-riche, est une des plus intéressantes de celles minérales par les faits qu'elle présente, en même temps qu'elle est une des plus remarquables pour la cristallographie.

Dans la détermination qui a été faite du cristal primitif de cette substance, par M. l'Abbé Haüy, ce célèbre minéralogiste s'est servi principalement de petits cristaux de calamine en octaèdre rectangulaire, dont les faces sont inégalement inclinées, qui viennent d'Henry la Chapelle, près d'Aix-la-Chapelle, et il est parti de ces mêmes cristaux comme appartenant à la forme primitive. Ce savant paroît avoir eu, à cette époque, fort peu de variétés cristallines de cette substance à sa disposition, puisqu'il n'en cite que deux, même dans son tableau comparatif. Plus heureux que lui, ainsi qu'on le verra dans les détails suivants, j'ai pu étudier cette substance avec quelque soin. Elle étoit d'ailleurs bien faite, par elle-même, pour exciter la curiosité et le zèle du minéralogiste, ainsi que du crystallographe, et ce travail étant fait depuis quelque temps, je puis en présenter ici le résultat.

Les petits cristaux d'Henry la Chapelle, observés par M. l'Abbé Haüy, et dont on trouvera dans cette suite 5 petits groupes, joints à 9 cristaux isolés et à quelques fragments, offrent un fait cristallographique très-intéressant, en ce qu'ils présentent une série, assez considérable, de formes qui semblent dériver d'un octaèdre rectangulaire, tandis que celles qui appartiennent à la calamine des autres pays, semblent dériver d'un prisme tétraèdre rectangulaire que toutes elles rappellent. Nous avons déjà vu un exemple semblable, dans le zinc sulfuré, à l'égard du dodécaèdre à plans rhombes, de l'octaèdre régulier, du tétraèdre régulier, et du cube.

Cette calamine d'Henry la Chapelle, quoique d'ailleurs ses formes, malgré leurs différences d'aspect de celles de la calamine des autres pays, s'accordent parfaitement avec elles, quant au cristal primitif et ses modifications, de même que par l'analyse, présente cependant, étant comparée minéralogiquement avec lesautres, des différences frappantes et intéressantes.

Cette calamine octaèdre est plus dure, elle raye le verre, ce que l'autre ne fait pas, et elle étincelle même sous le choc du briquet. Sous nne friction un peu forte, elle donne une lueur phosphorescente blanchâtre, ce qne ne fait pas l'au tre non plus; elle n'est cependant point phosphorescente sur la pelle échauffée. Elle donne, de même que la calamine prismatique, une forte gêlée avec l'acide nitrique. Sous l'action du chalumeau, elle donne plus promptement la couleur verte, qui est propre à cette substance, et cette lueur est plus vive. Je n'ai pu me procurer des morceaux assez considérable, et assez pures, pour en comparer de même la pesanteur spécifique. En tout, il seroit plus naturel de faire de cette calamine une espèce nouvelle, que de faire de sa forme octaèdre celle primitive de celle que l'on trouve dans les autres contrées.

Aucune de ces deux variétés de la calamine, ou zinc oxydé quartzeux, n'est fusible, ou chalumeau ; celle du Brisgaw y devient d'un blanc mat, opaque, et très-friable : alors, soit d'elle-même, soit par une très-légère pression, elle se divise en très-petites parties qui, étant vues avec la loupe, présentent, pour le plus grand nombre, de petites lames rectangulaires ; cette forme est aussi celle de son cristal primitif.

Ce cristal est en effet un prisme tétraèdre rectangulaire applati, ayant pour faces terminales un rectangle, fig. 219, pl. 12. Ce prisme est divisible suivant une de ses diagonales ; et ses bords, ainsi que ceux de ses faces terminales, sont entr'eux dans le rapport des trois nombres, 5,3, 6, et 2,4, celui 5,3 exprimant les bords, ou la hauteur du prisme.

Cette substance présente un nombre très-considérable de variétés, et comme, à l'exception de deux, aucune autre n'a été décrite, je me détermine à completter ici son étude, en donnant, non cependant toutes les variétés qui, dans cette collection, appartient à cette substance, mais un choix parmi elles qui puisse faire connoître les modifications que j'y ai observées de son cristal primitif; ainsi que les aspects si différents, sous lesquels se présentent les cristaux formés par elles : de manière à faciliter considérablement la lecture de toute autre de ses variétés.

Les modifications auxquelles j'ai observé jusqu'ici, que le cristal primitif de cette substance est soumis, sont au nombre de 8, dont trois ont lieu le long des bords du prisme, trois le long des bords les plus longs des faces terminales, et deux le long des bords les plus courts des mêmes faces.

La première modification, remplace les bords du prisme par un plan qui fait avec les côtés les plus larges, un angle de 129° 48′, et est le résultat d'un reculement le long de ces mêmes bords, et sur les côtés les plus larges du prisme, par une rangée en largeur, sur 3 lames de hauteur. Les nouveaux plans se réunissent d'ordinaire entr'eux, sur les côtés étroits du prisme, sous un angle de 100° 24′.

La seconde modification, remplace les bords du prisme par un plan qui fait avec ceux de ses côtés qui sont les plus larges, un angle de 168° 42′, et est le résultat d'un reculement, le long de ces bords, par deux rangées.

La troisième modification, remplace les bords les plus longs des faces terminales, par un plan qui fait avec ces mêmes faces, un angle de 124° 11′, et est le résultat d'un reculement, le long de ces mêmes bords, par 3 rangées en largeur, sur deux lames de hauteur.

La quatrième modification, remplace encore les mêmes bords, par un plan qui fait avec les faces terminales un angle de 156° 10′, et est le résultat d'un reculement, le long de ces bords, par cinq rangées. Les nouveaux plans se réunissent pour l'ordinaire entr'eux, au-dessus des faces terminales, sous un angle de 132 20'.

La cinquième modification, remplace toujours les mêmes bords les plus longs des faces terminales, par un plan qui fait avec ces faces un angle de 164° 34', et est le résultat d'un reculement, le long de ces bords, par 8 rangées.

La sixième modification, remplace les bords les plus courts des faces terminales, par un plan qui fait avec ces mêmes faces un angle de 119° 30', et est le résultat d'un reculement, le long de ces bords, par une rangée en largeur, sur deux lames de hauteur : ces nouveaux plans se réunissent très-souvent entr'eux, au-dessus des faces terminales, sous un angle de 59°.

La septième modification, remplace les mêmes bords des faces terminales, par un plan qui fait avec elles un angle de 149° 30', et est le résultat d'un reculement, le long de ces bords, par trois rangées en largeur, sur deux lames de hauteur : les nouveaux plans produits se réunissent très-souvent entr'eux, au-dessus des faces terminales, sous un angle de 119°.

Ayant indiqué, sur chacun des plans des cristaux qui appartiennent aux diverses variétés de formes du zinc sulfuré dans la planche 12, le numéro des modifications auxquelles ils doivent être rapportés, je n'entrerai dans aucune autre explication à l'égard des cristaux qui portent encore le caractère du prisme tétraèdre dont ils dérivent

Quant à ceux qui portent le caractère de l'octaèdre, placés sous les figures depuis 232, jusqu'à 241, planches 12 et 13, j'observerai, qu'on voit, par le rapport des plans de ces variétés octaèdres avec ceux des variétés précédentes du prisme tétraèdre rectangulaire, qu'elles proviennent principalement de l'accroissement des plans qui appartiennent à la première, ainsi qu'à la sixième modification, de manière à ce qu'en se réunissant entr'eux, ces plans font disparoître complettement toutes traces de ceux primitifs du prisme tétraèdre rectangulaire. J'observerai, en outre, que les cristaux qui appartiennent à cette série, m'ont fait reconnoître une huitième modification, dont les plans sont dus à un troisième reculement le long des bords du prisme, qui remplace ces bords par un plan qui fait avec les côtés les plus larges du prisme, un angle de 110° 13', et a lieu par une rangée en largeur, sur 6 lames de hauteur.

La petitesse habituelle de ces cristaux, m'a empêché de pouvoir déterminer la mesure des angles d'incidence des plans indiqués par le nombre 9, et qui sont le résultat d'une modification qui remplace les angles solides du prisme tétraèdre, chacun d'eux par un plan.

Ces octaèdres, ainsi que le représente la fig. 232, sont divisibles parallélement à un plan qui passe par l'axe, et deux des arêtes opposées dans chaque pyramide, et cette division est facile à faire : elle correspond à celle suivant la diagonale de la face terminale dans le cristal primitif. J'ai observé, dans la calamine, quelques octaèdres dont les dimensions sont différentes ; mais que la petitesse des cristaux m'a empêché de déterminer.

Il existe, dans cette suite, un très-petit morceau de calamine de Sibérie, qui est d'un beau bleu de ciel.

ZINC CARBONATÉ.

83 *Morceaux, dont 7 Cristaux isolés.*

Outre les trois cristaux isolés que renferme la suite de cette substance, il y existe un grand nombre de petits groupes, dans lesquels les cristaux sont très-parfaits; mais tous extrêmement petits, ainsi que l'ont toujours été tous ceux de zinc carbonaté que j'ai pu examiner.

Peu de substances ont une plus grande tendance à la cristallisation que le zinc carbonaté, cette tendance se montre même jusque dans les variétés mamelonnées, et en même temps peu de substances admettent aussi rarement une forme parfaitement régulière; ses cristaux, qui sont pour l'ordinaire fort petits, ont presque généralement leurs faces arrondies. C'est cette rareté dans la perfeetion des cristaux qui, ainsi que leur petitesse, a mis probablement obstacle à la détermination de leur forme: j'ai pu cependant y parvenir; ce qui me permet de compléter, à cet égard, l'étude de cette substance.

Sa forme primitive est un rhomboïde légèrement obtus, dont les plans ont pour mesure 96° 30', et 83° 30'. Ces rhomboïdes représentés sous la fig. 243, pl. 13, sont très-facilement clivés parallèlement à leurs faces.

La seule variété de ce cristal que cette substance m'ait jamais montrée, est le remplacement des bords de la base, chacun d'eux par un seul plan, qui forme au rhomboïde un commencement de prisme, fig. 244.

Il faut soigneusement éviter de confondre avec les

formes cristallines propres à cette substance, les cristaux pseudomorphes qui lui appartiennent, et qui, pour le plus communément, empruntent leurs formes de la chaux carbonatée, en en adoptant, en même temps, toute la régularité, et même quelquefois sans laisser apercevoir, dans l'intérieur de leur substance, rien qui puisse faire soupçonner leur origine.

Dans la suite de ces cristaux pseudomorphes qui appartiennent à cette collection, et qui dérivent de la chaux carbonatée, est une série de morceaux appartenant au rhomboïde complet. Un morceau appartenant au rhomboïde muriatique; (inverse de M. l'Abbé Haüy). Une série appartenant au rhomboïde de 84° 26′, et 95° 34′ de mon traité complet de la chaux carbonatée. Une autre série de morceaux, dont la forme appartient à une variété nouvelle et très-agréable de la chaux carbonatée, représentée sous la fig. 245, dans laquelle les nombres 1, 4, et 11, répondent aux lettres U, G, et M, des cristaux de chaux carbonatée du traité de minéralogie de M. l'Abbé Haüy. Et, enfin, une série de cristaux appartenant à la variété métastatique du même auteur. Ces derniers sont caverneux; les autres sont, en plus grande partie, solides dans leur substance, quelques-uns seulement étant caverneux.

Il existe enfin, dans cette suite, une série nombreuse des variétés mamelonnées, et en couches, soit de Carinthie, soit de Sibérie, soit d'Angleterre. Parmi celles de Sibérie est la belle variété verte, et parmi celles d'Angleterre, est la variété d'un jaune soufre du Somersetshire.

Nota.—Le zinc sulfaté a été placé parmi les sels.

BISMUTH.

BISMUTH MÉTALLIQUE NATIF.

44 *Morceaux.*

Parmi les morceaux qui, dans cette collection, appartiennent à cette substance, il en existe deux assez grands, dans lesquels le bismuth est en rhomboïdes aigus complets de 60° et 120°, dérivant de l'octaèdre régulier, son cristal primitif. Dans ces deux morceaux, le bismuth étoit primitivement renfermé dans la substance même d'une masse de chaux carbonatée, dont ils ont été débarassés et mis à découvert, par la dissolution d'une partie de leur gangue. Je les dois à l'amitié du Dr. Wollaston.

Il existe, dans cette suite, une série assez considérable de morceaux, dans lesquels le bismuth est renfermé dans une gangue de jaspe d'un rouge brun, et qui viennent, soit de Joachimsthal, en Bohème, soit de Cornwall.

Il existe, en outre, dans cette collection, deux morceaux de bismuth cristallisé artificiellement, et présentant cette agrégation agréable de cubes et de petits parallélipipèdes, arrangées entr'eux de manière à imiter ces dessins connus autrefois sous le nom de grec. On y observe aussi un assez grand nombre de petits cubes isolés : cette variété de forme est la seule produite par la cristallisation artificielle. Elle pourroit conduire à faire penser que le cube seroit la forme primitive du bismuth métallique ; mais en examinant, avec la loupe, le plus grand des deux morceaux, on observe sur ses bords, dans plusieurs endroits, que la direction des lames est placée, suivant un sens perpendiculaire aux axes qui passeroient par chacun des angles solides de ces cubes, et conséquemment suivant la direction des faces de l'octaèdre régulier.

BISMUTH SULFURÉ.

7 *Morceaux*.

Deux des morceaux qui composent la suite de cette substance, dans cette collection, sont très-rares et très-intéressants, en ce qu'ils déterminent, d'une manière non douteuse, la forme cristalline primitive de cette substance : ils sont accompagnés de plusieurs petits fragments semblables. Ces morceaux sont en entier composés d'un assemblage irrégulier de petites lames très-minces de bismuth sulfuré, groupées d'une manière très-confuse avec des prismes très-allongés, fort petits, mais trés-multipliés, de la même substance, et auxquels ces groupes doivent leur consistance, car les cristaux en petites lames minces sont extrêmement fragiles. La surface de ces lames est très-lisse et trés-brillante. Leur forme est le rhombe de 60° et 120°, parfaitement régulier. Elles se divisent très-facilement, et avec beaucoup d'exactitude, parallélement à chacun de leurs côtés, et sont en outre divisibles parallélement à leurs diagonales. Les petits prismes, qui ne peuvent être parfaitement reconnus qu'avec le secours de la loupe, sont, soit tétraèdres rhomboïdaux à bases rhombes de 60° et 120°, soit des prismes hexaèdres, dus au remplacement des bords de 60°, par un plan parallèle à l'axe. J'ai observé plusieurs de ces prismes, ayant des faces additionnelles le long des bords de leurs faces terminales ; mais la petitesse des cristaux s'est toujours opposée à ce qu'il me fut possible de pouvoir me servir d'elles, pour déterminer les dimensions du cristal primitif qui, d'après ce qui vient d'être dit, me paroît, sans aucun doute, être un prisme tétraèdre rhomboïdal droit de 60° et 120°, divisible parallélement à leurs diagonales.

Il existe, en outre, dans cette collection, de petits morceaux de quartz, sur lesquels sont placées des lames très-grandes, et de même très-minces, de bismuth sulfuré, qui se montrent sous l'aspect que présente la fig. 242 : la grande diagonale y est parfaitement indiquée : elles paroissent appartenir à une macle de deux moitiés des lames rhomboïdales précédentes, prises suivant leur grand diamêtre.

Le bismuth sulfuré, par son rapport, dans un très-grand nombre de ses caractères extérieurs, avec le bismuth métallique, présentant souvent quelque difficulté à en être distingué, je crois devoir donner ici le moyen qui me paroît le plus sûr pour discerner ces deux substances l'une de l'autre. Le bismuth métallique, ainsi que celui sulfuré, sont tous deux rayés facilement avec la pointe d'un couteau, et, dans tous deux aussi, la raie faite avec cet instrument, conserve l'éclat métallique ; mais on aperçoit plus de dureté dans le bismuth sulfuré, la sensation que la main éprouve, en passant la pointe du couteau, est sêche, tandis que celle donnée par le bismuth métallique est douce comme si l'on enfonçoit la pointe du couteau dans un corps graisseux. En outre le couteau, en rayant le bismuth sulfuré, en détache une poudre noire, qui ne se montre pas sur celui métallique.

TRIPLE SULFURE DE BISMUTH, PLOMB ET CUIVRE.
(*Nadel-erz.*)

13 *Morceaux.*

Quoique cette substance soit habituellement en cristaux de forme prismatique allongé ; ces cristaux sont si fortement engagés dans le quartz, qui leur sert de gangue, et surtout si fortement cannelés à leur surface, que je n'ai pas été jusqu'ici plus heureux à leur égard, que les auteurs qui ont parlé de ce triple sulfure. M. Karsten dit que la forme de ces aiguilles est un prisme hexaèdre, s'il m'étoit possible de m'en rapporter à mes propres observations sur cette substance, mais que j'avoue cependant être très-imparfaites, malgré le grand nombre de morceaux que j'en aie pu observer, elles me conduiroient à considérer ces aiguilles comme appartenant à un prisme tétraèdre rhomboïdal peu obtus ; ce qui d'ailleurs pourroit facilement s'accorder avec la description qu'en a donnée M. Karsten, qui ne dit pas que le prisme hexaèdre qu'il a observé fut régulier ; ce prisme pouvant provenir du remplacement de deux des bords opposés de celui tétraèdre rhomboïdal.

Parmi les morceaux qui, dans cette collection, appartiennent à cette substance, il en existe trois, dans lesquels la cassure longitudinale des aiguilles a mis à découvert ces parties d'or, quelquefois assez considérables que ce triple sulfure renferme si fréquemment dans l'intérieur de sa substance, et dont il y a plusieurs autres exemples dans la partie de cette collection qui appartient à l'or. Un de ces trois morceaux est fort petit ; mais il est rendu intéressant en ce que l'or, qui y est joint au nadel-erz, y est en parties assez considérables, qui ont une tendance très-marquée à la cristallisation régulière.

Dans plusieurs des autres morceaux de cette suite, le nadel-erz est en décomposition, et dans quelques-uns, les aiguilles entières sont dans ce cas, sans que, par cette décomposition, leur forme ait été altérée en rien : ces aiguilles sont alors passées, dans leur totalité, à l'état d'oxyde de bismuth d'un jaune paille, qui pendant long-temps a été considéré comme étant un oxyde de chrôme. Ce triple sulfure n'a été parfaitement connu que depuis environ trois ans, par le travail que M. John a fait sur lui.

Parmi ces mêmes morceaux, il en existe un dans lequel on observe, dans l'oxyde de bismuth même, de petites parties d'or qui y sont assez multipliées.

Il est digne de remarque, que l'oxyde de bismuth dû à la décomposition de ce minéral, a une texture très-solide dans toute sa substance, et que, lorsque les parties décomposées sont un peu considérables, on observe très-facilement que leur cassure est lamelleuse : cet oxyde y est donc à l'état cristallin.

Le quartz, qui sert de gangue au nadel-erz de Sibérie, appartient, du moins dans tous les morceaux que j'en ai observé, à la variété dont la cassure est lamelleuse, et dont les lames, qui ont beaucoup d'éclat, rendent souvent ce quartz chatoyant, à raison de leurs différentes directions.

BISMUTH OXYDÉ.

6 Morceaux.

Il existe, dans la suite qui appartient au bismuth oxydé, un fort beau morceau dans lequel cet oxyde est très-abondant, et d'un jaune foncé tirant légèrement sur le vert.

COBALT.

COBALT GRIS. GLANZ KOBOLT, (*Werner.*)

50 *Morceaux, dont* 37 *Cristaux.*

La suite des cristaux de cette substance, placée dans cette collection, renferme toutes les variétés de formes qui ont été décrites; mais aucune nouvelle: ce qui n'existe que dans un très-petit nombre des substances qui composent cette collection.

COBALT ARSENICAL. GRAUER SPEISKOBOLT, (*Werner.*)

106 *Morceaux, dont* 30 *Cristaux.*

La partie qui, dans cette collection, appartient à cette substance, est très considérable et très-riche. Celle qui concerne la série des formes cristallines est très-intéressante, quoiqu'ainsi que dans l'espèce précédente, elle se borne à renfermer toutes les variétés qui ont été décrites, sans en posséder aucune nouvelle. Je citerai, dans cette série, de petits morceaux de chaux carbonatée pénétrés, dans l'intérieur de leur substance, d'argent natif en rameaux, et de petits cristaux très-brillants de cobalt arsenical en cubes à angles solides remplacés. Je citerai, en outre, un groûpe de cristaux de même forme, entremêlés de cubes de chaux fluatée violette, et de petits cristaux appartenant à une variété fort rare, et non décrite, de baryte sulfatée : ainsi qu'un autre groupe de cristaux en petits octaèdres tres-parfaits, entremêlés de cristaux de quartz, et de petites aiguilles très-fines d'antimoine sulfuré.

La série qui, dans cette substance, appartient à la variété connue sous le nom de cobalt tricoté, est très-considérable, et elle est en même temps accompagnée de beaucoup d'intérêt, par la variété, ainsi que par le choix des morceaux : j'en citerai un fort rare, dans lequel toutes les mailles, formées par l'espèce de réseau dessiné par cette variété, étant totalement vides, laissent parfaitement apercevoir la texture particulière de cette substance dans cette variété, et est très-propre à en faire l'étude. Dans d'autres variétés, le cobalt tricoté est entremêlé de chaux fluatée cristallisée, de cristaux d'argent rouge, de chaux carbonatée martiale, &c. &c. Je citerai particulièrement un morceau dans lequel le cobalt tricoté en décomposition, est entremêlé, et en grande partie recouvert, par de l'arsenic oxydé pulvérulent ; ainsi qu'un autre dans lequel le centre de chacune des parties solides de cobalt qui forment le réseau, est occupée par du bismuth métallique.

Je citerai encore, dans la suite de cette substance, deux morceaux appartenant à une variété très-rare, dans laquelle le cobalt arsenical est en aiguilles rectangulaires allongées, renfermées dans du quartz, et produites, soit par une agrégation de cubes complets, soit par une agrégation de cubes à angles solides remplacés ; dans ce dernier cas, ces aiguilles ont un aspect, soit articulé, soit crénelé. Et enfin, une série de trois fort beaux morceaux de cobalt arsenical testacé, ou formé de couches concentriques ; la plupart de ces couches étant séparées par d'autres couches de cobalt arséniaté rouge.

Il est joint à cette substance, quatre fort beaux morceaux de verre coloré en bleu par le cobalt, à l'un desquel adhère une masse assez considérable de ce métal à l'état de régule, que la loupe fait apercevoir être cristallisé en cubes parfaitement régulier à la surface du régule.

COBALT ARSÉNIATÉ. FLEURS ROUGES DE COBALT.

17 *Morceaux.*

Aux 17 morceaux qui composent la suite de cette substance, sont réunis plusieurs fragments et de très-petits cristaux isolés ; mais dont cependant, avec le seconrs de la loupe, la forme est facile à apercevoir.

Rien n'ayant encore été donné sur ce qui concerne les formes cristallines de cette substance, je vais placer ici le résultat des observations que j'ai faites à leur égard.

Son cristal primitif est un prisme tétraèdre rectangulaire, dont la base, qui est un rectangle, est inclinée sur deux de ses côtés opposés de manière à faire avec eux des angles de 60° et 120°, fig. 246 pl. 13. Les bords longitudinaux du prisme, étant 3, ceux des faces terminales sont 1,5 et 1,3 : les bords les plus longs des faces terminales sont donc la moitié exacte des bords longitudinaux du prisme. Ce cristal primitif est la forme sous laquelle cette substance se présente le plus habituellement ; mais presque toujours ses cristaux sont applatis dans un sens parallèle aux côtés du prisme sur lesquels les faces terminales ne sont pas inclinées, ainsi que le représente la fig. 247, et pour le plus souvent même ces cristaux ont très-peu d'épaisseur : ils laissent quelquefois apercevoir, à travers leurs côtés larges, des joints naturels parallèles aux faces terminales. Le clivage peut, en effet, être fait suivant une direction parallèle à ces mêmes faces ; mais il est cependant toujours difficile, à raison de la flexibilité des cristaux ; flexibilité qui, lorsqu'ils sont très-minces, est presqu'égale à celle des lames de talc.

Ce prisme est divisible suivant la direction de son axe et de l'une des diagonales de ces faces terminales.

Quoique le cristal primitif du cobalt arséniaté m'ait laissé apercevoir, dans la suite de ses cristaux, un grand nombre de modifications, je n'ai pu parvenir à en déterminer que trois.

La première de ces modifications, remplace les bords des faces terminales, formés par la rencontre de ces faces avec les plans du prisme sous l'angle de 60°, par un plan qui fait avec ces mêmes faces terminales un angle de 90°. Elle est produite par un reculement, le long de ces mêmes bords, par une simple rangée, fig. 248.

La seconde, remplace les mêmes bords des faces terminales par un plan qui fait avec ces faces un angle de 150°, et est en même temps perpendiculaire à l'axe du cristal, fig. 249. Cette modification est produite par un reculement, par 4 rangés, le long de ces bords.

La troisième modification, remplace les bords longitudinaux du prisme par un plan également incliné sur ceux adjacents, avec lesquels il fait, par conséquent, un angle de 135°. Cette modification est produite par un reculement par une simple rangée, fig. 250, 251, et 252.

Les variétés représentées dans la planche 13, sont les seules de cette substance dont j'aie pu parfaitement déterminer la forme. Celle représentée sous la fig. 253, est une espèce de macle, produite par la réunion, en sens contraire, de deux prismes primitifs applatis, analogues à celui représenté sous la fig. 246.

Dans la suite des morceaux qui appartiennent à cette substance, il en existe principalement deux, très-rares par leur beauté et par la grandeur des cristaux qu'ils renferment, cristaux qui, pour l'ordinaire, sont extrêmement petits dans cette espèce du cobalt. Dans un de ces morceaux, qui est presqu'en entier composé de cristaux serrés étroitement les uns contre les autres, et est en forme de géode entourrée d'argile martiale, on peut observer, dans les cassures de la masse, que ces cristaux, qui sont d'un rouge violet ou fleur de pêcher foncé, dans celle de leur partie qui est à découvert, sont d'un gris de cendre foncé dans celle dans laquelle ils adhèrent entr'eux de manière à ne plus faire qu'une masse solide ; ce qui paroît être contre l'opinion des personnes qui pensent que cette couleur grise est le produit d'une altération, occasionnée par une longue exposition de cette substance à l'air libre. Il existe, dans cette même suite, un morceau dans lequel le cobalt arséniaté, qui y est en fibres divergentes ou étoilées, est complettement de cette couleur grise, tirant un peu sur le brun.

Quelques auteurs, citent des cristaux de cobalt arsenical en dodécaèdres pyramidaux, dus à la réunion, base à base, de deux pyramides hexaèdres ; je n'ai jamais rien vu, dans cette substance, qui conduisit à cette forme, dont d'ailleurs je ne puis concevoir la possibilité de l'existence : il seroit possible que des cristaux pyramidaux d'argent rouge, recouverts de fleurs rouges de cobalt, aient occasionné une première erreur à cet égard, qui ensuite aura servi de bases aux citations qui en ont été faites.

COBALT OXYDÉ.

17 *Morceaux.*

Il existe, dans cette suite, un fort beau morceau, dans lequel le cobalt oxydé, qui est très-compacte et d'un grain très fin, tire si fortement sur le bleu, qu'il seroit très-facilement pris pour appartenir au fer phosphaté.

COBALT ?

5 *Morceaux.*

Les deux premiers de ces cinq morceaux, qui appartiennent au cobalt ; mais que je ne puis rapporter à aucune des espèces connues de ce métal, offrent une couche d'une ligne et demie à deux lignes d'épaisseur, formée par la réunion intime de petits cristaux prismatiques tranlucides et d'une très-belle couleur rose. Cette couche est placée sur une argile feuilletée, dont la substance paroît être mélangée de beaucoup de parties qui appartiennent à ce même cobalt.

Il m'a été impossible de déterminer la forme des cristaux qui composent cette couche, tout ce que j'ai pu y reconnoître, c'est que ce sont des prismes tétraèdres rhomboïdaux, devenant quelquefois hexaèdres par le remplacement de leurs bords aigus.

Exposée à l'action du chalumeau, cette substance, à l'instant même où la flamme la frappe, se colore en un beau vert d'herbe, elle fond ensuite très-promptement, sans donner ni fumé ni odeur, et en bouillonnant; elle finit par donner une scorie poreuse d'un bleu violet, qui laisse quelquefois apercevoir de petites parties fibreuse cristallines.

La dureté de cette substance est à-peu-près analogue à celle de la chaux carbonatée.

Deux autres morceaux de cette suite renferment, placé sur du cobalt arsenical, un mélange de fibres rouges et d'un gris blanchâtre de cobalt arseniaté, et d'une substance mamelonnée et en couche superficielle, à surface lisse et luisante, transparente et d'un brun jaunâtre de résine. Elle a en effet totalement l'aspect d'une substance résineuse qui auroit coulée, ou mieux encore du sucre amené à l'état de caramel, dont cette substance a complettement, soit l'aspect, soit la couleur.

Exposée à l'action du chalumeau, cette substance noircit à l'instant. Elle fond ensuite, mais avec plus de difficulté que celle précédente, et en exhalant de la fumée dont l'odeur est sulfurique. Elle finit par donner une scorie poreuse noire. Fondue avec le verre de borax elle le colore en bleu.

Le cinquième de ces morceaux est très-particulier, c'est une espèce de poudingue, formé par une aglutination de petits fragments, réunis par un ciment qui appartient à la même substance cobaltique qui vient d'être décrite; ce ciment est transparent, d'un jaune de miel un peu brun, et a l'aspect d'une résine qui sembleroit, encore plus dans ce morceau que dans le précédent, avoir coulée et avoir réuni ces fragments lorsqu'elle étoit à l'état de liquidité. Dans quelques parties de ce morceau, cette substance n'a fait que réunir en effet les fragments entre lesquels elle est interposée, dans d'autre elle a recouvert en totalité la surface de ces fragments; dans quelques parties aussi, elle a une couleur brune beaucoup plus foncée. Ces fragments qui, pour quelques-uns, sont de véritables cristaux très-parfaits, appartiennent à une substance qui, ainsi que celle cobaltique, mérite de fixer l'attention sur elle et d'être déterminée. Elle est, soit d'un blanc mat, soit d'une couleur grisâtre, en prisme tétraèdres rectangulaires pour l'ordinaire applatis, dont les bases sont inclinées sur les côtés étroits. Leur dureté est moins considérable que celle de la chaux carbonatée. Ils décrépitent si fortement par l'action de la chaleur, que lorsqu'on veut essayer, sous le chalumeau, la substance cobaltique, pour peu que quelques fragments de celle dont nous nous occupons, dans ce moment, soient mélangés avec elle, leur décripitation fait tout disparoître au premier coup de feu. Quelques parties de cobalt arseniaté rouge et gris sont aussi mélangées dans ce morceau.

Ni cette substance, servant ainsi de ciment dans ce morceau, ni celle des autres morceaux que je viens de citer, n'est dissoluble dans l'eau, ce qui empêche de pouvoir la considérer comme appartenant au cobalt sulfaté: l'aspect extérieur, et surtout la couleur des deux premiers morceaux, ayant d'ailleurs beaucoup de rapport avec ce qu'offre à cet égard le cobalt sulfaté d'Herrengrund.

NICKEL.

NICKEL MÉTALLIQUE NATIF.

3 *Morceaux.*

Ces trois morceaux appartiennent au nickel métallique capillaire, dont la connoissance est due à M. Klaproth; cette substance avant l'analyse faite par ce célèbre chimiste, étoit considérée comme une pyrite martiale capillaire. Les petites fibres, étant vues avec une forte loupe, paroissent être des parallélipipèdes rectangulaires très-allongés,

Un des morceaux de cette suite, est accompagné de ces petits cristaux de chaux carbonatée d'un vert jaunâtre, et à dissolution lente, que j'ai cités dans mon traité complet de la chaux carbonaté, vol. 1, p. 270.

NICKEL ARSENICAL.

35 *Morceaux, dont* 12 *Cristaux isolés.*

Les 12 cristaux isolés qui sont placés dans cette suite, appartiennent à un nickel arsenical absolument de la même nature que celui artificiel, dans lequel ce métal est privé du fer que celui naturel contient toujours. Ces cristaux sont artificiels aussi mais comme le fer est, assez généralement, reconnu aujourd'hui être étranger à la combinaison qui produit le nickel arsenical, ils doivent être considérés comme appartenant et déterminant la forme cristalline de cette substance.

La première fois que je rencontrai, chez un marchand de minéraux, de petits groupes de cristaux de cette substance, comme ils ne présentoient rien qui pût leur faire soupçonner une origine artificielle, je les cru parfaitement naturels.

Le marchand ne mettant pas une valeur très-considérable à ces morceaux, qu'il ne connoissoit pas, je pris tout ce qu'il avoit, qui étoit en assez petite quantité, et en donnai une partie à M. Greville, dans la collection duquel, ils doivent encore exister. Quelques années après, j'ai trouvé de nouveaux deux autres morceaux de ce même nickel, dont l'un, assez considérable, a une texture granuleuse et renferme en outre quelques cristaux tabulaires; l'autre dont la texture est plus compacte, et contient aussi quelques cristaux, a, adhérant à lui, et pénétrant même dans sa substance, une masse assez considérable d'un verre bleu de cobalt; mais il ne contient d'ailleurs rien autre dans toute sa substance qui, sans l'existence de ce verre, qui trahit d'une manière non douteuse son origine, puisse de même que les autres morceaux la faire soupçonner d'être le produit d'une fusion artificielle. Ce ne fut que de ce moment que je connus la véritable origine de ces morceaux, sur lesquels le marchand n'avoit pu me donner aucun renseignement.

Nulle forme n'ayant encore été décrite dans cette substance, je vais donner ici ce qu'il m'a été possible d'observer à l'égard de celles qui existent sur ces morceaux.

Toutes les variétés que j'ai observées, dans cette substance, paroissent dériver d'un octaèdre rectangulaire, dont les faces se rencontrent, au sommet, sous un angle de 40°, et à la base, sous un de 140°, fig. 254, pl. 13; mais que cependant je n'ai jamais vu complet, ainsi que cette figure le représente. Les formes secondaires, offertes par ce cristal, sont dues, soit au remplacement de l'angle solide du sommet par un seul plan, soit au remplacement de ce même angle par 4 plans placés en opposition des faces de l'octaèdre, avec lesquelles ils font un angle d'environ 170°.

En considérant, ainsi que je viens de le faire, le cristal primitif de ces cristaux comme étant un octaèdre, aucune substance minérale ne présenteroit autant d'irrégularité, dans la manière dont les deux seules modifications que ce cristal présente, se combinent entr'elles et les faces primitives. La cristallisation de cette substance seroit peut-être plus simple et plus naturelle, si l'on considéroit son cristal primitif comme un prisme tétraèdre rhomboïdal droit de 140° et 40°, supposition d'après laquelle est placé le cristal, fig. 257; et dans ce cas, les plans p' et 2' de l'octaèdre, seroient produits en remplacement des angles aigus des faces terminales du prisme tétraèdre. Je penche beaucoup pour cette dernière manière de considérer le cristal primitif de cette substance; mais ses cristaux ne montrant absolument rien, soit dans leur cassure, soit de tout autre manière, qui puisse décider cette question, je la laisse moi-même indécise.

Il est joint à cette suite du nickel métallique, trois boutons, tous trois amenés à l'état de nickel arsenical pure par la privation du fer qui habituellement existe dans le minerai, tel qu'il nous est offert par la nature ; ils ont été obtenus par M. Chenevix. Un d'eux n'a aucune action quelconque sur le barreau aimanté, les deux autres commencent à agir sur lui seulement à la distance d'environ 4 lignes. Ils ont tous une tendance assez forte à la cristallisation : un des deux derniers même laisse apercevoir de véritables cristaux analogues à quelques-uns de ceux qui sont représentés dans la 13me planche. Il y est joint, en outre, un 4me bouton privé de fer et d'arsenic, et par conséquent parfaitement amené à l'état métallique : il a été obtenu par le Dr. Wollaston. Il agit fortement sur le barreau aimanté, et commence à exercer son action sur lui à la distance de plus d'un pouce, propriété qui lui est probablement enlevée par sa combinaison avec l'arsenic.

NICKEL OXYDÉ.

7 Morceaux.

Dans trois des morceaux de cette suite, le nickel oxydé, soit pulvérulent, soit formant de petits mamelons, a une très-belle couleur d'un vert de pré et y est accompagné des variétés d'un vert jaunâtre et blanchâtre. Un de ces morceaux principalement, est d'une très-grande rareté, et même jusqu'à ce moment il est unique, en ce qu'il contient des indices très-marqués de cristallisation, par lesquels on peut entrevoir que celle de cette substance doit être un prisme hexaèdre régulier. On en observe, sur ce morceau, trois petits cristaux qui sont dépressés à leurs extrémités, et montrent une tendance à la forme pyramidale, ainsi que l'on sait que cela existe à l'égard de quelques variétés du plomb phosphaté. Il existe aussi, dans cette suite, un très-beau morceau de la variété de cette substance de Kosemutz, à laquelle on a donné le nom de *Pimelite*.

ARSENIC.

ARSENIC MÉTALLIQUE NATIF.

24 *Morceaux*.

Il existe dans la suite qui, dans cette collection, appartient à cette substance, plusieurs petits morceaux de la variété à l'état Bacillaire, qui n'est autre chose qu'une agrégation confuse de cristaux en aiguilles allongées qui se pénètrent l'une l'autre, et dont les formes ne peuvent être discernées. Cependant, dans un de ces morceaux, les cannelures sont très-distinctes et laissent apercevoir des joints naturels parallélement aux côtés d'un prisme tétraèdre rectangulaire, et d'autres, très-distincts aussi, parallélement à des faces terminales inclinées sur deux des côtés opposés de ce prisme, de manière à faire avec eux des angles qui m'ont parus être d'environ 60° et 120°. On observe, en outre, sur ce même petit morceau, des cassures accidentelles, faites suivant ces deux directions.

ARSENIC SULFURÉ JAUNE. ORPIMENT.

8 *Morceaux.*

ARSENIC SULFURÉ ROUGE. RÉALGARE.

45 *Morceaux, dont 20 Cristaux isolés.*

Au nombre des cristaux isolés de réalgare, que renferme la suite de cette substance qui appartient à cette collection, sont deux prismes tétraèdres rhomboïdaux primitifs complets. Les autres cristaux isolés, ainsi que les groupes, offrent plusieurs variétés non décrites : un des morceaux est accompagné de parties de tellurium gris de Naggiag.

ARSENIC OXYDÉ.

Un seul morceau à l'état cristallin octaèdre sur un groupe de quartz.

MANGANÈSE.

MANGANÈSE OXYDÉ.

187 *Morceaux, dont 48 Cristaux isolés.*

Il est je crois difficile de rassembler une suite plus complette que celle qui, dans cette collection, appartient au manganèse oxydé. Le nombre des formes cristallines non décrites qu'elle renferme, est très-considérable, elles appartiennent à 13 modifications différentes du prisme tétraèdre rhomboïdal droit primitif.

Il existe en outre, dans cette collection, une série

très-intéressante dans les variétés fibreuses ou aciculaires, parmi lesquelles je citerai deux petits morceaux, dans lesquels le manganèse est capillaire comme l'antimoine de cette forme, auquel il ressemble considérablement. Il y existe aussi, une autre série de morceaux appartenant à la variété hématiforme ; elle renferme plusieurs sous-variétés peu communes. Je citerai encore, dans cette suite, une série très-nombreuse de morceaux appartenant au manganèse pulvérulent, et notamment à cette belle variété connue en Angleterre sous le nom de *Black-wad*.

Une série nombreuse et tres-intéressante, qui existe, en outre, dans cette collection, est offerte par des morceaux de manganèse métalloïde fibreuse ou aciculaire, entremêlée d'un grand nombre d'octaèdres réguliers qui appartiennent au fer oxydulé ; mais qui contiennent une dose très-considérable de manganèse, qui leur enlève une grande partie de leur propriété attractive sur le barreau aimanté ; l'action qu'ils exercent sur lui étant très-foible. Ces octaèdres montrent une propriété que je n'ai encore apperçu jusqu'ici sur aucun autre des octaèdres qui appartiennent au fer oxydulé, chacun de leurs angles solides est remplacée par quatre plans, placés sur les faces de l'octaèdre, avec lesquelles ils font un angle d'environ 150°, 30′, ainsi que le représente la fig. 263, pl. 14. Le fer seroit-il combiné avec le manganèse dans ces cristaux ? Nous avons déjà vu, qu'il enlevoit au fer oxydulé une grande partie de sa force attractive sur le barreau aimanté. S'il n'y est que mélangé, ainsi que je le crois, ce fait n'indiqueroit-il pas qu'il peut y avoir des cas, dans lesquels de simples mélanges de substances étrangères dans l'intérieur des cristaux, peuvent avoir, sur leur forme, une action qui la modifie ? Cette cause quellequ'elle soit, doit être étrangère à la molécule intégrante qui est invariable. J'aj déjà hazardé une opinion à ce sujet, dans mon traité complet de la chaux carbonatée, vol. 2, p. 220, en attribuant la variation dans les formes des cristaux, à l'interposition habituelle, et variable aussi, du calorique entre leurs molécules intégrantes : cette cause d'une action plus générale, habituelle, et variable, n'en excluroit pas d'autres qui accidentellement et par circonstance pourroient agir de la même manière.

Ces octaèdres de fer oxydulé, ainsi mélangés intimement de manganèse, me paroissent appartenir au *schwartz braunstein-erz* de la minéralogie de M. Brochant, espèce que ce savant dit donner d'après M. Emerling ; ils paroitroient n'en différer en effet, qu'en ce que, d'après la description de M. Brochant, la forme du schwarz-braunstein-erz appartient non à l'octaèdre régulier, mais à un octaèdre un peu aigu ; ce qui pourroit très-bien provenir d'une illusion qui viendroit de ce que ces octaèdres, qui se placent souvent l'un sur l'autre en se pénétrant, ont en effet très-fréquemment alors un aspect plus aigu que celui régulier.

Cette variété pourroit être désignée sous le nom de fer oxydulé manganésien. Les morceaux qui lui appartiennent, dans cette collection, ont la baryte sulfatée pour gangue, et il m'ont été donnés comme venant d'Ilmenau en Thuringe : le schwarz-braunstein-erz cité par M. Brochant, est dit par lui venir d'Ehrenstock dans la même province. La variété en octaèdre à angles solides remplacés par une petite pyramide tétraèdre, est cependant peu commune dans cette substance, sur 12 morceaux qui composent cette série, un seul petit morceau seulement est dans ce cas. Il en existe un cristal isolé de la même forme dans la collection de M. Greville auquel je l'ai donné; mais le plus beau morceau que j'en ai vu est dans la collection de Sir Abraham Humes. Ce morceau, qui est très-grand, renferme plusieurs octaèdres avec ces plans de remplacement.

MANGANÈSE LITHOÏDE.

21 *Morceaux.*

J'emprunte la dénomination de cette manganèse, de l'excellente minéralogie de M. Brongniart. Elle ne désigne autre chose, que l'aspect pierreux de ce minérai, et convient en cela à une substance dont la véritable nature nous est encore parfaitement inconnue.

La suite de cette manganèse, renfermée dans cette collection, contient des morceaux des diverses variétés qui appartiennent, tant à celle de Sibérie, qu'à celles de Transilvanie et du Piémont; parmi ces variétés en est une fort rare, d'un gris légèrement bleuâtre.

Il y existe, dans cette collection, une suite fort belle de la variété d'un beau rouge un peu violet de Sibérie, ainsi que des morceaux d'une variété absolument semblable de Cornwall, et d'autres d'une couleur plus pâle de Naggiag.

MANGANÈSE SULFURÉ.

4 *Morceaux.*

MANGANÈSE PHOSPHATÉ.

6 Morceaux.

Aux 6 morceaux qui composent cette suite, sont joints plusieurs petits fragments.

ANTIMOINE.

ANTIMOINE NATIF.

6 Morceaux.

Trois de ces six morceaux, qui sont tous d'Allemond, dans les Alpes Dauphinoises, sont en grande partie recouverts par de l'oxyde blanc d'antimoine, en masse lamelleuse : il existe aussi, dans cette suite, un morceau accompagné de petites parties d'antimoine rouge capillaire, ou oxyde sulfuré d'Antimoine.

ANTIMOINE ARSENICAL.

2 Morceaux.

Ces deux morceaux sont accompagnés de galène et de chaux carbonatée lamelleuse : ils sont de même que les précédents d'Allemond.

ANTIMOINE SULFURÉ.

151 *Morceaux, dont* 108 *Cristaux isolés.*

La suite de la partie cristaline de cette substance qui appartient à cette collection, est extrêmement riche, et elle est d'autant plus précieuse, que renfermant un nombre considérable de variétés de formes, produites par plusieurs modifications différentes, elle permet de faire avec facilité l'étude complette de cette partie si intéressante des caractères de cette substance.

M. l'Abbé Haüy, dont les services rendus à la cristallographie feront à jamais époque dans la science, ayant laissé imparfaite, dans sa minéralogie, la partie qui concerne la cristallisation de cette substance, dans laquelle il ne donne que deux cristaux, en disant l'impossibilité dans laquelle il étoit de rien déterminer à l'égard de son cristal primitif, mes regards se sont naturellement tournés vers cet objet. J'ai en conséquence rassemblé, peu-à-peu, tous les matériaux nécessaires à cet effet, et qui composent cette suite dont la richesse est très-considérable. Par elle, je suis parvenu au résultat suivant.

Le cristal primitif de l'antimoine sulfuré est un prisme tétraèdre rectangulaire droit, dont la base est un rectangle. Les bords des faces terminales et la hauteur de ce prisme, sont entr'eux dans le rapport des trois nombres, 24, 16,8, et 21. Ce prisme est divisible parallélement à son axe, et à une des diagonales de ses faces terminales.

Le clivage de cette substance est extrêmement facile, parallélement aux côtés les plus larges de son cristal primitif; mais il n'est pas à beaucoup près aussi facile sur les autres plans de ce cristal; cependant, en choisissant des cristaux très-minces, on peut alors y parvenir, sans même éprouver pour cela de grandes difficultés. Ces mêmes cristaux mettent dans le cas de reconnoître une propriété de cette substance qui n'a point été citée, c'est sa grande flexibilité; on peut, en agissant avec un peu de précaution, contourner, de différentes manières, les aiguilles minces qui lui appartiennent sans les casser.

Il existe, dans la suite cristalline qui appartient à cette substance, un prisme hexaèdre applati, dont la fig. 277 représente la forme sous la grandeur qui lui appartient. Ce cristal a été cassé suivant ses faces terminales, et la cassure, qui a été faite parallélement à ses joints naturels, est très-brillante; elle est en même temps chargée de stries, qui, ainsi que celles qu'on observe de même sur les côtés larges de ce prisme, indiquent parfaitement que la direction des joints naturels est parallèle aux côtés d'un prisme tétraèdre rectangulaire.

Le cristal primitif de l'antimoine sulfuré présente un grand nombre de modifications, parmi lesquelles j'ai pu parvenir à en reconnoître parfaitement neuf. Il en existe plusieurs autres; mais les plans qui leur appartiennent ont toujours été si irréguliers, ou si petits, sur tous les cristaux que j'ai observés, que leur détermination m'a été impossible: on trouvera, dans la série qui concerne ces cristaux, quelques-uns d'eux dont les extrémités pyramidales sont surchargées d'un nombre très-considérable de facettes parfaitement prononcées, mais très-petites. La première de ces modifications, remplace les bords du prisme par un plan qui fait avec ceux de ses côtés les plus larges, un angle de 145° 1': elle est le résultat d'un reculement, fait le long de ces mêmes bords, et sur les mêmes côtés larges du prisme, par une simple rangée. Ces nouveaux plans se réunissent pour l'ordinaire entr'eux, au-dessus des côtés les plus étroits du prisme, et l'angle qu'ils forment par leur rencontre, est de 69° 58'.

La seconde modification, remplace encore les mêmes bords du prisme par un plan qui fait avec ceux de ses côtés les plus larges, un angle de 133° 30'. Cette modification est le produit d'un reculement par deux rangées en largeur, sur 3 lames de hauteur, le long des bords du prisme, sur ses côtés les plus larges. Lorsque ces nouveaux plans se réunissent entr'eux au-dessus des côtés les plus étroits du prisme, ils se rencontrent sous un angle de 92° 48′.

La troisième modification, remplace les mêmes bords, par un plan qui fait avec les côtés les plus larges un angle de 125° 32′: elle est le résultat d'un reculement, le long de ces bords, et sur les mêmes côtés larges du prisme, par une rangée en largeur sur deux lames de hauteur. Les nouveaux plans se rencontrent très-fréquemment entr'eux, sur les côtés étroits du prisme, en faisant un angle de 108° 56′.

Les plans de ces trois modifications se rencontrent très-fréquemment sur le même cristal, j'en ai aperçu en outre plusieurs autres, placés de même le long des bords du prisme; mais qu'il ne m'a pas été possible de déterminer. C'est ce grand nombre de modifications, auxquelles les bords du prisme de cette substance sont sujets, qui rend les cristaux d'antimoine sulfuré si chargés de cannelures, et leurs plans si difficiles à discerner et à parfaitement déterminer.

La quatrième modification, remplace les angles solides du cristal primitif, par un plan qui fait avec les faces terminales un angle de 124° 54′, et est le produit d'un reculement sur ces faces et aux mêmes angles, par une simple rangée. Les nouveaux plans se rencontrent entr'eux, au-dessus des faces terminales, sous un angle de 69° 48′.

La cinquième modification, remplace les mêmes angles par un plan qui fait avec les faces terminales un angle de 154° 28′: elle est le résultat d'un reculement à ces mêmes angles par trois rangées. Les nouveaux plans se rencontrent entr'eux, au-dessus des faces terminales, sous un angle de 128° 56′.

La sixième modification, remplace encore les mêmes angles par un plan qui fait avec les faces terminales un angle de 157° 44′, et est le résultat d'un reculement par quatre rangées. Les nouveaux plans se rencontrent, entr'eux, au-dessus des faces terminales, sous un angle de 135° 28′.

La septième modification, remplace encore les mêmes angles solides du cristal primitif par un plan qui fait avec les faces terminales un angle de 114° 56′, et est le résultat d'un reculement par deux rangées en largeur, sur trois lames de hauteurs. Les nouveaux plans se rencontrent entr'eux, au-dessus des faces terminales, sous un angle de 49° 52′.

Les pyramides tétraèdres, dues à ces dernières modifications, se montrent très-fréquemment complettes. Telles, par exemple, que celles des quatrième et septième modifications, dans l'antimoine sulfuré de Lubillac, en Auvergne, et celles des cinquième et sixième, dans l'antimoine sulfuré de Hongrie. La pyramide de la quatrième modification, dont l'angle du sommet est de 69° 48′, et conséquemment fort près de celui du sommet de l'octaèdre régulier, a fait quelquefois présumer que cet octaèdre pouvoit être le cristal primitif de cette substance ; mais c'est une erreur très-facile à vérifier.

La huitième modification, a lieu aux angles des côtés les plus larges du prisme, elle remplace ces angles par un plan qui fait avec ces mêmes côtés un angle de 165° 25′. Cette modification est produite par un reculement à cet angle, et sur les côtés les plus larges du prisme, par quatre rangées.

La neuvième modification enfin, a lieu aux angles

des côtés étroits du prisme, elle remplace ces angles par un plan qui fait avec ces mêmes côtés étroits un angle de 152° 13′, et est le résultat d'un reculement à ces angles, et sur les mêmes côtés, par quatre rangées.

Je n'ai représenté, dans les figures que je joins ici, dans la planche 15, que celles des variétés cristallines de cette substance, existantes dans cette collection, qui m'ont parues nécessaires pour faire bien connoître la cristallisation de ce minerai, et mettre à même de lire avec facilité les cristaux qu'il peut présenter. Ces variétés existent toutes dans la suite des cristaux qui, dans cette collection, appartiennent à l'antimoine sulfuré. Cette substance en renferme plusieurs autres appartenant en outre à celles que j'ai dit n'avoir pu déterminer. Il y a, dans la série des formes qui lui appartiennent, des cristaux dans lesquels les faces, soit prismatiques, soit pyramidales, sont en un nombre très-considérable. Ayant placé sur chacune des faces des variétés représentées dans les planches 14 et 15, le numéro des modifications auxquelles elles appartiennent, ces variétés n'ont besoin d'aucune autre explication.

Parmi les morceaux qui appartiennent à la suite de cette substance, il en existe un de baryte sulfatée, contenant un assez grand cristal primitif de cette dernière substance, et dont les cavités sont garnies de petites aiguilles d'antimoine sulfuré, appartenant aux variétés représentées sous les fig. 281 et 282 : l'intérieur du cristal de baryte sulfatée renferme un groupe des mêmes aiguilles ; ce morceau est de Felsobanya.

ANTIMOINE OXYDÉ SULFURÉ. ANTIMOINE ROUGE.

23 *Morceaux.*

Cette suite renferme une série considérable et très-intéressante de morceaux d'antimoine sulfuré passant, par altération, soit à la variété d'antimoine oxydé d'un jaune paille, dont, suivant M. Brochant, M. Werner a fait une espèce sous le nom d'ocre d'antimoine, soit à l'antimoine oxydé sulfuré. Plusieurs de ces morceaux sont accompagnés de petits cristaux de soufre très-parfaits, et sur deux d'entr'eux, sont quelques aiguilles d'antimoine oxydé sulfuré, placées dans de petites cavités.

Il existe en outre, dans cette suite, deux fort beaux morceaux d'antimoine oxydé sulfuré, en petites aiguilles divergentes ; mais formant une masse assez considérable. On peut facilement y remarquer, surtout en les observant avec la loupe, un des caractères de cette substance, qui n'a été cité par aucun auteur, quoiqu'il soit très-facile à observer, qui est la diaphanéité. En regardant, à l'opposition de la lumière, celles de ces aiguilles qui sont isolées, on aperçoit, dans plusieurs, cette diaphanéité, et par elle on voit que leur couleur est le plus beau rouge de cinabre. Les aiguilles d'antimoine sulfuré, connues sous le nom d'antimoine capillaire, laissent de même apercevoir quelque diaphanéité, lorsqu'elles sont extrêmement fines, et elles paroissent alors incolores ; mais cette diaphanéité est beaucoup moins forte que dans l'antimoine oxydé sulfuré, qui la laisse apercevoir, en conséquence, sous une épaisseur beaucoup plus considérable dans les aiguilles.

Les aiguilles d'antimoine oxydé sulfuré sont très-fragiles, cependant, lorsqu'elles sont très-minces, elles sont douées d'une légère flexibilité; beaucoup inférieure cependant à celle de l'antimoine sulfuré. Ces aiguilles sont en même temps d'une division ou d'un clivage très-facile, je les ai bien souvent divisées en une infinité de petits fibres très-fines, par une simple pression très-légère, et dans ce cas, plusieurs de ces petites fibres se sont courbées, souvent même dans différents sens.

L'examen le plus attentif de cette substance ne m'a laissé apercevoir, dans les petites aiguilles qui lui appartiennent, que la plupart des formes que présentent les prismes des cristaux d'antimoine sulfuré. A l'égard des pyramides, je n'ai pu en apercevoir aucune de bien déterminées : dans le clivage fait par la pression, dont j'ai parlé précédemment, on observe quelquefois de petits prismes rectangulaires très-distincts, et fréquemment de petites lames très-minces, rectangulaires aussi.

Je regarde cette substance comme provenant par simple altération, de l'antimoine sulfuré, et sans changer de forme. M. l'Abbé Haüy paroît être disposé à embrasser, à son égard, la même opinion, qui me paroît avoir toutes les probabilités pour elle. J'ajouterai à celle donnée par la forme, que je soupçonne que par l'altération par laquelle l'antimoine sulfuré passe à celui oxydé sulfuré, un seul cristal du premier, peut donner naissance à un véritable faisceau d'aiguilles capillaire du dernier, en se divisant naturellement, par suite même de l'altération qu'il éprouve. J'ai souvent observé la tendance à cette division, et même la division elle-même, dans les morceaux d'antimoine sulfuré qui montrent le passage à celui oxydé sulfuré. Cette facilité que j'ai dit que les aiguilles de cette dernière substance laissent apercevoir à la division, lorsqu'elles ont un peu d'épaisseur, est un complément d'indication à cet égard: la plupart des aiguilles d'antimoine sulfuré ne sont en effet bien sensiblement elles-mêmes, lorsqu'elles ont quelqu'épaisseur, qu'une agrégation d'un nombre, souvent très-considérable, d'autres cristaux.

ANTIMOINE OXYDÉ.

13 *Morçeaux.*

A la tête de la suite qui, dans cette collection, appartient à l'antimoine oxydé, doit être placé un morceau assez grand, et extrêmement rare, dans lequel cette substance est en cristaux très-parfaits, et auquel je dois la possibilité de pouvoir donner ici, sur la cristallisation de ce minerai, quelque chose de plus positif que ce qui a été dit jusqu'ici sur elle, avec le regret, cependant, de ne pouvoir, en donnant la forme de son cristal primitif, déterminer en même temps ses dimensions.

Le cristal primitif de l'antimoine oxydé, est bien certainement un prisme tétraèdre rectangulaire, fig. 289, pl. 15; mais dont le manque de facettes secondaires, m'empêche de pouvoir déterminer les dimensions. Quoique ce prisme se montre quelquefois avec une épaisseur propre à faire présumer que le cube pourroit être sa forme primitive, la forme presque généralement applatie de ces prismes, ainsi que le remplacement de leurs bords, dont je parlerai dans un moment, et que je n'ai jamais observé qu'à l'égard de ceux longitudinaux, tout tend à faire présumer que ce prisme est un rectangle applati, et non un cube. Ce prisme est divisible parallélement à tous ses plans; mais la division est plus facile sur les faces terminales que sur les autres. Cette division est parfaitement indiquée par les traces sensibles des joints naturels que les cristaux de cette substance laissent observer.

La fig. 284 représente ce même cristal primitif, ayant ses bords longitudinaux remplacés par un plan, qui fait avec les côtés du prisme qui sont les plus larges, un angle d'environ 145°, et qui, en se réunissant avec celui de remplacement du bord voisin, au-dessus des côtés les plus étroits, change souvent le prisme tétraèdre rectangulaire primitif, en un prisme hexaèdre applati, ayant quatre angles d'environ 145°, et deux d'environ 35°.

Les cristaux du morceau que je viens de citer, qui montrent, soit cette forme, soit simplement le prisme tétraèdre rectangulaire, sont d'un lustre éclatant et parfaitement transparents, ils ont pour gangue une galène en cubes à angles solides remplacées, que son aspect met dans le cas de présumer devoir être antimoniale : elle est entremêlée de quelques petits cristaux de blende rougeâtre.

Il existe, en outre, dans cette suite, un fort beau morceau dans lequel l'antimoine oxydé est en aiguilles rassemblées en faisceaux divergents. Ces aiguilles ont assez d'épaisseur pour être parfaitement discernées avec une forte loupe, par le moyen de laquelle on reconnoît que leur forme est, soit le prisme tétraèdre rectangulaire très-allongé, fig. 286, soit ce même prisme, avec ses bords remplacées, fig. 287, soit enfin ce même prisme encore, n'ayant de plans de remplacement qu'à l'égard de deux de ses bords opposés et devenu, par l'accroissement suffisant de ces mêmes plans, un prisme tétraèdre rhomboïdal d'environ 145° et 35°. Les faisceaux divergents de cet antimoine oxydé sont entourés, sur ce morceau, de très-petits cristaux d'antimoine sulfuré.

Je citerai encore, dans cette suite, une série très-interessante de morceaux d'antimoine sulfuré en masse, mélangé de pyrites martiales, et dans lequel une partie considérable de la substance de l'antimoine sulfuré, est passée à l'état d'antimoine oxydé compacte de différentes teintes de jaune, couleur qui très-probablement lui est donnée par un mélange d'oxyde de fer, dû à la décomposition de la pyrite martiale. On aperçoit d'ailleurs, dans quelques parties de cet antimoine oxydé, du fer oxydé pur, d'un brun rougeâtre, qui y est interposé. Cette variété de l'antimoine oxydé est très-probablement l'antimoine jaune du Baron de Born, cité par M. Brochant.

Je citerai enfin, dans cette même suite, un petit morceau non moins intéressant que les précédents, et dans lequel on observe de petites aiguilles d'antimoine sulfuré, passées complettement, et sans avoir changées de forme, à l'état d'antimoine oxydé. Quelques-unes de ces aiguilles présentent un fait très-remarquable. Au moment de leur oxydation, la partie oxydée de la surface de l'antimoine sulfuré s'est séparée de cette surface, et elle enveloppe, sans les toucher, du moins dans une grande partie de leur étendue, les aiguilles de cette substance, en offrant un aspect semblable à celui d'un grain d'avoine, entouré de la paille qui formoit son enveloppe avant sa parfaite maturité, et s'en est ensuite écartée : observation qui vient, ce me semble, parfaitement à l'appui de l'opinion que j'ai avancée, à l'égard des cristaux d'antimoine sulfuré passant par altération à l'antimoine oxydé sulfuré.

TRIPLE SULFURE D'ANTIMOINE, PLOMB ET CUIVRE. ENDELLIONE. (*Nobis.*) (*Bournonite Jameson.*)

54 *Morceaux, dont* 36 *Cristaux isolés.*

Au nombre des cristaux qui, dans cette collection, appartiennent à cette substance, et sont dits isolés, sont plusieurs petits groupes de deux ou trois cristaux qui, pour l'étude, remplissent le même objet que les cristaux isolés.

La première mention qui ait été faite de cette substance, a été en 1804, dans un mémoire que j'ai donné, dans les Transactions Philosophiques de la Société Royale de Londres, sans lui donner aucune dénomination, mémoire qui accompagnoit l'analyse qui, en même temps, en étoit donné par M. Hatchett. Ce triple sulfure étoit alors extrêmement rare, le Cornwall, qui avoit fourni les morceaux qui seuls en étoient connus, n'en avoit offert que très-peu, la mine dans laquelle ils avoient été trouvés n'avoit pas tardée à être abandonnée ; le beaucoup plus grand nombre des collections de Londres en étoient dépourvues, et elles sont même encore dans ce cas aujourd'hui. Ne possédant pas alors de cristaux dans lesquels leurs faces, presque toujours très-petites, me permissent de compter sur une parfaite exactitude dans la mesure des angles, je me contentai d'indiquer que son cristal primitif, qui dès-lors me paroissoit ne pouvoir être un cube, étoit un prisme tétraèdre rectangulaire, sans en déterminer les dimensions ; et me conduisant en conséquence, je ne donnai que des mesures approchées des angles d'incidence des différentes faces de ses cristaux, laissant au temps et à l'observation à nous permettre de completter, avec confiance, son étude, par la détermination des dimensions de son cristal primitif; et l'étendue de la suite qui appartient à cette substance, dans cette collection, prouve que je n'ai jamais perdu de vue cet objet. En effet, j'ai pu, depuis, completter cette étude, dans un mémoire inséré dans les Nos. 108, 109, et 110, du journal de Nicholson. Cependant, comme j'avois été forcé à cette époque, par une circonstance particulière et totalement imprévue, de reprendre cette étude avant l'instant qui devoit naturellement m'y conduire, ce mémoire n'a pu renfermer le complément des observations que je cherchois à rassembler sur cette substance. Je vais placer ici le résultat de ce travail, tel que je l'ai donné alors, et j'y réunirai les objets que l'attention soutenue que j'ai portée sur cette substance m'a fait acquérir depuis.

Je me détermine d'autant plus facilement à donner ici l'étude de cette substance, qu'aucuns des derniers auteurs qui ont écrit en minéralogie, n'en ont fait mention dans leurs ouvrages ; ce qui est dans le cas d'étonner, ce minerai existant en Allemagne, dans deux endroits différents: j'ai cependant appris que depuis peu M. Werner l'a introduite dans ses cours, sous le nom d'antimoine noir. Une autre raison encore a achevé de me déterminer. A l'époque où je me suis vu forcé de reprendre, dans le journal de Nicholson, l'étude de cette substance, je ne connoissois pas les variétés qui viennent de Freyberg et de Ratisbonne, que je me suis procurées depuis: elles ajoutent beaucoup à l'intérêt que présente l'endellione, dont les formes, qui sont au nombre de celles les plus élégantes de la cristallographie, offrent, dans chacune des localités dans lesquelles ce triple sulfure se rencontre, des différences si marquées, qu'il faut en avoir fait une étude particulière, pour ne pas être exposé à les considérer comme appartenant à autant d'espèces différentes.

Quoique, d'après l'analyse faite par M. Hatchett, le plomb soit celles des parties constituantes qui domine dans ce triple sulfure, comme c'est plus particulièrement avec l'antimoine sulfuré qu'il se rencontre, et qu'il en est assez habituellement accompagné, je l'ai laissé placé avec l'antimoine, où d'ailleurs, ainsi qu'on l'a vu précédemment, M. Werner semble déjà l'avoir placé.

Le cristal primitif de cette substance, est un prisme tétraèdre rectangulaire à base quarré, fig. 289, pl. 15, dans lequel les bords des faces terminales sont aux bords ou à la hauteur du prisme, dans le rapport de 5 à 3. Les joints naturels sont quelquefois légèrement indiqués; mais cette substance résiste fortement au clivage.

Sa cassure est irrégulière et partiellement conchoïdale ; elle a, ainsi que la surface des cristaux, un lustre très-brillant.

Sa pesanteur spécifique est 57,75.

Elle raye la chaux carbonatée avec facilité ; mais elle ne peut rayer la chaux fluatée : sa fragilité est très-considérable, la seule pression de l'ongle suffit pour la briser : sa couleur a beaucoup de rapport avec celle de l'acier poli ; elle a cependant une teinte un peu plus foncée.

Ce triple sulfure tache légèrement le papier par le

frottement ; et étant pulvérisé, sa poudre conserve une partie de l'éclat métallique.

Placé sur la pelle échauffée, il donne une lueur phosphorescente d'un blanc pâle, légèrement bleuâtre.

Exposé à l'action du chalumeau, il fond au moment même où il est touché par la flamme, et donne un bouton d'un gris foncé, très-fragile, et dont la cassure est unie, et le grain très-fin.

Il se dissout facilement et avec effervescence dans l'acide nitrique, il se fait même alors, dans la dissolution, une espèce d'analyse : le soufre surnage le liquide, qui est de couleur verte, et qui tient en dissolution le cuivre et le plomb, tandis que l'antimoine se précipite au fond de la dissolution, sous la forme d'une poudre d'un gris bleuâtre.

L'analyse de cette substance, faite par M. Hatchett, lui a donné 17 de soufre, 24,23, d'antimoine, 42,62, de plomb, 12,8, de cuivre, et 1,2 de fer, avec une perte de 2, 15.

A l'époque à laquelle je donnai, dans le journal de Nicholson, ma réponse à la critique de M. Smithson, j'avois reconnu, dans ce triple sulfure, onze modifications de son cristal primitif ; depuis, les variétés de Freyberg et de Ratisbonne, que je ne connoissois pas alors, m'en ont fait reconnoître 5 autres : de sorte que le total des modifications déterminables de son cristal primitif, monte à 16. Je dis des modifications déterminables, car j'ai reconnu sur quelques-uns de ses cristaux, plusieurs autres plans appartenant à des modifications qu'il m'a été impossible de déterminer : j'en donnerai un exemple.

Je vais commencer par faire connoître les 11 premières modifications que j'ai décrites autrefois, après quoi je m'occuperai des cinq autres ; ce qui divisera naturellement les formes de cette substance en trois séries différentes (car les 11 premières en contiennent deux), ainsi que la nature semble elle-même l'avoir fait.

La première de ces modifications, remplace les bords du prisme par un plan, qui fait avec ses côtés un angle de 135°, et est le résultat d'un reculement des lames cristallines, le long de ces mêmes bords, par une simple rangée.

La seconde modification, remplace ces mêmes bords, par un plan qui fait avec le côté du prisme sur lequel il incline, un angle de 156° 26', et est le résultat d'un reculement des lames cristallines, le long de ces mêmes bords, par 8 rangées en largeur, sur 3 lames de hauteur.

La troisième modification, remplace encore les mêmes bords du prisme, par un plan qui fait avec celui de ses côtés sur lequel il incline, un angle de 164° 3', et est le résultat d'un reculement, le long de ces bords, par 7 rangées en largeur, sur deux lames de hauteur.

La quatrième modification, a lieu le long des bords des faces terminales ; elle remplace ces bords par un plan qui fait avec la face terminale un angle de 129° 4', et est le résultat d'un reculement, le long des mêmes bords des faces terminales, par une rangée en largeur, sur deux lames de hauteur.

La cinquième modification, remplace les mêmes bords, par un plan qui fait avec les faces terminales un angle de 135°, et est le résultat d'un reculement, le long des mêmes bords, par 3 rangées en largeur, sur 5 lames de hauteur.

La sixième modification, remplace encore les mêmes bords, par un plan qui fait avec les faces terminales un angle de 149° 2′, et est le résultat d'un reculement par une simple rangée.

La septième modification, remplace toujours les mêmes bords, par un plan qui fait avec les faces terminales un angle de 171° 28′, et est le résultat d'un reculement, le long de ces bords, par 4 rangées en largeur.

La huitième modification, a lieu aux angles des faces terminales, qu'elles remplacent par un plan qui fait avec ces faces un angle de 125° ; elle est le résultat d'un reculement, à ces angles, par 3 rangées en largeur, sur 5 lames de hauteur.

La neuvième modification, remplace les mêmes angles, par un plan qui fait avec les faces terminales un angle de 134° 39′, et est le résultat d'un reculement, à ces angles, par 5 rangées en largeur, sur 6 lames de hauteur.

La dixième modification, remplace encore les mêmes angles des faces terminales, par un plan qui fait avec ces faces un angle ce 150° 30′, et est le résultat d'un reculement, à ces angles, par 3 rangées en largeur, sur 2 lames de hauteur.

La onzième modification, remplace toujours les mêmes angles, par un plan qui fait avec les faces terminales un angle de 171° 57′, et est le résultat d'un reculement par 6 rangées en largeur.

Toutes ces variétés m'ont été offertes par l'Endellione de Cornwall, du Pérou, du Brésil et de Sibérie. Les cristaux de ce dernier pays, qui sont ceux placés sous les figures 305, 306 et 307, ont un aspect totalement différent de celui qui appartient aux autres : beaucoup moins surchargés de facettes, leur forme est plus simple, et en les rapportant au prisme rectangulaires primitif, ce prisme seroit allongé parallélement à deux de ses côtés opposés ; ce qui leur donne une tendance à la forme prismatique.

Ainsi que je l'ai dit, quelques nombreuses que soient les modifications du cristal primitif de cette substance, je suis bien éloigné d'avoir pu les déterminer toutes. Le cristal représenté sous la figure, 304, en fournit un exemple. Ce cristal dont la forme est très-élégante et pourroit servir de model aux lapidaires, renferme des plans indiqués par les lettres x, y et z, qui appartiennent à 3 modifications qui sont dans ce cas : le cristal qui m'a formé cette variété est fort petit.

Passons maintenant à la description des 5 autres modifications du cristal primitif de cette substance.

La douxième modification, remplace les bords du cristal primitif, par un plan qui fait avec ceux longitudinaux du prisme sur lesquels il incline, un angle de 161°, 34', et est le résultat d'un reculement, le long de ces bords, par 3 rangées.

La treizième modification, remplace les mêmes bords, par un plan qui fait avec les côtés du prisme sur lesquels il incline, un angle de 149°, 52', et est le résultat d'un reculement, le long de ces bords, par 5 rangées en largeur, sur 3 lames de hauteur.

La quatorzième modification, remplace encore les mêmes bords, par un plan qui fait avec les côtés du prisme, sur lesquels il incline, un angle de 123°, 41′; et est le résultat d'un reculement, le long de ces bords, par 3 rangées en largeur, sur deux lames de hauteur.

La quinzième modification, a lieu le long des bords des faces terminales qu'elle remplace, par un plan qui fait avec ces faces un angle de 119°, 4′, et est le résultat d'un reculement, le long de ces mêmes bords, par une rangée en largeur, sur 3 lames de hauteur.

La seizième modification enfin, remplace les mêmes bords des faces terminales, par un plan qui fait avec elles un angle de 158°, 2′, et est le résultat d'un reculement, le long de ces bords, par trois rangées en largeur, sur deux lames de hauteur.

Les cinq dernières modifications, m'ont été offertes par les cristaux de cette substance qui viennent de Freyberg. Ces cristaux ont un aspect particulier, et qui ne ressemble en rien à celui qui est offert par les autres cristaux de cette substance. Ils présentent, en outre, une irrégularité dans la cristallisation, qui achève de les particulariser, et sur laquelle je m'arrêterai un instant pour la faire connoître, et mettre à même de ne pas être trompé par un des cristaux qui auroit pû y avoir été soumis : cependant ceux de Cornwall m'ont fait observer une variété qui est parfaitement analogue à celles de Freyberg, elle est représentée sous la fig. 315 pl. 15. Dans le plus grand nombre des cristaux de la variété de Freyberg que j'ai pu examiner, les plans de remplacement des bords du prisme, existoient en proportion inégale à différents de ces bords, ainsi que je viens de le dire cela a quelquefois lieu de même dans la variété de Cornwall, tel que dans le cristal représenté sous la fig. 315′; et, dans un très-grand nombre les plans dûs, soit à la 6me, soit aux 15me et 16me modifications, avoient pris assez d'accroissement pour faire disparoître ceux du cristal primitif qui leur sont adjacents, et formoient en conséquence, soit un prisme tétraèdre rhomboïdal de 58°, 8′ et 121°, 52′, soit un autre prisme de 61°, 56′, et 118°, 4′ : soit enfin un autre encore de 42°, 56′ et 137°, 4′ : les deux premiers, dont la mesure des angles est très-rapprochée, sont situés, à l'égard de leurs bords, en sens contraire par rapport au cristal primitif. Assez habituellement les côtés de ces prismes sont fortement striés ou cannelés. Les plans qui sont dûs aux 12me, 13me et 14me modifications, et qui, dans ce cas, terminent ou forment les sommets de ces prismes, sont placés d'une manière très-irrégulière de chaque côté de ce sommet. Souvent ceux placés d'un côté, sont dûs à des modifications différentes de celles auxquelles appartiennent les plans placés de l'autre côté, et souvent aussi un plus grand nombre d'eux existe d'un côté que de l'autre. Il étoit absolument nécessaire de connoître ce fait, pour parvenir, avec quelque facilité, à discerner la véritable forme des cristaux de cette substance.

Je n'entrerai dans aucun autre détail concernant la cristallisation de l'Endellione ; ceux nécessaires pour la faire bien connoître, ont déjà été assez longs, et les figures données dans les planches 15 et 16, ainsi que les numéros des différentes modifications placés sur chacun de leurs plans, suffiront pour achever de faire connoître tout ce qui peut concerner sa cristallisation. Je me contenterai d'ajouter ici, que la variété de Ratisbonne m'a offert quelques cristaux analogues à ceux de Cornwall ; mais que ses variétés cristallines les plus ordinaire sont en agrégations, soit de prismes tétraèdres rectangulaires primitifs, soit de ces mêmes prismes devenus octaèdres par le remplacement de leurs bords, ainsi que le représente la fig. 290; et bien souvent aussi avec deux des bords opposés de leur faces terminales remplacés, ainsi que le représentent les variétés, fig. 291, 293, et 316. Pour le plus souvent aussi, ces agrégations, et principalement celles des prismes devenus octaèdres, se présentent sous un aspect ressemblant à celui offert par des roues dentées.

La suite qui, dans cette collection, appartient à cette substance est très-riche. La série qui renferme les variétés de Cornwall est en petits morceaux; mais ils sont parfaitement caractérisés: ils sont tous mélangés de petits cristaux de blende brune; l'un deux contient en outre de l'antimoine sulfuré capillaire. Au nombre de ces morceaux, en est cependant un, dont la grandeur est considérable, et dont les cristaux sont d'une perfection et d'un volume rare; ils appartiennent à la variétés représentée sous la fig. 293.

La série des morceaux de la variété de Freyberg, en offre cinq d'un volume considérable, les cristaux de ce triple sulfure y sont groupés avec de l'antimoine sulfuré capillaire, de petits cristaux parfaitement lenticulaires de fer spathique, et quelques petits tétraèdres de cuivre et fer sulfuré gris. La gangue est un quartz en masse, intimement mélangé du même triple sulfure, d'antimoine sulfuré, de galène et de pyrites magnétiques. Il existe, sur un de ces morceaux, un petite pyrite magnétique, en prisme tétraèdre rhomboïdal de 60° et 120 (voyez ce qui concerne la cristallisation de cette pyrite, à l'article qui lui appartient).

Dans la série qui concerne la variété de Ratisbonne, les cristaux de cette substance sont accompagnés de cristaux de blende brune, de quelques petits tétraèdres de cuivre et fer sulfuré gris, de galène et de pyrites martiales en cubes striés et en dodécaèdres à plans pentagones ; dans un de ces morceaux, la blende est cristallisée en octaèdres très-parfaits, et en tétraèdres réguliers.

Il existe en outre, dans cette collection, deux fort petits morceaux de la variété du Pérou. Cette substance y est mélangée intimement de cuivre et fer sulfuré jaune et de chaux carbonatée magnésienne. Ces morceaux contiennent de fort petits cristaux de ce triple sulfure, qui sont parfaitement en rapport avec ceux de la variété de Cornwall.

Il y existe aussi un fort beau morceau de la variété de Sibérie. Les cristaux de cette substance y sont placés sur une masse de quarz cristallisé à la surface, et la plupart d'entr'eux sont recouverts par une légère incrustation de cuivre carbonaté vert : ils sont entremêlés de quelques cristaux de chaux carbonatée : on observe, en outre, sur ce morceau, quelques traces de galène.

Il existe enfin, dans cette suite, un autre morceau, dont les cristaux qui sont en rapport avec ceux de la variété de Freyberg, ont pour gangue une chaux carbonatée martiale de la variété connue sous le nom de Spath perlé, mélangée de cristaux de quartz : j'en ignore la localité.

Je terminerai cet article, en observant qu'il me paroît que la substance à laquelle la plupart des auteurs Allemand donnent le nom de Veissgultigerz, appartient à ce triple sulfure, sans prononcer cependant à l'égard de celle à laquelle M. Werner donne ce même nom, et que j'avoue ne pas connoître.

URANE.

URANE OXYDULÉ (*Haüy*) URANE OXYDÉ NOIR. PECHERZ, (*Werner.*)

12 *Morceaux.*

URANITE. URANE OXYDÉ (*Haüy*) URANGLIMMER, (*Werner.*)

38 *Morceaux, dont* 6 *Cristaux isolés.*

L'ensemble des formes cristallines qui appartiennent à cette substance, est je crois une des plus complette qui existe dans les collections. Ayant fait, il y a déjà quelque temps, son étude cristallographique, autant qu'il nous est encore possible de la faire, et la série de ses formes n'étant pas très-considérable, je puis placer ici les résultats auxquels j'ai été conduit alors par elle.

Sa forme primitive est, ainsi que l'a parfaitement établie Monsieur l'Abbé Haüy, un prisme tétraèdre rectangulaire à bases quarrées; mais je diffère d'avec ce célèbre minéralogiste, à l'égard de la hauteur de ce prisme qui, suivant lui, auroit plus de trois fois la longueur des bords des faces terminales. La constance que les cristaux de cette substance montrent à affecter une forme applatie, et très-souvent même presque laminaire. Et le nombre des cristaux dans lesquels les plans de remplacement des bords de ces mêmes faces terminales se joignent entr'eux, sans laisser aucune trace quelconque des plans qui appartiennent au prisme primitif, me porte fortement à croire, que le prisme tétraèdre rectangulaire primitif doit avoir beaucoup moins de hauteur que celle que ce savant lui a donnée : je ne puis cependant rien dire de positif à cet égard.

La raison qui a conduit M. l'Abbé Haüy a donner à ce prisme cette hauteur considérable, est qu'il a regardé les plans de remplacement des bords des faces terminales, qui font en effet avec ces faces un angle de 107°, 30′, ou qui diffère très-peu de cette mesure, comme étant produits par un reculement le long de ces bords par une simple rangée, et dans ce cas, la longueur des faces terminales étant 5, la hauteur seroit en effet de 15, 83 ; mais n'ayant encore observé aucune autre face secondaire, dépendantes de ces mêmes faces terminales, rien ne détermine que celles dont nous venons de parler, soient en effet produites par un reculement par une simple rangée. Je crois donc que pour déterminer avec quelque certitude, les dimensions du prisme tétraèdre rectangulaire de cette substance, il seroit prudent d'attendre que quelqu'autre point de comparaison vint nous permettre de vérifier cette hauteur considérable, avant de l'adopter, et malheureusement je n'ai à offrir, à cet égard, que le doute que je viens d'exposer.

J'ajouterai à ce qu'a dit Monsieur l'Abbé Haüy, à l'égard de ce cristal, que parmi les prismes tétraèdres rectangulaires d'uranite qui sont transparents, il en existe qui, étant exposés à une forte lumière, laissent apercevoir des joints naturels, très-sensibles, parallélement à leurs deux diagonales : parmi les cristaux isolés, de cette collection, deux sont dans ce cas.

J'ajouterai encore, que lorsque les cristaux de cette substance ont fort peu d'épaisseur, plusieurs sont parfaitement transparents.

En outre de la modification que cette substance éprouve le long des bords de ses faces terminales, dont j'ai indiqué les plans par le N°. 1, il en existe deux autres le long des bords du prisme primitif, et qui, les faces terminales étant un quarré, peuvent être très-facilement déterminées.

L'une d'elle remplace ces bords par un plan qui fait avec ceux adjacents un angle de 135°, et est le résultat d'un reculement, par une simple rangée, le long de ces bords.

L'autre remplace les mêmes bords, chacun d'eux, par deux plans qui font avec les côtés du prisme un angle de 153°, 26′, et sont le résultat d'un reculement, le long de ces bords, par deux rangées. Les plans qui appartiennent à ces deux modifications, sont indiqués, sur les cristaux de la planche 17, par les nombres 2 et 3.

Tous les cristaux représentés dans la planche 17, existent dans cette collection ; les trois placés sous les figure, 326, 327 et 328, sont de Cornwall, d'où seul je les ai apperçus jusqu'ici : quelques-uns des cristaux qui appartiennent à ces variétés, sont d'un beau jaune citron, les autres sont d'un vert pâle, ayant quelquefois un reflet argentin.

Parmi la suite des morceaux qui, dans cette collection, appartiennent à cette substance, deux sont des environs d'Autun en France; l'uranite y est d'un beau jaune quelquefois un peu verdâtre: j'en ai eu l'obligation à mon ancien ami M. Gillet de Laumont. Cette variété de l'uranite colorée en jaune, est assez commune parmi les cristaux de cette substance qui viennent de Cornwall; quelques-uns de ces cristaux, qui sont en lames très-minces, ont un reflet très-brillant, et ressemblent alors parfaitement, soit pour l'aspect, soit pour la couleur, à l'orpiment écailleux.

Je citerai en outre, dans cette suite, un groupe de cristaux d'uranite vert, placé sur une petite masse d'urane noir oxydé, ainsi que trois morceaux d'uranite à l'état pulvérulent.

MOLYBDÈNE.

MOLYBDÈNE SULFURÉ.

20 *Morceaux.*

Parmi les morceaux qui composent la suite de cette substance, il y en a plusieurs dans lesquels le molybdène est en grands prismes hexaèdres courts. Dans un d'eux, on observe ces pyramides hexaèdres incomplètes, citées pas M. Esmark, et dont la structure est de même grossière, le décroissement des lames hexaèdres, superposées sur les faces terminales du prisme, étant fortement indiqué, ainsi que cela existe quelquefois, par suite de la même raison, dans le mica. M. Schumacker parle aussi de cette même variété.

Parmi les autres morceaux de cette substance, j'en

citerai deux, dans lesquels le molybdène est renfermé dans le granit; un autre dans lequel cette substance se montre, en petites parties brillantes, dans une stéatite; et un quatrième dans lequel le molybdène a pour gangue une roche particulière que je ne puis rapporter à aucune de celles connues.

MOLYBDÈNE OXYDÉ.

9 *Morceaux.*

Le seul auteur, qui à ma connoissance, ait encore parlé de cette substance, est M. Karsten, (minéralogische tabellen), il l'a dit venir de Suède: celle qui appartient à cette suite, où elle forme une série de six morceaux, a probablement la même localité. Je dois une partie de ces morceaux à mon respectable ami le Dr Crichton, premier médecin de l'empereur de Russie, qui me les a envoyé de St. Pétersbourg, sans en connoître la localité. J'ai depuis trouvé les autres morceaux à Londres; mais le marchand qui ignoroit la nature de ces morceaux, n'étoit pas plus instruit à l'égard du lieu de leur origine. Cette substance est sur eux à l'état pulvérulent d'un jaune citron, et est placée dans les petites cavités d'un quartz granuleux brun, contenant en outre de petites parties de molybdène sulfuré, disséminées dans sa substance.

Les trois autres morceaux sont je crois uniques, ils sont de molybdène sulfuré sans aucune gangue, et laissent apercevoir, sur leur surface, quelques parties d'une substance d'un vert pâle, quelquefois un peu blanchâtre. Cassés, ces morceaux laissent apercevoir, dans leur intérieur, de petites cavités qui sont remplies de la même substance, et de même aussi d'un vert pâle, quelquefois blanchâtre, et quelquefois aussi d'un vert plus foncé. Cette substance ressemble beaucoup à celle d'un vert blânchâtre ; mais dont la couleur verte augmente par son exposition à l'air, qui s'attache à la cuillère lorsqu'on fait évaporer le molybdène sous l'action du chalumeau, et paroît être un oxyde vert de ce métal. Ces morceaux sont les seuls que j'aie jamais observés. Je n'ai pu en connoître la localité.

TITANE.

TITANE OXYDÉ.

38 *Morceaux, dont* 3 *Cristaux.*

Il existe dans la suite qui, dans cette collection, appartient au titane oxydé, un prisme tétraèdre rectangulaire très-parfait, dont la longueur est d'environ 5 lignes, sur trois lignes de largeur ; ce cristal sembleroit indiquer que les faces terminales du prisme tétraèdre rectangulaire primitif de cette substance, ne sont pas perpendiculaires sur son axe, mais inclinées sur deux de ses bords opposés, de manière à faire avec eux des angles d'environ 70° et 110°, et toutes les cassures que j'ai pu observer sur cette substance, malgré leur irrégularité, me conduiroient à adopter cette opinion. Quoique les cassures placées aux deux extrémités de ce cristal, ne soient pas très-régulières, le parallélisme marqué de leurs plans, suivant cette même direction, est très-fortement en faveur de cette opinion. Je me contente cependant d'en faire mention ici, les bases sur lesquelles je pourrois m'appuyer, n'étant pas assez concluantes pour permettre de prononcer. J'ajouterai cependant encore, à cet égard, qu'il existe, dans la partie des quartz accidentés de cette collection, un petit cristal de quartz très-parfait qui renferme, dans son intérieur, une douzaine de petites aiguilles de titane oxydé, en partie d'un très-beau rouge et diaphanes, s'élevant verticalement de sa base, toutes ayant conservé leur pyramide, et dont quelques-unes sont terminées par un seul plan incliné, sur deux des bords opposés du prisme, sous un angle qui paroît être parfaitement en rapport avec celui que je viens de dire être celui d'inclinaison présumée, des faces terminales du prisme tétraèdre rectangulaire primitif; ce beau morceau est du Brésil. J'ai assez souvent observé dans les morceaux de quartz, de ce même pays, qui renferment du titane oxydé, des aiguilles de cette substance dont les pyramides étoient parfaitement conservées : avec un peu de soin on pourroit parvenir à faire, en quelque sorte, avec ces morceaux, l'étude des formes de cette substance; qu'il est si difficile de trouver en cristaux un peu grands, et ayant leurs pyramides conservées.

Cette suite renferme plusieurs morceaux de titane aciculaire du St. Gothard, et du Brésil, ainsi que de celui à reflet doré de Moutier près du Mont Blanc. Dans les morceaux qui appartiennent à cette dernière variété, dont la gangue est une chaux carbonatée lamelleuse, pénétrée de fer dans quelques unes de ses parties, plusieurs contiennent des parties, en forme de couches, d'un minérai de fer d'un lustre et d'une couleur parfaitement analogue à ce que montre, à cet égard, le fer oligiste ; mais n'exerçant aucune action quelconque sur le barreau aimanté, et dont la poudre, obtenue par la trituration, est d'un rouge brun foncé ; minérai qui appartient par conséquent à l'espèce du fer placée, dans ce catalogue, sous le nom de fer oxydé au maximum.

Le titane en masse informe de Norwège, celui en aiguilles fortement striées de Castille, ainsi que le titane martial, et le sable martial titanifère connu sous le nom de Manackanite, font aussi partie de cette suite.

TITANE SILICÉO-CALCAIRE. NIGRINE, (*Werner.*)

22 Morceaux, dont 14 Cristaux isolés.

Parmi les cristaux isolés que renferme la suite qui appartient à cette substance, quatre appartiennent à la variété applatie de Norwège, 4 à celle du St. Gothard, connue sous le nom de Rayonnante en goutière, et 6 à celle en octaèdres rhomboïdaux d'un gris sale du St. Gothard, octaèdres que M. l'Abbé Haüy a pris, dans son tableau comparatif, pour forme primitive de cette substance. Il y a dans la cristallisation du titane silicéo-calcaire quelque chose que j'avoue ne pouvoir comprendre. J'ai ajouté depuis peu, à la série de ses cristaux, un fort grand cristal, puisqu'il y a 9 lignes dans un sens, sur plus de 6 lignes dans l'autre, qui appartient à la variété applatie de Norwège ; malheureusement ce cristal est irrégulier. Il laisse apercevoir, avec beaucoup de facilité, la direction des joints naturels, et cela même d'une manière si forte, qu'à une vive lumière sa réflexion, entre les joints, lui donne un aspect chatoyant. Ce cristal, étudié avec soin, est très-propre à vérifier la forme primitive qui a été adoptée pour cette substance, ou à conduire à la véritable s'il pouvoit y avoir qu'elqu'erreur. J'avoue que les inductions données par lui, ne me paroissent pas conduire à l'octaèdre qui a été récemment adopté : les cristaux qui, dans cette collection, appartiennent à cette variété octaèdre du St. Gothard, montrent plusieurs facettes non représentées dans les figures qui ont été données de ces cristaux, et qu'il me paroît difficile de faire dériver de ce même octaèdre, comme étant celui primitif.

Parmi les morceaux qui appartiennent à cette substance, il en existe un du St. Gothard, dans lequel les cristaux de titane silicéo-calcaire, de la variété dite Rayonnante en goutière, sont placés sur des cristaux de Feldspath, ayant leur surface recouverte de chlorite d'un vert pâle, dont les parties, étant vues avec la loupe, ont une forme vermiculaire : ce petit groupe est très-agréable. Il y existe aussi un autre petit groupe de cristaux de thallite d'Arendal en Norwège, dont les cristaux sont saupoudrés de petits cristaux de cette substance, soit d'un jaune très-pâle, soit même parfaitement incolore ; et enfin un groupe de cristaux de Feldspath du St. Gothard, sur lesquels sont placés quelques cristaux de la variété dite Rayonnante en goutière, d'un vert pâle, avec quelques parties d'un jaune brun.

ANATASE.

23 *Morceaux, dont* 5 *Cristaux isolés.*

La suite qui, dans cette collection, appartient à l'anatase, est très-considérable et difficile à former, à raison de la rareté de cette substance. Au nombre des morceaux qui la composent, 9 appartiennent à de petits cristaux de quartz, en partie recouverts, à leur surface, par de fort petits cristaux d'anatase d'un bleu pâle. Parmi les cristaux que présente cette substance, il existe plusieurs variétés, qui n'ont pas été décrites : telle est, par exemple, celle dans laquelle les bords de l'octaèdre sont remplacés ; variété qui n'est pas très-rare, et qui conduit à un octaèdre secondaire moins aigu que celui primitif, et dont la mesure de l'angle du sommet, pris sur le milieu de deux des faces opposées, est la même que celle de celui pris sur les arêtes du cristal primitif: je possédois autrefois un groupe de cet octaèdre secondaire.

Un des morceaux, dont cette suite est composée, est extrêmement rare, soit à raison de la grandeur de plusieurs des cristaux d'anatase qu'il renferme, soit à raison du grand nombre des cristaux de cette substance qu'il présente ; presque tous sont d'un bleu très-foncé. Ce morceau renferme, en outre, quelques lames minces d'une substance noire, qui appartient à l'espèce suivante.

Je citerai, en outre, deux autres morceaux, dans lesquels les cristaux d'anatase sont d'un gris sale ; ainsi qu'un morceau de granit de Cornwall, sur lequel est un fort petit cristal d'anatase de la variété colorée en bleu ; c'est le seul exemple que je connoisse de l'anatase en Angleterre.

Je citerai enfin, un autre morceau sur lequel, on observe trois petits octaèdres d'anatase, et en outre, un petit Béril en prisme allongé et parfaitement prononcé ; ce morceau vient du même Canton des Alpes Dauphinoises de Loisan, que celui auquel on doit, sinon tout, du moins la plus grande partie des morceaux d'anatase qui existent dans les collection ; c'est aussi le seul exemple que j'aie encore vu de l'existence du Béril dans cette partie des Alpes qui, pendant long-temps, a fait l'objet de mon étude et de mes recherches : ce morceau qui faisoit partie de mon ancienne collection en France, m'a été envoyé par M. Gillet de Laumont, il a eu pour moi un double intérêt, celui de me servir de garant de son souvenir, ainsi que de son amitié, et ensuite de remettre entre mes mains, le premier morceau qui m'a fait connoître l'existence de cette substance, que j'ai vue pour la première fois en 1782. Je trouve dans mes notes, que les observations que je fis, à cette époque, sur elle, m'ont fait reconnoître alors, que par l'action de la chaleur, plusieurs de ses cristaux acquéroient la propriété d'agir sur le barreau aimanté, et que plusieurs aussi de ceux colorés en un jaune brun, prenoient, par le même acte de la chaleur, une couleur bleue très-foncée.

CRAITONITE. (*Nobis.*)

20 *Morceaux, dont* 11 *Cristaux isolés.*

Nul auteur n'a encore fait mention ds cette substance, quoiqu'elle doive exister dans plusieurs collection. Elle est communément accompagnée de cristaux d'anatase, et s'est trouvée dans le même canton ; mais comme ses cristaux sont pour l'ordinaire, ainsi que ceux de l'anatase, fort petits, ces deux substances auront probablement été confondues ensemble ; cependant la différence qui existe entre leurs caractères extérieurs est si grande, que rien n'est plus facile que de les discerner l'une de l'autre.

J'ai donné à cette substance le nom de craitonite, en honneur de mon excellent ami le Dr. Crichton, premier médecin de l'empereur de Russie, aussi bon minéralogiste qu'il est grand médecin et excellent chimiste. J'ai écrit son nom ainsi que l'ortographe françoise l'exige, d'après la manière dont il est prononcé dans la langue angloise, dans laquelle il doit être écrit Crichtonite.

C'est en 1788, que j'ai observé, pour la première fois, la craitonite, et depuis cette époque, j'avois rassemblé avec soin tout ce qu'il m'avoit été possible de m'en procurer, car cette substance est beaucoup plus rare encore que l'anatase: j'ai dû une partie des morceaux que j'en possède dans ce moment, et qui faisoient partie de mon ancienne collection, à l'amitié de M. Gillet de Laumont; ils portoient une marque que je m'étois plu à placer sur les morceaux que j'affectionnois le plus particulièrement, et ce généreux ami a eu la délicatesse de me faire passer, à différentes époques, les morceaux qu'il apercevoit, chez les marchands de minéraux, conservant encore cette même marque. J'ai pu alors partager avec M. Greville, ce que j'en possédois, et c'est de moi que viennent tous les morceaux de craitonite, ainsi que ceux d'anatase, qui sont aujourd'hui dans sa collection.

Il existe un superbe groupe de cette substance, dans le cabinet de M. le Comte de Funchal Ambassadeur de son A. R. le Prince du Brésil à la cour de Londres*. Je dois à son amitié deux des morceaux qui composent la suite de cette collection.

---

* Depuis la rédaction de ce catalogue, M. le Comte de Funchal a reçu un témoignage flateur de l'estime et de l'attachement de son souverain, ayant été nommé par lui son premier ministre.

La craitonite paroît avoir pour forme primitive un rhomboïde très-aigu, d'environ 18 °et 162°, fig. 329, pl. 17, divisible suivant un plan perpendiculaire à son axe. Je n'ai pu parvenir à cliver cette substance dans aucun autre sens ; mais le genre de modifications auxquelles elle est soumise, et qui toutes sont du nombre de celles propres au rhomboïde, ne semblent devoir laisser aucun doute que celui de 18° et 162°, pour mesures de ses plans, ne soit en effet, la forme de son cristal primitif.

Sa couleur est un noir très-foncé, et elle est parfaitement opaque. Son lustre est éclatant.

Moins dure que l'anatase, elle raye la chaux fluatée ; mais elle ne peut rayer le verre.

La petitesse de ses cristaux, et le grand nombre qu'il eut fallu employer, m'empêche de pouvoir établir sa pesanteur spécifique.

Celles de ses cassures qui ne sont pas perpendiculaires à l'axe, ont beaucoup d'éclat et sont conchoïdales.

Cette substance est infusible sous l'action du chalumeau. Ayant soumis à cette action un petit cristal auquel adhéroit un autre petit cristal de Feldspath, ce dernier a été fondu, sans que la surface du cristal de craitonite ait rien perdu de son lustre.

Par une des modifications, auxquelles le rhomboïde de cette substance est soumis, son sommet est remplacé par un plan perpendiculaire à son axe, et qui se termine à une distance plus ou moins rapprochée des petites diagonales de ses plans, ainsi que l'indiquent les fig. 330, 331 et 332.

Une seconde modification, remplace les arêtes pyramidales, par un seul plan également incliné sur ceux adjacents, fig. 333.

Une troisième modification, remplace ces mêmes arêtes par un plan qui incline vers le sommet, de manière à faire, avec le plan de remplacement de ce même sommet, un angle d'environ 126°, fig. 335.

Une quatrième modification, remplace l'angle solide du sommet du rhomboïde primitif, par une pyramide trièdre dont les plans sont en opposition de ceux du rhomboïde : ils font avec le plan de remplacement de ce même sommet perpendiculairement à l'axe, un angle d'environ 130°, fig. 334.

Si les plans de ces trois dernières modifications atteignoient leurs limites, il en résulteroit la formation de trois rhomboïdes secondaires, moins aigus que celui primitif.

Une cinquième modification, remplace chacun des angles des plans du rhomboïde, qui concourent à la formation de l'angle solide du sommet du rhomboïde primitif, par deux plans qui se rencontrent entr'eux sur les arêtes, et forment avec ceux des plans du rhomboïde, sur lesquels ils inclinent, un angle d'environ 120°, fig. 336.

Une sixième modification enfin, remplace encore les mêmes angles, et de même par deux plans ; mais différemment inclinés : ils font, avec les plans du rhomboïde sur lesquels ils inclinent, un angle d'environ 125°, fig. 337.

Les plans des deux dernières modifications, tendent à remplacer le sommet du rhomboïde primitif, par une pyramide hexaèdre, et, si ces plans atteignoient leurs limites, ils donneroient naissance à un dodécaèdre pyramidal, à plans triangulairs scalènes de deux dimensions différentes ; dans la fig. 337, les plans de ces deux modifications sont combinés entr'eux.

Toutes les variétés représentées dans la 17e planche, existent dans cette collection ; mais comme leurs cristaux sont généralement fort petits, et qu'à raison de la forme très-aigue de leur rhomboïde, leurs facettes secondaires sont extrêmement petites, il ne m'a pas été possible d'être assez sure de la mesure des angles, pour oser déterminer, d'une manière positive, les dimensions du rhomboïde aigu, et me procurer, par là, une base assurée pour le calcul des modifications. Je me borne, en conséquence, à l'à-peu-près que je viens de donner, et qui ne peut s'écarter que de très-peu de chose de la vérité. Les minéralogistes de Paris, plus à portée de se procurer des morceaux de cette substance, et peut-être même contenant des cristaux plus grands, seront plus à même de vérifier les bases que je viens d'établir, et de les rectifier, si cela est nécessaire.

Un des morceaux de cette suite, est très-rare par le grand nombre de cristaux de cette substance qu'il renferme ; ils sont placés sur un groupe de petits cristaux de roche colorés en vert par de la chlorite. Il existe, en outre, dans cette même suite, deux petits morceaux, dans lesquels les cristaux de craitonite sont renfermés dans l'intérieur même de ceux de quartz.

On rencontre quelquefois, sur les morceaux qui renferment des cristaux de cette substance, de petites lames noires, minces et très-brillantes, appartenant aussi à la craitonite, et qui seroient très-facilement prises pour appartenir à la variété du fer oligiste, connue sous le nom de fer micacé. Cette méprise est d'autant plus facile à faire, que cette même variété du fer oligiste s'y montre aussi quelquefois: étant prévenu, ces petites lames deviennent très-faciles à être reconnues. Leur aspect est beaucoup plus vitreux que celui que présente les lames de fer oligiste; leur cassure est plus brillante; leur couleur, au lieu de montrer celle gris d'acier du fer oligiste, est d'un beau noir luisant, et elles n'exercent aucune action sur le barreau aimanté. Lorsque leur forme peut être aperçue, ce qui est en général assez rare, on y reconnoît une lame hexaèdre très-mince, dont les bords sont alternativement inclinés en sens contraire, fig. 332. Cette forme n'est autre chose que celle qui appartient au cristal, fig. 331, dont les plans de remplacement des angles solides du sommet du rhomboïde, ont pris un accroissement tel qu'il reste très-peu de chose des plans primitif, indiqués ici par ceux qui forment les biseaux.

Outre le morceau que j'ai déjà cité, à l'article de l'anatase, renfermant cette variété, il existe dans cette suite, un autre morceau assez grand, garni de ces lames de craitonite, ainsi que plusieurs petits fragments.

Il seroit fort à désirer que cette substance fut analysée. Il ne m'eût été possible d'ajouter à son étude, cette partie si intéressante de ses caractères, qu'en sacrifiant presqu'en totalité tout ce qui en compose ici la suite, et j'avoue que le sacrifice étoit pour moi hors de la possibilité. S'il m'étoit permis de former d'avance une opinion, je croirois à cette substance plus de rapport avec le schéélin, qu'avec le titane.

SCHÉÉLIN.

SCHÉÉLIN MARTIAL. WOLFRAM.

36 *Morceaux, dont* 11 *Cristaux isolés.*

La suite qui appartient, dans cette collection, à cette substance, est extrêmement précieuse pour en faire l'étude. A la tête des morceaux qui la composent, est un groupe assez considérable de cristaux de chaux fluatée, qui présente une grande cavité garnie de cristaux, depuis une jusqu'à deux lignes, et plus, de longueur; qui tous appartiennent au cristal primitif du Wolfram. Ce cristal est un prisme tétraèdre rectangulaire, à bases rectangles inclinées sur deux de ses côtés opposés, avec lesquels elles font des angles de 65° et 115°, ou a infiniment peu de chose près, fig. 338, pl. 18. Ce morceau excessivement rare, et que je crois même unique, étoit à l'origine une masse considérable de chaux fluatée, dont cette partie seule étoit garnie de cristaux de Wolfram ; je l'en ai séparée, ce qui a procuré plusieurs petits fragments, tous plus ou moins garnis des mêmes cristaux.

Ce prisme rectangulaire à bases inclinées, primitif, du Wolfram, est divisible, avec beaucoup de facilité, sur deux de ses faces longitudinales ; mais avec beaucoup de difficulté sur les quatres autres : c'est même beaucoup plus surement des cassures accidentelles qu'on doit attendre cette division suivant ces plans, que des efforts que l'art peut employer : le clivage, suivant ces plans, réussit bien rarement, surtout à l'égard des faces terminales. M. l'Abbé Haüy, dans sa minéralogie, n'avoit donné la situation perpendiculaire à l'axe, des faces terminales, que comme un fait simplement présumé.

Il existe, dans cette suite, un petit morceau de Wolfram en masse lamelleuse, qui offre une petite cavité, dans laquelle on peut reconnoître, avec la loupe, de très-petits cristaux de cette substance, qui appartiennent au même cristal primitif. Il y existe, en outre, plusieurs fragments, faits accidentellement et assez régulièrement, suivant la direction de tous les côtés du prisme rectangulaire à bases inclinées primitif, et qui laissent hors de doute que ce prisme est en effet celui primitif de cette substance.

Mon projet n'étant point d'entrer dans aucuns détails sur les variétés cristallines qui composent la série des formes du Wolfram, je me bornerai ici à ce que je viens de dire, à l'égard de son cristal primitif, en y ajoutant seulement la description de deux variétés qui l'accompagnent, dans le morceau que j'ai cité précédemment.

L'une d'elles, fig. 339, pl. 18, est une macle, formée par la réunion, en sens contraire, de deux de ces prismes primitifs.

L'autre, fig. 340, est le cristal primitif, dans lequel les bords des faces terminales, qui font avec celles du prisme l'angle de 65°, est remplacé par un plan, qui fait avec les côtés du prisme, un angle droit, et est par conséquent perpendiculaire à son axe.

Je citerai particulièrement, dans la suite de cette substance, une variété fort rare du Wolfram, à l'état fibreux, dont les fibres sont étroitement réunies entr'elles, et forment une masse solide ; ainsi que deux autres morceaux, dans lesquels le Wolfram est dans une gangue de tourmaline fibreuse capillaire, à fibres isolées : ces deux morceaux sont de Cornwall.

SCHÉÉLIN CALCAIRE. TUNGSTEIN.

11 *Morceaux, dont* 5 *Cristaux isolés.*

Il y a environ 13 ans, que dans un mémoire inséré dans le 75e numéro du Journal des Mines, j'ai fait connoître, pour la première fois, que le schéélin calcaire avoit pour cristal primitif, non un cube, ni un octaèdre régulier, ainsi que cela étoit présumé, mais un octaèdre aigu, et que ni l'une, ni l'autre des deux premières formes, ne pouvoit lui appartenir. Un fait très-singulier, et qui pourroit être de quelque intérêt à la marche qui seroit suivie, pour assurer la véritable nature de la substance que j'ai décrite, il y a quelques instans, sous le nom de craitonite, est venu, il y a 24 ou 25 ans, éclairer mon opinion sur la véritable forme du cristal primitif du tungstein, ou schéélin calcaire. Etant, en 1788, à la mine d'argent d'Allemond, dans les Alpes Dauphinoises, il fut trouvé, dans le même filon non métallique qui a fourni les cristaux d'anatase et de craitonite, un cristal, d'une grandeur assez considérable et très-parfait, de schéélin calcaire, sans qu'il eut précédemment existé dans ce filon, et sans que, du moins à ma connoissance, il ait existé après, aucune autre trace de cette substance. Ce cristal étoit passé dans les mains de M. Colson, alors contrôleur de la mine d'argent d'Allemond, qui du moment qu'il vît tout l'intérêt qu'il m'inspiroit, me força de l'accepter : ce n'est pas la seule obligation de ce genre que j'ai eu, tant à lui qu'à M. Schreiber, directeur de cette mine, et elles flattent encore mon souvenir.

Ce cristal, qui est celui représenté dans la 18e planche, sous la fig. 342, offroit un octaèdre beaucoup plus aigu que celui que présente communément cette substance. L'angle de rencontre de ses arêtes, au sommet, étoit exactement celui de rencontre des plans de l'octaèdre moins aigu, et ses arêtes pyramidales étoient remplacées par un plan, qui laissoit voir, d'une manière sensible, que ce dernier n'étoit autre chose qu'un cristal secondaire, produit par le remplacement des arêtes de celui le plus aigu, qui alors étoit sa véritable forme primitive.

D'après les mesures que je pris dans ce temps, je crus reconnoître que l'angle solide de son sommet, pris sur ses faces, étoit de 48°, ce qui portoit à 64° 22′, celui pris de même sur les faces, dans l'octaèdre secondaire. M. l'Abbé Haüy, qui, dans son tableau comparatif, a reconnu l'exactitude de cette observation, a rectifié en même temps, avec justice, les mesures que j'avois données : il a fixé à 49° 40′ le premier de ces angles, et à 66° 24′, le second. Lorsque je donnai le mémoire que j'ai dit être inséré dans le 75e numéro du Journal des Mines, ce cristal n'étoit point en ma possession, il avoit subi le sort de tout ce qui jadis avoit fait, en France, ma propriété. Quelle fut ma satisfaction, lorsque, quelque temps après, mon digne ami M. Gillet de Laumont, qui avoit trouvé à en faire l'acquisition chez les marchands de minéraux de Paris, me le fit parvenir. Ce cristal, que je crois unique, tant par sa forme, que par la perfection de sa cristallisation, est aujourd'hui dans la collection de M. Greville ; il en désiroit ardemment la possession, je lui en ai fait le sacrifice, c'en étoit véritablement un : je ne prévoyois pas alors que c'étoit un regret de plus que je me préparois à ajouter, à tant d'autres qui forment aujourd'hui les seules sensations auxquelles le souvenir me permette de me livrer.

M. l'Abbé Haüy, en donnant, dans son tableau comparatif, d'après mes propres observations rectifiées par lui, l'octaèdre aigu, dont les plans se rencontrent au sommet, sous un angle de 49° 40′, et à la base sous un de 130° 20′, fig. 341, qui est celle 67, pl. 4, de son tableau comparatif, pour forme primitive de cette substance, ne cite pas celui que j'avois donné dans mon mémoire, et qui avoit été la cause première de l'observation qui avoit déterminé cette forme. Ce cristal offroit cependant un double intérêt, en ce qu'il faisoit voir, en même temps, que l'octaèdre primitif du tungstein, étoit soumis à la modification qui remplace l'angle solide de son sommet par un plan perpendiculaire à son axe. J'ai cru devoir réparer cet oubli, en plaçant ce cristal sous la fig. 342 ; ce qui m'a déterminé, en même temps, n'y ayant que très-peu de cristaux de connus dans cette substance, d'y joindre les figures de ceux qui existent dans la suite qui lui appartient dans cette collection.

La fig. 341, est celle de l'octaèdre primitif de cette substance.

Celle 342, est celle du cristal des Alpes Dauphinoises que j'ai citée précédemment. Dans celle fig. 344, les plans de remplacement des arêtes ont pris une étendue beaucoup plus considérable, et dans celle 343, les plans de l'octaèdre primitif ont complettement disparu, pour faire place à ceux de l'octaèdre secondaire.

Les variétés représentées sous les fig. 347, 348, et 349, existent toutes sur un groupe placé dans cette collection, et qui vient de Schlaggenwald. Ces cristaux, qui sont placés sur une base de quartz, sont trop petits pour pouvoir permettre de compter assez exactement sur les mesures des angles d'incidence de leurs facettes secondaires, pour établir ici ces mesures, je me contenterai, en conséquence, de les donner par simple approximation.

Dans la fig. 347, les plans secondaires sont produits par un reculement intermédiaire aux angles qui concourent à la formation du sommet de l'octaèdre primitif, et de chaque côté de ses arêtes, de manière à ce que chacune des arêtes soit remplacée par deux facettes inclinées vers le sommet, et qui, étant placées dans un même plan, n'en font qu'une, qui fait avec les arêtes pyramidales, un angle d'environ 165°, 30'. Elles tendent à remplacer le sommet de l'octaèdre primitif, par une petite pyramide tétraèdre, placées sur ses arêtes, et dont l'angle du sommet seroit d'environ 95°. Dans les cristaux du morceau que j'ai cité, ces plans sont combinés avec ceux de l'octaèdre secondaire, et en outre, sur plusieurs, avec les plans de remplacement de l'angle solide du sommet par un plan perpendiculaire à l'axe, ainsi que le représente la fig. 348.

Dans le cristal placé sous la fig. 349, les plans d'une autre modification viennent se joindre à ceux de celle précédente, dans le remplacement de l'angle solide du sommet de l'octaèdre primitif. Ces nouveaux plans sont produits par un reculement éprouvé aux angles des plans de cet octaèdre, qui concourent à la formation de celui du sommet, reculement qui remplace cet angle par un plan qui fait avec celui correspondant, dans le cristal primitif, un angle d'environ 147° 30′. Ces nouveaux plans, tendent à remplacer le sommet de l'octaèdre primitif par une petite pyramide tétraèdre, dont les plans sont en opposition des faces de l'octaèdre, et se rencontreroient entr'eux, au sommet, sous un angle d'environ 115°. Ceux qui, dans les cristaux de ce morceau, contiennent les plans de cette dernière modification, sont combinés avec les plans de la modification précédente, ainsi qu'avec ceux de l'octaèdre secondaire.

Les cristaux isolés qui appartiennent à cette suite, et qui sont adhérents, soit à un petit morceau de quartz, soit à un petit cube de chaux fluatée bleue, appartiennent à la variété représentée sous la fig. 346, qui est l'octaèdre secondaire, avec les sommets remplacés par un plan perpendiculaire à l'axe, qui s'approche considérablement de la base commune aux deux pyramides. Ces cristaux sont très-parfaits ; ils viennent aussi de Schlaggenwald.

TELLURE.

La suite qui, dans cette collection, appartient à cette substance, est très-précieuse ; d'abord par la perfection des échantillons qui la composent, et ensuite par le nombre des cristaux qu'elle renferme. La plupart de ces cristaux sont, il est vrai, très-petits ; mais, en même temps, comme ils sont très-parfaits, ils m'ont mis à même de pouvoir déterminer ce qui concerne la partie cristalline du tellure, sur laquelle rien jusqu'ici n'a encore été donné, ce travail étant fait depuis quelque temps, j'éprouve une véritable satisfaction de pouvoir en placer ici le résultat. Je crois, cependant, devoir le faire précéder de quelques observations.

Je pense, avec Monsieur l'Abbé Haüy, que les différents aspects sous lesquels le tellure se présente, et dont plusieurs minéralogistes ont fait diverses espèces particulières, dérivent d'une seule et même espèce le tellure métallique, dont elles ne sont que des variétés ; que l'or, l'argent, le fer et le plomb, qui s'y rencontrent, n'y sont placés que par interposition, et comme mélange, et n'entrent absolument pour rien dans la composition, et par conséquent, dans la formation de leur molécule intégrante.

Le cristal primitif auquel il m'a paru que se rapportoient toutes ces variétés, est un prisme tétraèdre rectangulaire. Quelques-unes d'elles, admettent une forme réellement octaèdre ; mais cet octaèdre est alors aigu, et ne rappelle en aucune manière celui régulier. La forme tétraèdre rectangulaire de cette substance, avoit cependant déjà été aperçue, M. Mohs, dans son excellent catalogue de la belle collection de M. Von der Null, vol. 3, page 57, dit qu'il présume que la forme du tellure métallique est un prisme tétraèdre presque rectangulaire, terminé par une pyramide tétraèdre aussi, et il ajoute que les minéralogistes, dans la collection desquels cette substance offrira des morceaux qui le permettront, feront, sans doute, connoître un jour sa forme, et détermineront si sa conjecture est fondée ou non. C'est avec beaucoup de plaisir que réalisant cette conjecture, je rends en même temps parfaitement justice à l'exactitude de son observation.

La forme primitive du tellure, prise d'après toutes ses variétés, est un prisme tétraèdre rectangulaire à bases quarrées, dans lequel les bords du prisme sont à ceux des faces terminales, dans le rapport de 7 à 10, fig. 350, pl. 18.

J'ai observé, dans cette substance, 5 modifications de son cristal primitif.

La première, remplace les bords du prisme par un plan, qui fait avec ceux adjacents, un angle de 135°, et est le résultat d'un reculement, par une rangée, le long de ces bords.

La seconde modification, remplace chacun de ces mêmes bords par deux plans, qui font avec les côtés du prisme sur lesquels ils inclinent, un angle de 146° 19', et sont produits par un reculement, le long de ces bords, par trois rangées en largeur, sur deux lames de hauteur.

La troisième modification, remplace les bords des faces terminales, par un plan qui fait avec ces mêmes faces un angle de 115° 27', et est le produit d'un reculement, le long de ces bords, par une rangée en largeur, sur trois lames de hauteur.

La quatrième modification, remplace ces mêmes bords des faces terminales, par un plan qui fait avec elles un angle de 145°, et est le produit d'un reculement, par une simple rangée, le long de ces bords.

La cinquième modification, remplace les angles des faces terminales, par un plan qui fait avec ces mêmes face un angle de 121° 45', et est le produit d'un reculement par deux rangées en largeur, sur trois lames de hauteur, à ces mêmes angles.

Quoique les différents aspects sous lesquels se présente cette substance, ne soient, suivant mon opinion étayée de celle de M. l'Abbé Haüy, que de simples variétés d'une seule et même espèce, cependant les différences que ces variétés ont entr'elles, sont assez frappantes pour qu'on doive, ce me semble, à l'exemple de la méthode adoptée par M. Werner, former dans cette substance trois sous-espèces de celle principale, le tellure métallique. La cristallisation elle-même, quoique dérivant toujours du même type, semble inviter à cette division, par l'espèce de distinction qu'elle met entre les variétés du cristal primitif, qui paroissent être particulières à chacune des sous-espèces. Elle fait voir que, quoique l'introduction d'une substance étrangère entre les molécules de celle qui cristallise, n'affecte point la cristallisation au point de faire varier la forme du cristal primitif, par la variation de la molécule intégrante, elle peut avoir, et a même très-souvent une influence très-marquée, sur les formes secondaires de la substance dans laquelle l'introduction a lieu.

Au moyen du numéro de chacune des modifications, placé sur les faces qui leur appartiennent, les figures qui représentent les variétés propres à chacune des sous espèces, n'ayant besoin d'aucune explication, je ne m'arrêterai sur quelques-unes d'elles, dans les détails suivants, que lorsqu'elles donneront lieu à quelques observations particulières.

TELLURE MÉTALLIQUE NATIF.

8 *Morceaux.*

Quoique le tellure métallique natif soit l'espèce principale d'où proviennent les autres sous-espèces, les cristaux commencent, dans la planche, par ceux qui appartiennent à la sous-espèce lamelleuse, parce-que c'est celle sur laquelle les faits cristallographiques sont les plus claires et les plus faciles à saisir, et en même temps celle dont les formes secondaires s'écartent le moins de celle primitive. En s'occupant de la partie cristalline de cette substance, il sera donc bien d'en suivre les détails suivant l'ordre qui est établi dans la planche.

Rien n'est plus rare que de rencontrer des cristaux dans le tellure natif, qui est ordinairement en masse composée de petites lames courtes et entrecroisées, ressemblant parfaitement, à la couleur près qui est plus blanche, à l'antimoine natif, ou se montre en petites lames irrégulières dissiminées, soit dans du quartz, soit dans du manganèse quartzeux, soit dans d'autres gangues. J'ai cependant été assez heureux pour rencontrer, dans la variété en petites lames disséminées dans du quartz, un petit morceau dans lequel la loupe fait apercevoir quelques cristaux très-parfaits ; ils appartiennent aux trois variétés représentées sous les fig. 372, 373, et 374. La dernière de ces variétés avoit été vue par M. Mohs ; c'est celle que ce savant a citée dans l'obvation que j'ai rapportée plus haut.

Parmi les autres morceaux qui, dans cette collection, composent la suite de cette substance, j'en citerai un qui appartient à la variété en masse à lames courtes entrecroisées, qui contient en outre quelques parties de la variété lamelleuse grise de Naggiag. Dans deux autres morceaux, cette substance est disseminée dans du manganèse quartzeux couleur de chaire pâle, à-peu-près comme le quartz l'est dans la pierre dite granite graphique.

PREMIERE SOUS-ESPECE.

TELLURE LAMELLEUX. NAGGIAG-ERZ. (*Werner.*)

21 *Morceaux, dont* 15 *Cristaux isolés.*

Des 15 cristaux isolés qui appartiennent à cette substance, 6 sont de petits groupes, mais faisant l'office de cristaux isolés.

Dans cette sous-espèce, les cristaux sont d'une division très-facile, suivant toutes les directions qui répondent à celles du prisme tétraèdre rectangulaire primitif, cependant cette division est beaucoup plus facile sur les plans des faces terminales que sur les autres. Il existe, dans cette suite, deux petits morceaux appartenant à la variété à grandes lames indéterminées, dans lesquels on distingue parfaitement, par les cassures accidentelles, la direction des joints naturels parallélement aux plans de ce prisme. Il y existe aussi un petit groupe, extrêmement rare par la grandeur, ainsi que par la perfection des cristaux qu'il renferme, au nombre desquels en sont quelques-uns qui appartiennent au cristal primitif.

Les cristaux de cette sous-espèce, se présentent souvent en lames très-minces, parmi lesquelles quelques-unes appartiennent à la variété représentée sous la fig. 353, qui est le prisme rectangulaire primitif très-court, dans lequel les bords longitudinaux sont remplacés, par le plan dû à la première modification, ce qui change ces lames en un prisme court octaèdre; mais lorsque ces cristaux sont très-petits, et qu'ils ne laissent apercevoir qu'une partie de leur étendue, ils font alors illusion, et paroissent souvent être des lames hexaèdres: c'est, à ce que je pense, à cette illusion qu'il faut attribuer ce qui a été dit de la cristallisation de ce tellure en lames hexaèdres, qui n'y existent pas.

Il en est de même à l'égard de l'octaèdre régulier, qui n'y existe pas non plus, et ne peut même y exister, son prisme tétraèdre rectangulaire primitif, n'étant pas un cube; mais quelquefois les plans de remplacement des bords des faces terminales dûs à la 3me modification, prenant un accroissement très-considérable, et les plans longitudinaux du prisme primitif disparoissant, le cristal passe en réalité à un octaèdre, ainsi que le représente la fig. 356; mais cet octaèdre, dont les plans, s'il étoit complet, se rencontreroient au sommet sous un angle de 52°, 54′, est beaucoup plus aigu que celui régulier.

Dans la fig. 357, la pyramide est octaèdre par l'accroissement des plans des 3me et 5me modifications; mais ceux dus à la 8me, étant moins inclinés sur les faces terminales que ceux qui sont dus à la 5me, si la pyramide étoit terminée, n'atteindroient pas jusqu'à son sommet. Si les plans de la 5me modification formoient seuls la pyramide, l'octaèdre qui en résulteroit feroit au sommet, par la rencontre de ses plans, un angle de 67°, 52′, il seroit donc plus aigu encore que celui régulier, quoique moins que celui de la variété précédente. Il existe, dans cette suite, deux cristaux isolés qui appartiennent à ces deux variétés.

Cette première sous-espèce du tellure se distingue facilement des autres, par sa couleur grise plus foncée, par sa texture très-lamelleuse, ainsi que par le clivage très-facile de ses lames parallélement aux faces terminales. Il s'en distingue en outre, par la flexibilité de ces mêmes lames, lorsqu'elles ont peu d'épaisseur, ce qui n'existe dans aucune des autres sous-espèces.

SECONDE SOUS-ESPECE.

TELLUREGRIS. VE ISS—SILVANERTZ. (*Werner.*)

20 Morceaux, dont 15 Cristaux isolés.

Ce qui est cité, à cet article, comme étant des cristaux isolés, sont des petits groupes de fort petits rhomboïdes lenticulaires de chaux carbonatée martiale légèrement rosée, sur lesquels sont placés de petits cristaux de tellure.

Cette sous-variété du tellure a une texture moins lamelleuse que la précédente, et ses cristaux ont souvent une certaine épaisseur. Ses formes paroissent s'écarter davantage du prisme tétraèdre rectangulaire: cependant, parmi les petits groupes qui existent dans cette suite, il y en a dans lesquels on observe des cristaux qui appartiennent à ce même prisme sans aucune modification. Les cristaux de cette sous-espèce du tellure sont aussi moins faciles à cliver, que ceux de la sous-espèce précédente, et je n'ai pu leur observer aucune flexibilité; du reste la couleur grise est la même. Cette sous-espèce du tellure a un très-grand rapport avec celle précédente, dont elle est très-fréquemment accompagnée; on observe fort souvent, mélangées avec elle, de petites parties de galène et de blende.

Un des morceaux que renferme cette suite, quoique d'un volume peu considérable, est très-intéressant et très-rare, en ce que, à l'exception de quelques petites parties de chaux carbonatée martiale rosée, et de quelques petits cristaux de quartz, il est en totalité composé de petits cristaux de tellure gris, en octaèdre dont tous les angles solides sont occupés par un plan, fig. 364; mais l'octaèdre n'est pas celui régulier, il est un peu plus aigu, et tel que celui dont on a déjà vu un exemple dans la fig. 357. D'un côté, les cristaux de cette sous-espèce de tellure, lorsqu'on n'a pas été à portée d'en faire l'étude, sont bien propre, pour quelques-uns d'eux, à tourner les regards de l'observateur vers l'octaèdre régulier, et d'un autre, on peut observer, dans un très-grand nombre, un rapport très-marqué avec les cristaux du triple sulfure d'antimoine plomb et cuivre, ou Endellione. Sans l'éclat de sa cassure, lorsqu'elle peut être aperçue, on seroit bien facilement tenté aussi de rapporter les cristaux qui appartiennent à la variété, fig. 364, à la galène, dont ils ont à-peu-près la couleur.

TROISIÈME SOUS-ESPÈCE.

TELLURE GRAPHIQUE SCHRIFTERTZ, (*Werner.*)

29 *Morceaux, dont* 25 *Cristaux isolés.*

Les formes cristallines qui appartiennent à cette 3me sous-espèce du tellure, sont extrêmement difficiles à saisir et à déterminer, parce que tantôt ses cristaux ne sont que des agrégations qui dénaturent la figure propre à chacun des cristaux agrégés, et que d'autre fois ces mêmes cristaux ne sont que des espèces de carcasses, ou de véritables enveloppes extérieures, formées à la manière des trémies de l'alun et du sel marin, dans lesquelles il est presqu'impossible d'apercevoir la forme exacte que la cristallisation auroit eu, si elle eut été parfaite. J'ai cependant été assez heureux pour trouver des morceaux qui pussent me permettre d'observer des cristaux parfaits de cette sous-espèce : ils m'ont offert les variétés représentées dans la 19me planche. Toutes dérivent du prisme tétraèdre rectangulaire primitif, considérablement allongé parallélement à deux de ses côtés longitudinaux. Ces cristaux composent une série de formes totalement différentes de celles qui appartiennent aux deux sous-espèces précédentes, quoique se rapportant toujours au même cristal primitif. La variété représentée sous la figure, 371, est très-particulière par les diverses aspects sous-lesquelles elle se présente, et les illusions qu'elles peuvent occasionner. C'est une des variétés la plus sujette à ne montrer que la carcasse de la forme à laquelle elle appartient ; d'autrefois elle ne laisse apercevoir que de simples parties, plus ou moins incomplettes, de son cristal : dans ce dernier cas, ses cristaux s'offrent sous l'aspect, tantôt d'un rhomboïde, d'autrefois sous celle d'un octaèdre ou même d'un tétraèdre, et d'autrefois enfin, sous différentes autres formes totalement étrangères à celles qui lui appartiennent en réalité : j'ai été moi-même, pendant long-temps, trompé par ces différents aspects.

Cette sous-espèce est très-facile à distinguer des précédentes, par sa couleur, qui est beaucoup plus blanche, par l'éclat plus considérable de la surface de ses cristaux, par leur grande fragilité, et par l'absence absolue de toute flexibilité.

Je ne puis me déterminer à finir cet article, et presque ce catalogue, sans recommander aux jeunes gens qui se livrent à l'étude de la minéralogie, de s'accoutumer à l'usage de la loupe, dans l'examen des petits objets, si fréquents à rencontrer dans cette étude, et qui pour l'ordinaire, surtout dans ce qui concerne la cristallographie, sont les plus parfaits. Sans ce secours, même avec la vue la meilleure, un grand nombre de détails, importants à la connoissance des substances, échappent. Sans la loupe, par exemple, je n'aurois jamais pu découvrir la forme exacte des cristaux qui appartiennent au tellure métallique pur, et j'aurois été obligé d'attendre que les circonstances aient pu me procurer, dans cette substance, des morceaux renfermant des cristaux propres à être parfaitement saisis avec la vue simple, et jusqu'à ce moment j'aurois attendu en vain. Les cristaux très-petits qui, pour l'intérêt dont bien souvent ils sont à la minéralogie, peuvent être comparés aux étamines presque microscopiques de certaines plantes dans la Botanique, ne sont pas les seuls objets de la minéralogie, à l'égard desquels le secours de la loupe vienne completter nos connoissances, en nous donnant lieu d'observer des faits qui, sans ce moyen, nous échapperoient bien sûrement. L'étude des roches même, est singulièrement aidée par le secours de cet instrument ; la texture d'un grand nombre d'entr'elles ne peut-être parfaitement distinguée que par son moyen : il m'est bien souvent arrivé de parvenir, avec son secours, à discerner, dans des roches composées ; mais que la finesse du grain rendoit homogènes à la vue simple, non-seulement leur hétérogénité, mais encore, avec un peu de soin et d'attention, la nature de chacune de leurs parties intégrantes. Avec un peu d'habitude, cet instrument cesse de fatiguer l'œil, dont il augmente alors la force et les facultés. Je sais que l'opinion générale a établi, que le fréquent usage d'un verre grossissant fatigue à la lonque cet organe si précieux à conserver ; je crois que c'est une erreur, et que, lorsque cet organe est bien conformé, il en est de lui comme de tous les autres dont nous faisons l'usage le plus habituel, l'exercice le fortifie, en engageant les principes vitaux à se porter avec plus d'action vers les nerfs qui leur appartiennent, et dont les mouvemens, en se multipliant avec sagesse, ne font que déterminer plus fortement vers eux l'attention de la nature. Seulement il seroit nécessaire, pour ne pas fortifier un œil au dépend de l'autre, de faire alternativement un usage égal des deux. Peu de personnes ont très-certainement fait plus que moi usage, soit de la loupe, soit autrefois du microscope, et cependant, arrivé à un âge où beaucoup d'autres depuis long-temps sont obligés de se servir de lunettes, ma vue est aussi fraiche, et se fatigue aussi peu et aussi difficilement qu'elle pouvoit le faire dans l'âge le plus tendre. Seulement, ayant contracté l'habitude de me servir constamment du même œil, je m'aperçois qu'il est beaucoup plus fort et meilleur, que celui qui est toujours resté en repos tandis que l'autre étoit le plus fortement occupé. J'ai bien certainement dû, à l'usage contracté de la loupe dès les premiers moments de mon goût pour la minéralogie, qui remonte aux premières et aux plus aimables années de ma vie, nombres des observations que j'ai pu faire ayant échappées aux autres, et qui très-probablement, sans son secours, m'eussent aussi échappées à moi-même.

CÉRITE.

6 *Morceaux.*

On observe, dans un des morceaux de la suite qui appartient à cette substance, une texture lamelleuse indiquée, dans quelques-unes des parties de sa surface, par la réflexion des lames cristallines ; ce qui laisse apercevoir la possibilité de rencontrer, un jour, la cérite à l'état de cristallisation parfaite. Je dois ce morceau intéressant à l'amitié du Dr. Wollaston secrétaire de la Société Royale de Londres.

Il existe en outre, dans cette suite, un morceau, d'une grandeur assez considérable, dans lequel le cérite est d'un brun rougeâtre qui même, dans quelques-unes de ses parties, tire légèrement sur le noir ; cette substance y est mélangée de petites parties d'une autre substance mamelonnée, d'un beau vert un peu bleuâtre et transparente, qui ne me paroissent pas pouvoir appartenir au cuivre ; mais dont je ne puis déterminer la nature : comme ce même morceau renferme aussi un assez grand nombre de petites parties de molybdène interposées, cette substance verte appartiendroit-elle à l'oxyde vert de molybdène ? (Voyez l'article de cette dernière substance.) Ce morceau est très-beau et très-rare. Dans un autre des morceaux de cette suite, on observe de même de petites parties de molybdène qui y sont disséminées ; mais elles y sont isolées, et n'y forment pas de petites masses, comme dans le morceau précédent.

Dans les autres des morceaux de cette substance, le cérite est mélangée de hornblende fibreuse verte.

ALLANITE.

4 *Morceaux*.

Les quatre morceaux qui forment la suite de cette substance placée dans cette collection, sont accompagnés de plusieurs fragments.

Cette substance, dont le cérium fait une des parties constituantes, a été citée, pour la première fois, l'année dernière, dans les Transactions de la Société Royale d'Edimbourg, où le Dr. Tomson en a donné l'analyse et la description. Comme depuis les journaux en ont fait mention, je me dispenserai d'entrer, à son égard, dans aucun autre détail que ceux qui concernent sa cristallisation.

Quoique cette substance paroissent avoir une grande tendance à cristalliser, en admettant des formes parfaitement prononcées, cependant, la grande rareté dont elle est encore dans ce moment, fait que nous connoissons fort peu de chose à l'égard de cette partie de son étude ; je vais placer ici ce que l'observation m'a appris sur cet objet.

Des quatre morceaux qui composent cette suite, l'un d'eux, contient un fort grand cristal d'allanite ; mais son prisme seulement, est dans un état de parfaite conservation : il appartient à la variété représentée sous la fig. 375. J'en ai l'obligation à l'amitié de M. Fergusson, qui, de son côté, le tenoit de M. Allan, à qui je dois moi-même les autres morceaux de cette substance que je possède. Ce cristal, et un autre fragment représenté sous la fig. 376, sont tous ceux que je connoisse. Mais comme ils ont tous deux des faces additionnelles en remplacement des bords longitudinaux de leurs prismes, et que ces faces sont parfaitement prononcées, il m'a été possible de déterminer, par elles, la forme de son cristal primitif. Je n'ai pas été aussi heureux à l'égard de sa hauteur, qui restera indéterminée jusqu'à ce que quelques facettes bien prononcées, en remplacement, soit des bords, soit des angles de ses faces terminales, viennent nous permettre de déterminer cette hauteur, ainsi que, d'une manière positive, la situation des faces terminales elles-mêmes.

Le cristal primitif de cette substance me paroît être un prisme tétraédre rectangulaire, à base rectangle, dans lequel les bords des faces terminales sont, entr'eux, dans le rapport de 12 à 5,6.

Ce cristal éprouve, à l'égard de ses bords longitudinaux, trois modifications. Par la première, ces bords sont remplacés par un plan qui fait avec les côtés les plus larges du prisme, un angle de 154° 59′, et est le résultat d'un reculement, le long de ces mêmes bords, et sur les côtés larges du prisme, par une simple rangée.

Par la seconde modification, ces mêmes bords sont remplacés par un plan, qui fait avec les côtés étroits du prisme, un angle de 139° 24′, et est le résultat d'un reculement par 5 rangées en largeur, sur deux lames de hauteur, le long de ces mêmes bords, et sur les côtés étroits.

Dans la troisième modification, les mêmes bords encore sont remplacés par un plan, qui fait avec les côtés larges du prisme, un angle de 151° 49′, et est le résultat d'un reculement, par 4 rangées le long de ces bords, et sur les faces larges.

Dans la variété, donnée par le Dr. Tomson dans son mémoire sur cette substance, il cite un prisme tétraèdre rhomboïdal de 117° et 63°: ce prisme me paroît devoir être le résultat d'un reculement, sur les faces larges de celui primitif, par 3 rangées en largeur, sur 4 lames de hauteur; mais, il seroit alors de 116° 14′ et 63° 46′.

Le même savant, cite un prisme hexaèdre ayant deux angles de 90° et quatre de 135°. Je n'ai point aperçu de plans analogue à celui de remplacement des bords du prisme, qui donneroit cette variété. Par un reculement le long des bords du prisme primitif, et sur ses faces larges, par une rangée en largeur, sur deux lames de hauteur, ces bords se remplaceroient par un plan qui feroit sur les plans du prisme, d'un côté, un angle à infiniment peu-près de 137°, et de l'autre, de 133°.

Dans la figure donnée par le Dr. Tomson, le prisme

hexaèdre qu'il a représenté, est accompagné de quelques facettes le long de ses faces terminales ; il est fort à regretter que ce savant n'ait pu donner les mesures des angles d'incidence de toutes ces faces additionnelles, elles nous eussent probablement mis dans le cas de discerner, si celle qu'il dit faire un angle de 125° avec le côté du prisme sur lequel elle incline, est due à un reculement le long de deux des bords opposés des faces terminales, cette même face terminale étant, comme je le pense, perpendiculaire à l'axe; ou bien, si cette même facette n'occupe pas la place de la face terminale elle-même, et nous eussions eu alors des données pour déterminer la hauteur du prisme primitif.

Le cristal donné par M. Tomson, dans son mémoire, sous la fig. 1, a été vérifié depuis être un petit cristal de jargon, substance qui, quelquefois, se montre disséminée, en très-petits cristaux, dans celle de l'allanite, et qu'il étoit extrêmement facile, et même naturel de confondre avec l'allanite elle-même.

Il est très-difficile de discerner cette substance de la gadolinite, avec laquelle elle a une ressemblance étonnante dans la presque totalité de ses caractères extérieurs, et j'ai été moi-même trompé à l'origine par son aspect. Je ne connois, dans ses caractères extérieurs, qu'un seul d'entr'eux qui puisse guider avec quelque certitude, ce sont les fragments minces des deux substances ; ceux de la gadolinite sont translucides sur les bords, et laissent alors apercevoir la belle couleur verte, qui est celle propre à cette substance, celle noire n'étant due qu'à l'intensité de cette couleur verte, ainsi qu'à son opacité, tandis que les fragments d'allanite conservent leur couleur noire et leur opacité j'ai, cependant, aperçu une fois, sur un fragment extrêmement mince, une très-légère transparence, et avec elle une couleur d'un brun jaunâtre.

TANTALE OXYDÉ YTTRIFÈRE.

2 *Morceaux.*

CHROME OXYDÉ.

7 *Morceaux.*

Dans ces morceaux, le chrome oxydé est silicifère, et sa couleur verte paroît y avoir une intensité proportionnée à la quantité de silice qu'il renferme.

Ces morceaux viennent des Ecouchets en Bourgogne, où cet oxyde a été pour la première fois observée par M. l'Eschevin. J'en dois la possession à son honnêteté.

Cette substance est renfermée, à l'état pulvérulent, dans une roche composée de quartz et de feldspath altéré d'un blanc mat, dans laquelle on observe, çà et là, quelques paillettes de mica. Dans quelques morceaux le quartz domine, et dans d'autres le feldspath.

Il existe, dans cette collection, un morceau qui est presqu'en totalité quartzeux : le quartz y est à l'état compacte, et colorée par l'oxyde de chrome de manière à ressembler fortement à la prase. Cette roche me paroît appartenir à un des dépôts de la désintégration du granit, fait à une distance peu éloignée du lieu de son origine.

MORCEAUX ISOLÉS, APPARTENANT AUX MÉTAUX, SORTIS DES SUITES A RAISON DE LEUR GRANDEUR, ET PLACÉS DANS DES TIROIRS DONT LES CASES SONT PLUS GRANDES.

70 *Morceaux.*

Tous ces morceaux portent avec eux un intérêt particulier, et la plupart sont rares. Je citerai particulièrement parmi eux.

1°. Un grand morceau de platine, pesant 3 onces. Ce morceau, qui vient du Pérou, paroît être le produit d'une fusion, soit naturelle, soit accidentelle, difficile à expliquer. Il est très-poreux, et le platine y est en masse granuleuse ressemblant assez, dans les parties où il est pure, à l'antimoine métallique natif arsenical d'Allemond, dans les Alpes Dauphinoises. Telle est une partie de sa masse. Dans l'autre, la couleur est beaucoup plus obscure, et le lustre est beaucoup moins brillant; souvent même il est parfaitement mat. Cette dernière partie est fortement attirable au barreau aimanté, tandis que celle blanche et brillante l'est d'autant moins, que sa couleur est plus blanche, et son lustre plus éclatant ; et lorsque ces deux caractères sont au plus haut degré, elle n'agit en aucune manière sur le barreau aimanté. Il existe donc, dans ce morceau, des parties dans lesquelles le platine est pure, tandis que dans les autres il est mélangé de fer, soit métallique, soit oxydulé. Il existe, interposées dans ce morceau, de petites lames d'un blanc grisâtre et d'un lustre graisseux, qui me paroissent appartenir à un véritable verre. La dureté de la substance à laquelle appartient ces lames, est assez considérable pour rayer le verre ordinaire. Elle fond, sans bouillonnement et sans changer de couleur, sous une action assez forte du chalumeau; après quoi on ne peut parvenir, avec lui, à la fondre de nouveau. Lorsque je me suis procuré ce morceau, ainsi que deux autres qui sont placés dans cette collection, tous leurs pores étoient parfaitement remplis du même sable fin qui accompagne habituellement le platine du Pérou, et quelque soin que j'ai pu prendre, il ne m'a pas été possible de l'en dégager complettement. Lorsque l'on brise quelques parties de ce morceau, on met souvent à découvert alors de nouveaux pores qui en sont entièrement remplis; de sorte que si ce morceau est, ainsi qu'il l'annonce, le produit d'une fusion, cette fusion paroît devoir avoir été faite au milieu du sable même dans lequel le platine étoit placé. Il est difficile, sans aucune autre donnée, de pousser plus loin cette observation qui par elle-même est cependant bien faite pour exciter l'intérêt et la curiosité. Le sable que j'ai extrait des pores de ce morceau, est d'un grain très-fin: il contient un grand nombre de petits grains de fer oxydulé, dont plusieurs, étant vus avec la loupe, présentent des octaèdres très-parfaits. Il contient aussi de fort petits cristaux de zircon rouge très-parfaits; et j'y ai observé, en outre, de petits cristaux du mélange ou combinaison métallique d'iridium et d'osmium, il existe, dans la suite qui, dans les tiroirs, appartient au platine, deux autres morceaux semblables, l'un d'eux pesant une once et demie, et l'autre à-peu-près une once.

2°. Un morceau de l'espèce de roche, qui sert de gangue à la mine d'or de Vöröspatak, en Transilvanie, sur laquelle sont plusieurs petites lames, très-minces, hexagones, et parfaitement régulières d'or métallique natif.

3°. Un morceau de quartz à l'état cristallin, sur lequel est un grand cube d'environ 5 lignes de côté d'argent sulfuré. Il laisse apercevoir, sur ses faces, avec la loupe, des stries très-fines parallèles à ses deux diagonales, qui mettroient dans le cas de présumer que le cube, cristal primitif de cette substance, a des joints naturels dans cette même direction. Ce morceau est du Mexique.

4°. Un morceau sur lequel est un grand cristal de cuivre bleu, parfaitement régulier, et d'une variété non décrite, qui est passé en totalité et sans être déformé en quoique ce soit, et avoir rien perdu du lustre de sa surface, à l'état de cuivre carbonaté vert. Il est de Sibérie.

5°. Un groupe, mélangé de quartz, de fort petits cristaux d'étain oxydé de la variété en prismes tétraèdres très-allongés, terminés par une pyramide octaèdre, connue en Cornwall, sous le nom de niedeltin, dont ce groupe présente de très-jolies variétés.

6°. Un autre groupe des mémes petits cristaux d'étain oxydé, appartenant à la même variété, et renfermés dans une masse de chlorite verte. Ce morceau a une de ses faces recouverte par une couche, peu épaisse, de fer spathique que la loupe fait voir être une agrégation d'une quantité immense de forts petits cristaux, d'une variété de forme très-particulière, mais qui ne peut être complettement aperçue. Ce morceau a, adhérant à lui, un fragment de schiste chlorite nommé *Killas* en Cornwall, d'où vient ce morceau. J'observerai ici, à l'égard de cette roche, très-abondante dans le district des mines d'étain de Cornwall, où elle présente diverses variétés, et qui me paroît encore fort peu connue, que les parties composantes qui entrent dans sa substance, sont le mica vert très-attenué, nommé chlorite, le quartz et le Feldspath, et que les variétés qu'elle présente dépendent de la manière dont ces trois parties se réunissent entr'elles dans l'agrégat que forme leur mélange. Lorsqu'ainsi que le présente le fragment joint à ce morceau, la chlorite y domine considérablement, et n'est mélangée qu'avec du quartz, elle se présente sous l'état Schisteux à couches minces, et souvent même, ainsi que cela existe dans ce même fragment, les couches de chlorite y alternent plus ou moins régulièrement avec des couches de quartz. A proportion que le quartz où le Feldspath y prédominent, cette roche prend des couches beaucoup plus épaisses et perd même complettement l'aspect Schisteux : le Feldspath y montre quelquefois des parties lamelleuse ; mais pour l'ordinaire il y est à l'état compacte. Lorsque c'est le quartz qui domine dans le mélange, cette roche se présente comme une roche quartzeuse mélangée de chlorite et colorée par elle, et lorsque c'est le Feldspath, elle se présente sous l'aspect d'un Feldspath compacte mélangé et coloré de même par la chlorite : quelquefois, dans le même morceau, ces trois substances sont dosées différemment, on y observe alors des parties plus ou moins grandes, soit de quartz pur, soit de Feldspath pure, qui lui donnent un aspect qui a fait donner à cette roche, par plusieurs minéralogistes, le nom de Granwake, il existe, dans cette collection, des morceaux qui viennent à l'appuie de ce que je viens de dire sur cette roche.

7°. Un groupe de cristaux d'étain oxydé, appartenant encore à la même variété de forme; mais dans lequel les cristaux sont beaucoup plus grands : ils sont parfaitement prononcés.

8°. Un grand et très-beau morceau d'étain oxydé, à l'éclat compacte, et dont la couleur est d'un gris brun.

9°. Un morceau formé par un mélange d'étain oxydé, de chlorite et de quelques parties de jaspe d'un rouge brun.

10°. Une grande valve d'une coquille appartenant à la famille des cames. Elle embrasse et adhère à une pierre calcaire en grande partie composée de fragments de coquilles, mélangé d'un grande nombre de petites parties de galène. Parmi les fragments de coquilles, il existe plusieurs entroques, dont quelques-unes laissent apercevoir, que la cavité qui occupe la place de leur axe a été remplie par la galène. Ce beau morceau est du Derbyshire.

11°. Un très-grand et beau morceau de fer oligiste, dont les cristaux, qui sont très-grands, et appartiennent au rhomboïde primitif, sont très-intéressants à l'étude de cette substance. Ce morceau, qui a été cité à la page 270 de ce catalogue, est du Brésil.

12°. Un très-beau morceau de fer hydro-oxydé en

hématite, en partie d'un brun noirâtre, et en partie d'un jaune de paille. On observe, avec la loupe, sur sa surface, de petits cristaux du même fer hydro-oxydé en prisme allongé, appartenant aux variétés représentées sous les fig. 130, et 131 pl. 7 de ce catalogue.

13°. Un autre grand et superbe morceau de fer hématite, composé de trois couches parallèles et parfaitement distinctes. Celle inférieure, qui a jusqu'à un pouce d'épaisseur, est composée de fibres très-fines d'un gris de fer foncé : elle appartient au fer oxydulé. Elle est recouverte par une autre couche, dont la texture est en pièces séparées, et est mamelonnée à sa surface ; cette couche, qui n'a que deux lignes d'épaisseur, appartient au fer oxydé au maximum, elle est d'un brun noirâtre ayant, dans quelques-unes de ses parties, une teinte rougeâtre. Cette couche enfin, est recouverte par une dernière d'un peu plus d'une demie ligne d'épaisseur, et à travers laquelle passe une partie des mamelons de la couche précédente, elle est de fer hydro-oxydé, et, en regardant sa surface avec la loupe, on voit que cette couche est formée par une agrégation confuse et très-serrée, d'une infinité de petits prismes tétraèdres rectangulaires qui se pénètrent l'un l'autre: la plupart des mamelons de la couches inférieure qui la traversent, sont d'un rouge brun. On observe, en outre, disséminées sur cette dernière couche de fer hydro-oxydé, un grand nombre de petites capsules vides, ou moitiés de sphères, d'un jaune ocreux. Ce beau et intéressant morceau m'a été donné comme venant de Sibérie.

14°. Une très belle géode de quartz de la grosseur d'une petite orange, dont les parois de l'intérieur, qui est parfaitement vide, sont recouvertes par des cristaux de quartz, sur lesquels sont disséminées quelques petites aiguilles, très-minces, de fer hydro-oxydé, appartenant aux variétés représentées sous les fig. 124, 125, et 126 pl. 7 de ce catalogue; mais beaucoup plus allongées: cette belle géode est des environs de Bristol. Elle est divisée en deux parties égales qui se réjoignent très-exactement, en la refermant parfaitement.

15°. Moitié d'une autre géode quartzeuse du même endroit, dont la surface extérieure est entourée d'une couche de fer hydro-oxydé terreux. On peut observer, disséminées sur les cristaux de quartz de son intérieur, un nombre considérable d'aiguilles de fer hydro-oxydé, présentant les variétés du morceau précédent, ainsi que plusieurs autres.

16°. Un grand fragment d'une grande géode de quartz, du même endroit que les précédentes, auquel adhère une masse considérable de fer hydro-oxydé compacte mélangé de beaucoup de quartz. On peut remarquer, avec la loupe, dans l'intérieur des cristaux de quartz, des cristaux très-minces de fer hydro-oxydé, appartenant à la variété représentée sous les fig. 135 pl. 7 de ce catalogue.

17°. Un beau et grand morceau de fer hydro-oxydé fibreux, en fibres divergentes autour d'un même centre.

18°. Un très-beau groupe de pyrites martiales, dérivant du cube lisse, et dont les cristaux, qui sont très-grands, et d'un lustre éclatant, appartiennent à une variété très-rare de cette substance.

19°. Un grand morceau de chaux fluatée polie qui, à l'aide de sa parfaite transparence, laisse apercevoir dans l'intérieur de sa substance, un grand nombre de cristaux, assez grands et parfaitement déterminés, de fer sulfuré en prisme tétraèdre rhomboïdal, qui appartiennent aux variétés représentées sous les fig. 148 et 149, pl. 8, de ce catalogue ; du Derbyshire.

20°. Un fort beau groupe du même fer hydro-oxydé, dont les cristaux, qui ne sont accompagnés d'aucune gangue, appartiennent aux variétés représentées sous les fig. 164, 167 et 168 de ce catalogue.

21°. Deux très-beau morceaux de fer oxydé au maximum, à l'état terreux d'un très-beau rouge, dû à la décomposition du mica d'une roche appartenant au mica Schisteux.

22°. Un grand morceau de grenat martial compacte, substance à laquelle on pourroit donner le nom de *fer oxydulé granatique*. C'est un mélange intime de la substance du grenat avec celle du fer oligiste ; d'une texture compacte, et d'un brun tirant légèrement sur le rougeâtre ; pulvérisé sa poussière est grise. Ce morceau renferme un noyau de chaux carbonatée en partie colorée en rouge, et dans lequel est enchassé un grenat noir de 9 lignes de diamètre, dont la cristallisation, très-parfaite, appartient à celle donnée par M. l'Abbé Haüy, fig. 58, pl. 46, de son traité de minéralogie ; dans laquelle seulement les plans rhombes primitifs sont beaucoup plus petits.

23. Un morceau de lave poreuse décolorée, dont une partie de la surface est recouverte par une couche d'à peu-près un quart de ligne d'épaisseur, d'un mélange de cuivre et d'antimoine à l'état métallique. La couleur de ce mélange est d'un gris un peu plus

clair que celui du cuivre et fer sulfuré gris. Je dois ce morceau intéressant à l'amitié de M. Lainé, auquel j'ai dû aussi les morceaux les plus intéressants de natrolite que renferme cette collection.

Observations additionnelles à la Craitonite.

Depuis l'impression de ce catalogue, quelque fût la petitesse de l'échantillon qu'il m'étoit possible de sacrifier pour assurer la nature de la craitonite, le Dr. Wollaston a bien voulu, à ma demande, s'en occuper. L'essai qu'il en a fait, insuffisant pour rien statuer sur des doses, lui a fait trouver, de la zircone en quantité dominante, de la silice, du fer, et du manganèse. Ainsi la craitonite, que son pouvoir réflectif m'avoit engagé à placer parmi les métaux, appartiendroit à la classe des pierres, et devroit être placée à la suite du zircone.

Rien n'a pu me surprendre autant que l'existence de la zircone dans cette substance, qui très-certainement n'est point un zircon, dont tous ses caractères, absolument tous, la font différer; provenant surtout d'un canton dans lequel, ainsi que dans toute la chaîne élevée et étendue des montagnes qui lui appartiennent, et qui depuis long-temps est l'objet continuel des recherches minéralogiques, aucune autre trace de la zircone n'a été observée. Le même filon auquel appartient cette substance, avoit déjà présenté un fait de la même nature qui, ainsi que je l'ai dit, page 436, m'avoit procuré un superbe et très-rare cristal primitif de tungstein, quoique ce canton n'ait laissé apercevoir, ni avant, ni après cette observation, aucune trace du schéclin. Cette singularité n'est pas indifférente aux grandes vues minéralogiques et géologiques.

La mesure des angles de la craitonite ayant été soumise à l'examen du goniomètre de Dr. Wollaston, s'est trouvée conforme à la minute près à celle que j'ai donnée a son activité, et qui avoit été prise par moi, il y a quelques années, avec notre ancien goniomètre, dont l'invention appartient à M. Carangeot.

TABLE
DES MATIÈRES.

A

D.

E.

N.

O.

P.

Q.

R.

S.

T.

FIN.

ERRATA.

Page 19 lig. 9 : le fer oxydé, *ajoutez*, au maximum.
page 42 lig. 9 : de fer oxydulé que, *lisez*, de fer oxydulé surabondante à.
page 51 lig. 5 : plus de 20 ans, *lisez*, près de 30 ans.
page 60 3e alinéa lig. 5 : après avoir, *lisez*, après qu'on auroit.
idem lig. 6 : qu'elle devoit, *lisez*, qu'elle doit.
page 112 lig. 7 : paillettes distinctes, *lisez*, paillettes hexaèdres distinctes.
page 116 lig. 6 : 90° et 120°, *lisez*, 60° et 120°.
page 167 1.er alinéa lig. 7 : en les fixant en même temps en limites, *lisez*, en en fixant en même temps les limites.
page 173 1.er alinéa : commençant les, *lisez*, commencent ses.
page 215 lig. 15 : d'argent sulfaté, *lisez*, d'argent sulfuré.
page 218 lig. 6 : n'on été, *lisez*, n'ont été.
page 219 lig. avant-dernière : et se brise d'autant plus, *ajoutez*, facilement.
page 256 3.eme alinéa lig. 4 : sur le blanc; *lisez*, sur le gris.
page 265 note. lig. 3 : qu'a, *lisez*, qui a.
Id. lig. 5 : il ne s'en faisoit, *lisez*, il n'en éprouvoit.
pag 285 2.eme alinéa lig. 5 : me paroît être, *lisez*, est.
pag 314 lig 9 : fer oxydé, *ajoutez*, au maximum.
Id. lig. 8 : au fer oxydé, *lisez*, à ce fer oxydé.
page 323 1er. alinéa lig. 2 : appartiennent, *lisez*, analogues.
page 325 lig. dernière : dans celles du Mexique, *lisez*, dans quelques unes de celles du Mexique.
page 328 au titre : de fusiore, *lisez*, de fusion.
page 332 lig. dernière : hématiforme, *ajoutez*, au mélange du fer près.
page 370 1er. alinéa lig. 2 : n'est fusible ou, *lisez*, n'est fusible au.
page 374 au titre : dont 7 cristaux isolés, *lisez*, dont 3 cristaux isolés.
page 396 lig. 2 : sur leur forme une action qui la modifie, *lisez*, sur leurs formes une action qui les modifient.
page id. 3eme. alinéa lig. 3, : à son activité, *lisez*, à son article.

www.ingramcontent.com/pod-product-compliance
Lightning Source LLC
Chambersburg PA
CBHW031610210326
41599CB00021B/3122

* 9 7 8 2 0 1 2 6 3 9 7 1 3 *